薬学テキストシリーズ

分析化学 I
定量分析編 第2版

中込和哉
秋澤俊史
………編著

小西元美
小林茂樹
四宮一総
馬渡健一
…………著

朝倉書店

編　著　者

中　込　和　哉　帝京大学薬学部・教授

秋　澤　俊　史　摂南大学薬学部・教授

執筆者（五十音順）

小　西　元　美　摂南大学薬学部・准教授

小　林　茂　樹　昭和薬科大学薬学部・准教授

四　宮　一　総　日本大学薬学部・教授

馬　渡　健　一　帝京大学薬学部・准教授

〔Ⅱ巻の執筆者〕

井　之　上　浩　一　立命館大学薬学部・准教授

金　子　希　代　子　帝京大学薬学部・教授

谷　口　将　済　摂南大学薬学部・助教

豊　田　英　尚　立命館大学薬学部・教授

福　内　友　子　帝京大学薬学部・助教

安　田　　　誠　帝京大学薬学部・講師

ま え が き

2006 年に薬学部 6 年制がスタートし，日本薬学会が策定した「薬学教育モデル・コアカリキュラム」に従って，医療技術の高度化，医薬分業の進展などに伴い，高い資質を持つ薬剤師養成のための薬学教育を行う目的で，各薬学部で講義，実習，演習が行われている．さらに，文部科学省の薬学系人材養成の在り方に関する検討会がコアカリキュラムの改訂を決定し，日本薬学会が「薬学教育モデル・コアカリキュラム　平成 25 年度改訂版」を策定した．2015 年度入学生から改訂コアカリ世代となっている．

その方針は一貫して「優れた医療人たる薬剤師を養成する」に尽きる．

・学生に大学卒業時に薬剤師としてふさわしい基本的な資質や能力を身につけさせる

・将来どのような分野に進んだ場合にも共通に必要となる薬剤師の基本的な資質と能力を修得するなど

改訂コアカリキュラムは，このような状況を踏まえ，6 年制学部・学科としての教育内容を精選し，卒業時までに学生が身につけておくべき必須の能力（知識・技能・態度）の到達目標をわかりやすく提示したものである．

分析化学の範囲は，改訂コアカリでは，「C 薬学基礎」のうち，「C2 化学物質の分析」にまとめられ，(1)分析の基礎，(2)溶液中の化学平衡，(3)化学物質の定性分析・定量分析，(4)機器を用いる分析法，(5)分離分析法，(6)臨床現場で用いる分析技術，のそれぞれの項目に分けられる．

改訂版である本書では，この改訂コアカリ項目に沿った形で各章が構成されている．つまり，薬学生が学ぶ分析化学のすべての範囲は，この 2 冊で網羅されている．前版の内容を精査し，講義のテキストとして使用できるようにすっきりまとめ，学生が予習復習のために読み返しても自力で理解できるように具体的な例や図表を多く取り入れ，章末問題は可能な限り国試問題に準拠した．

さて，このような改訂コアカリキュラムに基づく教育が実施される中で，「薬学部の分析化学教育はどうあるべきか」を，私たちは問い続けていかなければならない．昔も今も，それから将来も，「分析化学は薬学教育の基礎である」ことには変わりない．分析化学がわからずして有機化学，衛生化学，薬理学，薬剤学がわかるはずがないことは，高学年になればおのずと痛感させられる（多くの大学で分析化学を勉強するのは低学年の学生なので，この点は残念に思っている）．また，病院に勤務しようが，街の薬局に勤務しようが，ドラッグストアで一般用医薬品を扱おうが，薬剤師として知っておかなければならない基礎の基礎に分析化学の知識があることは良く知られている（分析化学が苦手な薬剤師が多いために，なかなか認めてもらえないのは残念である）．

本書の目的は，あくまで改訂コアカリに準拠しながら，限られた時間内で何を習得すればよいかを検討し，将来，薬という化学物質を取り扱う薬学生の基礎力を養成することである．したがって，分析化学で取り扱う内容は単に知識として覚えるのではなく，理解して応用できることが大切であり，そのためには演習，実習も十分に活用しなければならない．応用の目安としては，第十七改正日本薬局方に記載してある関連内容を正しく理解し実行できるようになることが望ましい．各大学

で事情は若干異なるにせよ，分析化学の教科目は1年生の前後期および2年生の前期に配当されており，薬学領域の低学年の学生が教科書あるいは参考書として利用できるように，見通しを良くして勉強しやすくなるように配慮した．できれば，4年次になった時にもう一度読み直して欲しい．そうすれば，他の分野との繋がりに気づくはずである．そして，6年次の最初，つまり国家試験対策の始まる直前にもう一度気楽に読み直して欲しい．そうすれば国家試験対策の勉強が，暗記から理解へと変わるはずである．先にも述べたように分析化学は薬学の基礎となる学問だ．分析化学を理解することで，臨床現場においても，あるいは大学院に進学してからも，視野が大きく広がると確信している．6年制を卒業した学生さんが分析化学の面白さと重要度を理解し，社会からアカデミアから分析化学の将来を支えてくれたら，私たちにとってこの上ない喜びである．

　本書の不備な点について，読者諸氏のご意見，ご教示をいただければ幸いである．ここに，本書の出版に際して多大なご尽力を頂いた，朝倉書店編集部に厚く御礼を申し上げる．

2018年3月

編著者

中 込 和 哉

秋 澤 俊 史

目　　　次

第1部　分析の基礎

一般目標：化学物質の分析に用いる器具の使用法と得られる測定値の取り扱いに関する基本的事項を修得する．

1章　分 析 の 基 本 ……………………………………………〔小西元美〕 2

1.1　分析に用いる器具 ……………………………………………………………… 2
　　SBO　C2(1)①1　分析に用いる器具を正しく使用できる．（知識・技能）
1.2　実験データの処理 ……………………………………………………………… 3
　　SBO　C2(1)①2　測定値を適切に取り扱うことができる．（知識・技能）
1.3　分析法のバリデーション ……………………………………………………… 6
　　SBO　C2(1)①3　分析法のバリデーションについて説明できる．
演習問題：解答・解説 ……………………………………………………………… 13

第2部　化 学 平 衡

一般目標：溶液中の化学平衡に関する基本的事項を修得する．

2章　酸・塩基平衡 ……………………………………………〔中込和哉〕 18

2.1　酸・塩基平衡 …………………………………………………………………… 18
　　SBO　C2(2)①1　酸・塩基平衡の概念について説明できる．（知能・技能）
　　SBO　C2(2)①2　pHおよび解離定数について説明できる．（知識・技能）
2.2　水素イオン濃度とpH ………………………………………………………… 22
　　SBO　C2(2)①3　溶液のpHを測定できる．（技能）
2.3　緩衝作用と緩衝液 ……………………………………………………………… 33
　　SBO　C2(2)①4　緩衝作用や緩衝液について説明できる．
2.4　化学物質に与えるpHの影響 ………………………………………………… 38
演習問題：解答・解説 ……………………………………………………………… 42

3章　各種の化学平衡 ……………………………………………〔小林茂樹〕 46

3.1　錯体・キレート生成平衡 ……………………………………………………… 46

SBO C2(2)②1 錯体・キレート生成平衡について説明できる.

3.2 沈 殿 平 衡 ………………………………………………………………… 53
SBO C2(2)②2 沈殿平衡について説明できる.

3.3 酸化還元平衡 ………………………………………………………………… 59
SBO C2(2)②3 酸化還元平衡について説明できる.

3.4 分 配 平 衡 ………………………………………………………………… 66
SBO C2(2)②4 分配平衡について説明できる.

演習問題:解答・解説 ………………………………………………………… 72

第3部　化学物質の定性分析・定量分析

一般目標:化学物質の定性分析および定量分析に関する基本的事項を修得する.

4章　定 性 分 析 ……………………………………………… 〔小西元美〕 78

4.1 定 性 分 析 ……………………………………………………………… 78
SBO C2(3)①1 代表的な無機イオンの定性反応を説明できる.

4.2 医薬品の確認試験 ……………………………………………………… 85
SBO C2(3)①2 日本薬局方収載の代表的な医薬品の確認試験を列挙し,
その内容を説明できる.

演習問題:解答・解説 ………………………………………………………… 92

5章　定量分析（容量分析） ……………………………………………… 98

5.1 定量分析法 ………………………………………………… 〔馬渡健一〕 98
5.2 酸・塩基滴定 ………………………………………………… 〔四宮一総〕 108
SBO C2(3)②1 中和滴定（非水滴定を含む）の原理, 操作法および
応用例を説明できる.
SBO C2(3)②5 日本薬局方収載の代表的な医薬品の容量分析を実施できる.（知識・技能）

5.3 キレート滴定 ……………………………………………… 〔馬渡健一〕 124
SBO C2(3)②2 キレート滴定の原理, 操作法および応用例を説明できる.
SBO C2(3)②5 日本薬局方収載の代表的な医薬品の容量分析を実施できる.（知識・技能）

5.4 沈 殿 滴 定 ……………………………………………… 〔馬渡健一〕 133
SBO C2(3)②3 沈殿滴定の原理, 操作法および応用例を説明できる.
SBO C2(3)②5 日本薬局方収載の代表的な医薬品の容量分析を実施できる.（知識・技能）

5.5 酸化還元滴定 ……………………………………………… 〔馬渡健一〕 138
SBO C2(3)②4 酸化還元滴定の原理, 操作法および応用例を説明できる.
SBO C2(3)②5 日本薬局方収載の代表的な医薬品の容量分析を実施できる.（知能・技能）

5.6 電気滴定法（電気的終点検出法） ………………………… 〔馬渡健一〕 152
SBO C2(3)②5 日本薬局方収載の代表的な医薬品の容量分析を実施できる.（知識・技能）

演習問題:解答・解説 ………………………………………………………… 157

目　次 v

6章　純度試験・重量分析 ……………………………………………〔四宮一総〕177

　6.1　純度試験 ……………………………………………………………177

　　SBO　C2(3)②6　日本薬局方収載の代表的な純度試験を列挙し，その内容を説明できる.

　6.2　重量分析 ……………………………………………………………189

　　SBO　C2(3)②7　日本薬局方収載の重量分析の原理および操作法を説明できる.

　演習問題：解答・解説 …………………………………………………193

付　　録 ……………………………………………………………………199

索　　引 ……………………………………………………………………201

vi 目　次

———————— Ⅱ 巻 目 次 ————————

第4部　機器を用いる分析法

7章　分光分析法　〔中込和哉・金子希代子・福内友子〕
　　7.1　分光分析法を理解するために／7.2　紫外可視吸光度測定法／7.3　蛍光光度法／
　　7.4　赤外吸収（IR）スペクトル測定法／
　　7.5　原子吸光光度法、誘導結合プラズマ（ICP）発光分光分析法および ICP 質量分析法／
　　7.6　屈折率、旋光度測定法
8章　各種の機器分析法　〔秋澤俊史・谷口将済〕
　　8.1　核磁気共鳴スペクトル測定法／8.2　質量分析法／8.3　X 線分析法／8.4　熱分析

第5部　分　離　分　析　法

9章　クロマトグラフィー　〔井之上浩一〕
　　9.1　クロマトグラフィーの分離機構／9.2　液体クロマトグラフィー／
　　9.3　クロマトグラフィーで用いられる装置と検出法
10章　電気泳動法　〔豊田英尚〕
　　10.1　電気泳動法の歴史／10.2　電気泳動法の基礎／10.3　電気泳動法の分類／
　　10.4　ポリアクリルアミドゲル電気泳動法／10.5　アガロースゲル電気泳動法／
　　10.6　等電点電気泳動法／10.7　2 次元電気泳動法／
　　10.8　ろ紙電気泳動法・セルロースアセテート膜電気泳動法／10.9　キャピラリー電気泳動法

第6部　臨床現場で用いる分析技術

11章　分析の準備　〔安田　誠〕
　　11.1　分析の前処理／11.2　精度管理および標準物質
12章　分析技術　〔金子希代子・安田　誠〕
　　12.1　生物学的定量法／12.2　臨床分析／12.3　免疫化学的測定法（イムノアッセイ）／
　　12.4　酵素を用いた分析法／12.5　ドライケミストリー／12.6　センサー／12.7　画像診断技術

第 **1** 部

分 析 の 基 礎

一般目標：化学物質の分析に用いる器具の使用法と得られる測定
値の取り扱いに関する基本的事項を修得する.

1 分析の基本

● キーワード

有効数字/バリデーション/誤差/真度/精度/特異性/検出限界/定量限界/直線性/範囲/異常値/定量

　分析化学には，定性分析（qualitative analysis）と定量分析（quantitative analysis）がある．定性分析は試料にどんな成分が含まれているかを調べたり，特定の元素・物質が含まれているか確認する目的で行う．定量分析において「はかる」とは，重さや容積を量る，長さを測る，時間を計るなど様々あり，何をどのように「はかる」かということが重要である．そのためには，客観的に判断する物差しが必要となり，単位が用いられる．本章では定量分析に用いる器具や測定値の扱い方や計算方法および実験データの取り扱いさらに分析法の妥当性を確認する分析のバリデーションについて概説する．

1.1　分析に用いる器具

SBO C2(1)①1　分析に用いる器具を正しく使用できる．（知識・技能）

1.1.1　天　　秤

　質量を量るには，上皿天秤，化学天秤，直示天秤，および電子天秤などが用いられる．重量分析において精密に秤量をするには，直示天秤や現在では電子天秤が汎用されている．直示天秤は，試料と内臓された分銅がつり合った重さを直接表示するが，電子天秤は，試料と電磁力でバランスをとり，それに必要な電流を質量に換算する．したがって，電子天秤では特に温度や測定場所が違えば重さも変化する．天秤の測定精度を保つため計量法校正事業者認定制度（JCSS）により保障された**トレーサビリティ**[†1]のある分銅により校正する必要がある．

(a) 電子天秤　　　　(b) 直示天秤

図 1.1　天秤（SHIMADZU 提供）

1.1.2　計 量 器 具

　溶量を量るには体積計を用いる．図 1.2 に主な体積計を示す．体積計には，器具に入れた体積を正確に量る受用（入用）と器具から流出した体積を正確に量る出用がある．受用には In（Internal）または TC（To Contain），出用には Ex（External）または TD（To Deliver）と印されている．受

[†1] トレーサビリティ：もとをたどることができること．標準器または標準物質の値や計量・計測機器の値がどの程度の精度で国家計測基準とつながりをもっているかということを明確にする体系のこと．

1章 分析の基本

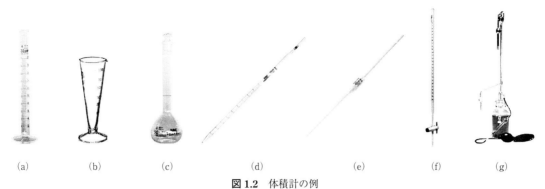

図 1.2 体積計の例
(a)メスシリンダー，(b)メートルグラス，(c)メスフラスコ，(d)メスピペット，(e)ホールピペット，(f)ビュレット，(g)自動ビュレット．

用にはメスシリンダー，メスフラスコ（出用のものもある），出用にはピペットやビュレットがある．目盛は原則，20℃標準温度で目盛られ，それぞれ体積許容差が決められている．正確な濃度の溶液を作る時は，メスフラスコを用いる．メスシリンダーは，見てわかるように正確さに欠ける．正確な容量を量る時には，ホールピペットまたはビュレットを，使用する液体で共洗いしてから用いる．ビーカーの目盛はおおよその値であるため，体積を量る時には使用せず，メスシリンダーまたはメスピペットを用いる．ビュレットでの測定値は，最小目盛の十分の一を目分量で読む．精密に量ることができる体積計は，ブラシでこすって洗浄したり，乾燥機に入れて加熱してはいけない．これらは，「JIS K 0050:2011 化学分析方法通則」，「JIS R 3503:1994 化学分析用ガラス器具」，「JIS R 3505:1994 ガラス製体積計」において規定されている．

1.1.3 マイクロピペット

マイクロピペットは，先端にチップをつけ，プッシュボタンを押し下げてピストンが排出した空気の容量分の液体を吸入，吐出して，少量の液体を測りとる器具である（図 1.3）．設定容量内で容量を設定しピペットを垂直に保ったままピペッティング操作を繰り返した後，第1ストップまで押し下げてからチップの先端を試料に入れ，空気を入れないように注意しながらゆっくり吸い上げる．別の容器にプッシュボタンをゆっくり押し下げて，さらに第2ストップまで押し下げ，すべての液体をチップの外へ押

図 1.3 ピペットマン（ギルソン）

し出す．ダイヤルで容量連続可変式なので便利であるが，使用とともに誤差が生じるので，水を用いて分析用化学天秤で秤量する重量法で定期的な校正が必要である．これらは，「JIS K 0970-2013 ピストン式ピペット」に規定されている．

1.2 実験データの処理

SBO C2(1)①2　測定値を適切に取り扱うことができる．（知識・技能）

1.2.1 国際単位系

1875 年メートル条約により国際度量衡局（BIPM）が設立され，1960 年の国際度量衡総会

4　　　　　　　　　　　　　　　　　1 部　分　析　の　基　礎

表 1.1　SI 基本単位

物理量	名称	記号	定　　　義
長さ	メートル	m	1 秒の 299 792 458 分の 1 の時間に光が真空中を伝わる行程の長さ
質量	キログラム	kg	プランク定数の値を正確に $6.62607015 \times 10^{-34}$ Js と定めることによって設定される.
時間	秒	s	セシウム 133 の原子の基底状態の 2 つの超微細構造準位の間の遷移に対応する放射の周囲の 9 192 631 770 倍の継続時間
電流	アンペア	A	真空中に 1 メートルの間隔で平行に配置された無限に小さい円形断面積を有する無限に長い 2 本の直線状導体のそれぞれを流れ,これらの導体の長さ 1 メートルにつき 2×10^{-7} ニュートンの力を及ぼし合う一定の電流
熱力学温度	ケルビン	K	水の三重点の熱力学温度の 1/273.16
物質量	モル	mol	0.012kg の炭素 12 の中に存在する原子の数に等しい数の要素粒子を含む系の物質量
光度	カンデラ	cd	周波数 540×10^{12} ヘルツの単色放射を放出し,所定の方向におけるその放射強度が 1/683 ワット毎ステラジアンである光源の,その方向における光度

表 1.2　固有の名称とその独自の記号による SI 組立単位

量	単位の名称	単位記号	基本単位による表現
平面角	ラジアン	rad	$m\ m^{-1} = 1$
立体角	ステラジアン	sr	$m^2\ m^{-2} = 1$
周波数	ヘルツ	Hz	s^{-1}
力	ニュートン	N	$m\ kg\ s^{-2}$
圧力, 応力	パスカル	Pa	$m^{-1}\ kg\ s^{-2}$
エネルギー, 仕事, 熱量	ジュール	J	$m^2\ kg\ s^{-2}$
工率, 放射束	ワット	W	$m^2\ kg\ s^{-3}$
電荷, 電気量	クーロン	C	$s\ A$
電位差(電圧), 起電力	ボルト	V	$m^2\ kg\ s^{-3}\ A^{-1}$
静電容量	ファラド	F	$m^{-2}\ kg^{-1}\ s^4\ A^2$
電気抵抗	オーム	Ω	$m^2\ kg\ s^{-3}\ A^{-2}$
コンダクタンス	ジーメンス	S	$m^{-2}\ kg^{-1}\ s^3\ A^2$
磁束	ウェーバ	Wb	$m^2\ kg\ s^{-2}\ A^{-1}$
磁束密度	テスラ	T	$kg\ s^{-2}\ A^{-1}$
インダクタンス	ヘンリー	H	$m^2\ kg\ s^{-2}\ A^{-2}$
セルシウス温度	セルシウス度	℃	K
光束	ルーメン	lm	$m^2\ m^{-2}\ cd = cd\ sr$
照度	ルクス	lx	$m^2\ m^{-4}\ cd = m^{-2}\ cd$
(放射性核種の)放射能	ベクレル	Bq	s^{-1}
吸収線量, カーマ	グレイ	Gy	$m^2\ s^{-2}$　（$= J/kg$）
酵素活性	カタール	kat	$s^{-1}\ mol$

表 1.3 SI 組立単位の例

組立量	記号	組立単位	記号
面積	A	平方メートル	m^2
体積	V	立方メートル	m^3
速さ, 速度	v	メートル毎秒	m/s
加速度	a	メートル毎秒毎秒	m/s^2
波数	σ, V	毎メートル	m^{-1}
質量密度	ρ	キログラム毎立方メートル	kg/m^3
面(積)密度	ρ_A	キログラム毎平方メートル	kg/m^2
比体積	v	立方メートル毎キログラム	m^3/kg
電流密度	J	アンペア毎平方メートル	A/m^2
磁界の強さ	H	アンペア毎メートル	A/m
濃度	c	モル毎立方メートル	mol/m^3
質量濃度	ρ, γ	キログラム毎立方メートル	kg/m^3
輝度	L_v	カンデラ毎平方メートル	cd/m^2
屈折率	n	（数字の）1	1
比透磁率	μ_r	（数字の）1	1

表 1.4 非 SI 単位の例

量	単位	記号	SI との関係
時間	分 時 日	min h d	$1\,min = 60\,s$ $1\,h = 60\,min = 3600\,s$ $1\,d = 24\,h = 86400\,s$
体積	リットル	L または ℓ	$1\,L = 1\,\ell = 1\,dm^3$
質量	トン	t	$1\,t = 10^3\,kg$
エネルギー	電子ボルト エルグ	eV erg	$1\,eV \approx 1.602 \times 10^{-19}\,J$ $1\,erg = 10^{-7}\,J$
圧力	バール 水銀柱ミリメートル	bar mmHg	$1\,bar = 100\,kPa$ $mmHg \approx 133.3\,Pa$
長さ	オングストローム 海里	Å M	$1\,Å = 10^{-10}\,m$ $1\,M = 1852\,m$
力	ダイン	dyne	$1\,dyn = 10^{-5}\,N$

（CGPM）において全世界で共通に使用される一貫性のある単位として国際単位系（Systeme International d'Unites, The International System of Units：SI）が制定された．1971 年の第 14 回 CGPM において，7 つの SI 基本単位が承認された．その後，SI の定義は何度か改定され，現在は表 1.1 に示した通りであるが，質量だけが人工物による定義であり，今後，物理定数に基づいた定義に改定される予定である．7 つの基本単位を組み合わせた固有の名称と独自の記号を与えた 22 個の SI 組立単位を表 1.2 に示す．表 1.3 には，基本単位を組み合わせて表される組立量および SI 組立単位の例を示した．表 1.4 は，例外的に許容されている非 SI 単位である．SI 単位で表記するには大きいまたは小さい量の場合桁数が大きくなるため，SI 単位と組み合わせて表す接頭語を表 1.

表 1.5 SI 接頭語

乗数	名称	記号	乗数	名称	記号
10^1	デカ	da	10^{-1}	デシ	d
10^2	ヘクト	h	10^{-2}	センチ	c
10^3	キロ	k	10^{-3}	ミリ	m
10^6	メガ	M	10^{-6}	マイクロ	μ
10^9	ギガ	G	10^{-9}	ナノ	n
10^{12}	テラ	T	10^{-12}	ピコ	p
10^{15}	ペタ	P	10^{-15}	フェムト	f
10^{18}	エクサ	E	10^{-18}	アト	a
10^{21}	ゼタ	Z	10^{-21}	ゼプト	z
10^{24}	ヨタ	Y	10^{-24}	ヨクト	y

5 に示した．質量の単位 kg だけは，基本単位のなかに接頭語が含まれている．

1.2.2 有効数字 （significant figures）

定量計算で扱う数値は実験値であり，真の値から誤差を必ず含んでいる．そのために，意味のある数値は何桁までであるかを認識しなければならない．通常，最後の 1 桁に誤差を含む数値を有効数字といい，測定で保証される桁数よりも 1 桁多く書く．つまり有効数字とは，測定結果として得られた数値のうち，位取りだけを示すだけの 0 を除いた意味のある数字のことである．ビュレットの数値を読むときは，通常，小数点以下 2 桁まで読む（最後の桁は目分量で読む）が，読み取った値が 14.42 mL であったとすると，有効数字は 4 桁であるという．最後の数値の 2 は誤差を含むものとし，14.4 mL までは保証されることを示す．加減乗除したときの有効数字の求め方は以下のように行う．

・加減計算では大きい方の桁数に合わせる（＊は誤差を含む桁）．

（例）　$295.\overset{*}{7}+1.58\overset{*}{4}=297.2\overset{*}{8}4$ とはせずに 297.3 とする．

・乗除計算では小さい方の桁数に合わせる．

（例）　$4.45\overset{*}{6}\times3.\overset{*}{2}=14.\overset{****}{2592}=14.3$ とはせずに，14 とする．

注意 1．メスシリンダーやビュレットは小数点以下 2 桁目が不確定な数値となる．

2．物理定数などは有効数字の判定に直接関与しない．

3．電卓の計算途中は，電卓の数値のまま計算し，最後に有効数字にまとめる．

4．デジタル表示型機器では，指示値が有効数字を表していないことがあるので，説明書で確認する必要がある．

5．電卓で計算した結果を丸める数字が 5 の場合，その上の数字が偶数になるように丸めることは JIS Z 8401:1999「数値の丸め方」に記載されている．たとえば，小数点以下 1 桁に丸める場合，12.25 は切り捨てて 12.2，12.35 は切り上げて 12.4 とする．

1.3　分析法のバリデーション

SBO C2(1)①3　分析法のバリデーションについて説明できる．

日局 17 に次のように記述されている．

「分析法バリデーションとは，医薬品の試験法に用いる分析法が，分析法を使用する意図に合致していること，すなわち，分析法の誤差が原因で生じる試験の判定の誤りの確率が許容できる程度で

Tea Break

●教科書の役割

"教科書を読み，問題意識をもって活用しなければならない"といわれることがあると思いますが，昨今は十分に活用している学生が少ないような気がします．江戸時代に医学の知識を得るためにはオランダ語を勉強し，貴重な本を書き写し，自分のものとしました．このような気持ちになれる教科書に出会ったことがあるでしょうか．自分の場合を考えると，生化学系，薬理学，製剤学はよく読んだ記憶があります．やらねばならないことがあって，それをこなすために書き込んだり，他の資料を貼り付けたり，工夫して勉強しました．わからないから教科書を読まないなんて逃げるための言い訳です．最近では，初めて真剣に読んだ教科書が国家試験対策本という人もいますが，それは寂しいことであると同情してしまいます．若い頃の「いろいろなことを勉強したい」というのは，インターネットや講義のプリント類のみからは得られないと思います．教科書は分野の扉であり，疑問や諸々の問題意識を生じさせ，枠組みや骨組みの構築を行い，さらには学問を実践するための橋渡しをするもの．若いときだからこそ活用できる．そのような意味で本書は読者の有益な踏み台となるのであろうか，なってほしいものです．

あることを科学的に立証することである．分析法の能力は種々の分析能パラメーターにより表される．提案する分析法の分析能パラメーターが，試験法の規格値などを基にして設定する基準を充たしていることを実証することにより，分析法の妥当性を示すことができる．」

　医薬品の品質を保証するために行われる種々の試験には，それぞれ適切な分析法が使われている．分析法には信頼性のある結果を与えることが期待されており，分析法の信頼性を見積もる作業，確認する作業が分析法のバリデーションである．

1.3.1　分析値の信頼性

　実験によってある成分の定量を行う場合，何段階かの操作を経て測定結果が得られるが，この測定操作上で真の値と測定値の値には誤差が生じる．定量分析では，測定値の正確さや信頼性を得るために誤差の程度を明らかにしなければならない．

a. 真度（Accuracy／Trueness）

　分析法で得られる測定値の偏りの程度を示し，真の値と測定値の総平均との差で表される．つまり，偏りの小さい程度を真度と表現する．

b. 精度（Precision）

　精度とは，均質な検体から採取した複数の試料を繰り返し分析して得られる一連の測定値が，互いに一致する程度のことであり，測定値の分散，標準偏差または相対標準偏差で表される．精度は，繰り返し条件が異なる3つのレベルで表され，それぞれ，併行精度，室内再現精度および室間再現精度という．

注意：JIS Z 8402-1「測定方法及び測定結果の精確さ」においては測定方法の精確さを表すために，真度と精度を用いている．精確さという用語はJIS(ISO)では真度と精度の両方を意味している．真度とは多数の測定結果を平均値と真の値または参照値との一致の程度を示すものであり，精度は測定結果の間の一致の程度を示すものであると定義されている．精度は通常の場合，標準偏差で表現される

　精度には次の3つのレベルがある．

　①**併行精度**（Intra-assay precision）・**併行繰り返し精度**（Repeatability）：測定条件がほとんど一定とみなされる条件下でのバラツキを示したものである．

Tea Break

●「分析化学は難しい……」

薬品分析化学，何でこのような科目を薬学部で学ばなければならないのかというのが学生の時に浮かんだ疑問でした．計算練習ばかり……．しかし，医薬品の構造式に慣れて薬効がわかると，この系統の薬物はどんな構造式なのかが，理解できるようになってきます．教える側の立場となった今，分析化学は「薬物の構造を観る能力」を教えるための科目であると認識しています．薬物の構造式から副作用を類推できるものもたくさんあります．また分析化学は，薬学の知識を連携される接着役でもあると考えています．医療系における化学の力は，薬物の構造式から噴き出してくるのかもしれません．低学年のうちは何をやっているのか，十分に理解できないことが多いかと思いますが，勉学を重ねるにつれて理解度が増してきます．それが学問の楽しさですが，薬学は実践の学問でありますから，その知識が医療現場や研究などの仕事に還元，反映されるように，工夫をこらして勉学されることを期待したいと思います．

②**室内再現精度**（intermediate precision）：試験室は同じであるが，分析者，分析機器，試薬ロット番号，試験日が異なる場合のバラツキを示したものである．

③**室間再現精度**（reproducibility）：試験室が異なった上で，分析者，分析機器，試薬ロット番号，試験日が異なる場合のバラツキを示したものである．

得られた実験値は，系統誤差と偶然誤差を含む．つまり，

$$実験値＝真の値＋系統誤差＋偶然誤差$$

である．測定値はなるべく誤差を排除するような実験系を考慮すべきである．系統誤差は確定誤差とも呼ばれ，何回繰り返して実験を行っても同様な誤差を示す．偶然誤差は不確定誤差とも呼ばれ，不定にばらつく性質を持ったものである．

1）系統誤差

①**機器誤差**：計量器の不正確さに起因する誤差で，補正していないピペットによる試料の採取や欠陥のある装置で測定したときに生じる．

②**操作誤差**：実験者の不注意や未熟さなどが主因であり，操作によって生じる．

③**方法誤差**：分析方法自体に原因があるときに生じる．

2）偶然誤差 同一条件下での実験で生じる予想されない不定な誤差，いわゆるバラツキで，確率論に基づいて生じる．得られる測定値は，正規分布に従う．限られた実験数から真の値を推定するために統計的手法を用いる必要がある．

分析法バリデーションの妥当性を示すことができるパラメーターには，誤差の他に以下のようなものがある．

①**特異性**（specificity）：試料中に共存すると考えられる物質の存在下で，分析対象物を正確に測定する能力のことで，分析法の識別能力を表す．

②**検出限界**（deection limit）：試料に含まれる分析対象物の検出可能な最低の量または濃度のことである．検出限界は定量限界より低値に設定される．

③**定量限界**（quantitation limit）：試料に含まれる分析対象物の定量が可能な最低の量または濃度のことである．

④**直線性**（linearity）：分析対象物の量または濃度に対して直線関係にある測定値を与える分析法の能力のことである．

⑤**範囲**（range）：分析法バリデーションにおける範囲とは，適切な精度および真度を与える，分

1章 分析の基本　9

☕ Tea Break

●単位の取り違えで火星探査機が墜落

　日本ではすでにメートル法が当たり前となっているが，アメリカではいまだにヤード・ポンド法が，身長は何フィート体重は何ポンドといった具合に使われている．日常生活ではほとんど問題ない（筆者も経験済み）が，国際的な面と科学の分野ではときとしてトラブルの元となる．

　最も有名なトラブルが，NASA の火星探査機墜落であろう．1999 年 9 月にマーズ・クリメイト・オービターが操作ミスで失われた原因は，メートル法とヤード・ポンド法の単位の取り違えにあったと伝えられている．

　たかが単位とあなどるなかれ，一瞬にして 1 億 6 千万ドル以上の予算が消えてしまったのである．

析対象物の下限および上限の量または濃度に挟まれた領域のことである．

　分析能パラメーターには含まれないが，頑健性を検討することにより，分析法を改善し，検討結果を分析法の分析条件を示す数値の有効数字または留意事項に反映させることができる．

　・**頑健性**（robustness）：分析条件（反応液の pH，反応の温度，反応時間又は試薬の量）を小さい範囲で故意に変化させるときに，測定値が影響されにくい能力のことである．

1.3.2　正確さ精密さの評価

　真度は正確さ，精度は精密さとも呼ばれる．真度は，真の値と系統誤差により生じる測定値とのずれの程度を示すものであり，ずれが小さいほどより正確であるという．このずれを知ることは真の値が既知である場合を除き容易ではないので，実際の測定では，系統誤差が相殺される条件を用いて測定値の補正が行われる．たとえば，容量分析における空試験，機器分析における対照試験，内標準法，標準添加法などは系統誤差の影響を補正するために行われる．精度は，測定値のバラツキの程度を示すものであり，バラツキが小さいほどより精密であるという．精密さの評価は次のような統計学的評価法によって行われる．

$$相対標準偏差（\text{relative standard deviation}：\text{RSD}）=\frac{標準偏差}{平均}\times100（\%）$$

RSD は，変動係数（coefficient of variation：CV）ともいう．この値は，実験値のバラツキの程度を示す値としてよく使われ，方法の違う分析法であってもバラツキを比較することができる．なお実際に計算するときには，繰り返し実験数を無限に近く行うことはできないので，標本標準偏差を用いて計算を行う．これは統計学的に母標準偏差に近似させたもので，関数電卓では Sx や $\sigma_{n}-1$ などと記載されている．

1.3.3　母集団と標本

　調査の対象となるものを**母集団**という．その母集団から取り出される個々のデータを**標本**という．母集団が形成している分布を**母分布**という．複数の標本も分布を形成するが，この分布を母分布と区別して**標本分布**という．母分布の平均を母平均，標本分布の平均を標本平均という．分散は，それぞれのサンプルと平均値の差をとり，それらを 2 乗したものの総和を，サンプル数で割った値である．

　平均値（$\overline{X}$）と個々のサンプルの値（X_i）との差は，平均値からの隔たり（偏差）に相当する．この値の大きさは，散らばりを表している．分散は結局，ちらばりを平均した値であり，標本がど

Tea Break

●使って理解すること

　研究室に配属された当時は，高速液体クロマトグラフィー（HPLC）はシステム化されておらず，「組み立て LC」というイメージが強く，実験をやらされていても一向に興味が湧きませんでした．しかし数年後に，自分で分離条件から設計するようになってからは，興味も出てきて，やっと機器分析の教科書を熱心に読むようになってきました．分析化学や有機化学は，いやそれだけではないと思いますが，手を動かして，実験をして，初めてその科目の重要性が理解できることもあります．大学は単位制のため，学生は単位を取ることに傾注してしまいますが，学生実習や研究など興味を持てるようなキッカケもしくはチャンスを是非つかんで学生生活を過ごすと，また違った世界が見られるのではないでしょうか．

れほど散らばっているかを表す指標となっている．分散を計算するとき，標本の個数 N で割るのではなく，$N-1$（自由度）で除したものを不偏分散（V）という．

$$V = \frac{\sum (X_i - \overline{X})^2}{N-1}$$

不偏分散の方が，母分布の分散の値をより忠実に表す．上記の式において分母を N とした標本分散の期待値は母分散より小さくなる（不偏分散の期待値が母分散と一致する）．標本の標準偏差（standard deviation：SD）は，$V = \mathrm{SD}^2$ すなわち $\mathrm{SD} = \sqrt{V}$ で表す．この値は母標準偏差の推定値である．

1.3.4 異常値の扱い

　測定結果は，通常，複数回行った平均値として表すが，その測定値の中に他のものとかけ離れた異常値があったとき，その理由が明らかな場合，たとえば実験操作の誤り，試薬や試料の変質，装置の故障などでは棄却しても構わない．しかし，その理由が不明なときは異常値と考えられるものを含めて平均を求めるべきかどうかを考えなくてはならない．このとき，異常値とそれを除いて求めた平均値との差が偶然誤差により生じる範囲内にあるかどうかは，以下のようないくつかの方法で判断する．

a. 平均残差の4倍

　異常値以外の測定値から平均値をとり，その値と各測定値の差（残差）の平均値，すなわち平均残差を計算する．異常値と平均値の差が平均残差の4倍を超える場合にはその異常値を棄却する．ただし，この方法は，測定値が4〜8個で異常値が1個のときに適用できる．

b. 平均値 ±3σ

　標準偏差の正規分布曲線は，母集団の母標準偏差を σ で表した場合，平均値 $\pm\sigma$ の範囲内に測定値の 68.3% が分布することを示し，同様に平均値 $\pm 2\sigma$ の範囲内には測定値の 95.4% が，平均値 $\pm 3\sigma$ の範囲内には測定値の 99.7% が分布することを示している．実際の実験では無限の数の実験を行うことができないので，不偏分散から標本標準偏差 S を求めて計算することが多い．実験データの数 n を増やせば，S は σ の値に近づけることが可能であるので，ある程度の実験数で得られたデータから S を計算し，平均値 $\pm 3S$ の範囲から逸脱したデータは棄却する．

c. 棄却検定

1) Q テスト　「$R =$ 測定値の上限値−測定値の下限値」を求め，疑わしい値 X_q とそれに最も

近い値 X_n の差との比 Q を計算する.

$$Q = \frac{(X_Q - X_n)}{R}$$

測定回数によって決められた表の値と比較したとき，Q 値が表の値に等しいか大きい場合には，90%の信頼度で疑わしい値を棄却できる（表1.6）.

表1.6 信頼限界90%における棄却係数 Q の値

測定回数 n	3	4	5	6	7	8	9	10
Q 値[*]	0.94	0.76	0.64	0.56	0.51	0.47	0.44	0.41

＊：信頼度90%.

2）Grubbs の棄却検定法　n 個のデータの不偏分散を求め，疑わしい値 X_Q について次のように T_a を計算する（表1.7）.

$$T_a = \frac{\left|X_Q - \overline{X}\right|}{\sqrt{\text{不偏分散} V}} = \frac{\left|X_Q - \overline{X}\right|}{\text{標本標準偏差} s}, \quad V = \frac{\sum X_i^2 - \overline{X} \times \sum X_i}{n-1} = s^2$$

表1.7　Grubbs の棄却限界表

測定回数 n	3	4	5	6	7	8	9	10	11	12	13
危険率5 %	1.15	1.48	1.71	1.89	2.02	2.13	2.21	2.29	2.36	2.41	2.46
危険率1 %	1.15	1.50	1.76	1.97	2.14	2.27	2.39	2.48	2.56	2.64	2.70

　なお，統計計算を表計算ソフトで行う場合には，バージョンによって，ソフト内の計算方法が異なる場合があるので，計算結果には留意する必要がある.

d. 平均値の信頼限界 μ

　これは，ある信頼水準（%）で，真の値が存在する範囲である．偶然誤差が避けられない限り，限られた測定数の平均値が真の値と一致するとは限らない．このとき，真の値が存在する範囲（信頼区間）を，測定値の平均値および標準偏差から推定することができ，その最小値と最大値を信頼限界 μ という．また，真の値がその範囲にある可能性の程度を信頼水準または信頼率 $P(P = 100 - \alpha)$ といい，通常は%で表す（α は有意水準と呼ばれ，5%，1%または0.05，0.01 などと表示され，判定において誤りを起こす確率である．すなわち5%よりも1%の方が，判定基準は厳しいことを表している）．信頼限界 μ の計算は，n 個の測定値の平均 $\overline{x}$ 値と標本標準偏差 S および t 分布表の $t(n-1, \alpha)$ 値を以下の式に入れて計算する（表1.8）．ただし，$n-1$ は自由度を示す.

$$\mu = \overline{x} \pm t(n-1, \alpha) \times \frac{S}{\sqrt{n}}$$

表1.8　t 分布表（両側検定）

自由度 $n-1$	3	4	5	6	7	8	9	10	11	12	13	14
$t(n-1, 0.05)$	3.182	2.776	2.571	2.447	2.365	2.306	2.262	2.228	2.201	2.179	2.160	2.145
$t(n-1, 0.01)$	5.841	4.604	4.032	3.707	3.499	3.355	3.250	3.169	3.106	3.055	3.012	2.977

12　　　　　　　　　　　　　　　　　　1 部　分　析　の　基　礎

表 1.9　不確かさと測定誤差の比較（榎原研正：不確かさ評価入門，産業技術総合研究所）

	不確かさ	測定誤差
定義	測定の結果に付随した，合理的に測定量に結び付けられ得る値のばらつきを特徴づけるパラメータ	測定値—真値
分類	評価方法の分類 A タイプ評価 B タイプ評価	誤差の性質の分類 偶然誤差 系統誤差
合成の方法	不確かさの伝播則による（相関を考慮した伝播則は，形式的には右欄のすべての方式を包含する）	2 乗和平方根式 絶対値の和方式 混合方式

たとえば，測定回数が 8 回，平均値が 2.00，標準偏差が 0.25 とすれば，信頼水準 95% における信頼限界 μ は，以下の式で表すことができる．

$$\mu = 2.00 \pm \frac{2.365 \times 0.25}{\sqrt{8}} = 2.00 \pm 0.209$$

これは，真の平均値が 95% の確率で 1.80〜2.20 の間に入ることを意味している．

1.3.5　不確かさの評価

　誤差は真の値と測定値との差で表され，「真値」がわからなければ誤差もわからない．1993 年に ISO（国際標準化機構）などを含む 7 つの国際機関で出版された「計測における不確かさの表現のガイド」（Guide of the Expression of Uncertainty in Measurement：GMU）に測定結果の信頼性（の低さ）の新しい指標として「不確かさ」が導入された．「不確かさ」とは「測定の結果に付随した，合理的に測定量に結び付けられ得る値のばらつきを特徴づけるパラメーター」と定義している．また，JIS Z 8103 では「測定値の真の値が存在する範囲を示す推定値」と定義されている．不確かさを判定する方法は，実際の繰り返し得たデータの標準偏差である標準不確かさを用いる A タイプ評価と A タイプ以外の（校正証明書などに記載された数値データなど）情報を用いた統計的解析以外の手段による標準不確かさを用いる B タイプ評価があり，それぞれの標準不確かさをまとめた合成標準不確かさから拡張不確かさを求める．不確かさと測定誤差の比較を表 1.9 に示した．不確かさを求める手順は，①不確かさの測定手順を書き出し，不確かさとなる要因をあげ，②各要因における標準不確かさを評価し，③合成標準不確かさを計算し，④合成標準不確かさに拡張係数（一般に $k = 2$）をかけて拡張不確かさ U を算出する．GMU 校正証明書には必ず「不確かさ」が記載される．日局 17 の標準物質や認証標準物質（1 つ以上の規定特性について，計量学的に妥当な手順によって値付けされ，規定特性の値およびその不確かさ，並びに計量学的トレーサビリティを記載した認証書が付いている標準物質）は JIS Q 0035：2008 に，特に容量分析用標準物質は JIS K 8005：2014 に規定されている．

ま　と　め

1．質量は，上皿天秤，化学天秤，直示天秤，および電子天秤などで量る．
2．分析法には信頼性のある結果を与えることが期待されており，分析法の信頼性を見積もる作

業，確認する作業が分析法のバリデーションである．

3．日本薬局方の各試験法に適用する分析法のバリデーションに，通例，要求される分析能パラメータは，次の通りである．

・確認試験法：特異性
・純度試験法—定量試験：特異性，精度〔併行精度，室間再現精度（室内再現精度）〕，定量限界，直線性，範囲
・純度試験法—限度試験：特異性，検出限界
・定量法・溶出試験法：特異性，精度〔併行精度，室間再現精度（室内再現精度）〕，直線性，範囲

演習問題

問 1.1 （　）内に単位にあった数値を入れなさい．

A　$0.1\,ng =$（　）pg

B　$0.001\,m^3 =$（　）cm^3

C　$200L =$（　）m^3

D　$0.5\,mol/L =$（　）$mmol/L$

E　$5\,g/cm^3 =$（　）kg/m^3

問 1.2 次の計算結果を有効数字で表しなさい．

A　$1.456 + 3.2$

B　$32.65 \div 1.5$

C　8.345×4

D　$2.4 \times 10^{12} \times 7.348 \times 10^{-6}$

問 1.3 次の溶液調製に関する設問に答えなさい．

A　10%ホルマリンアルコールから，3%ホルマリンアルコール 50mL を調製するには 10%ホルマリンアルコールは何 mL 必要か．

B　1000 倍ボスミン液から，5000 倍ボスミン液 20mL を調製するには 1000 倍ボスミン液は何 mL 必要か．

C　9.8g の硫酸（M.W. $= 98.08$）に水を加えて正確に 200mL とした．このときの硫酸の重量対容量百分率（w/v%）はいくらであるか．

D　98%（$d = 1.83$）濃硫酸（分子量 98.08）から 5mol/L 希硫酸 120mL を調製したい．98% 濃硫酸を何 mL とればよいか．

E　$0.05\,mol/L$ $Na_2HPO_4 \cdot 12H_2O$ 溶液 250mL を調製するのに，何 g の $Na_2HPO_4 \cdot 12H_2O$（分子量 358.14）が必要か．

問 1.4 次の統計用語について（　）内に適語を記入しなさい．

　調査の対象となるものを母集団（真の値）という．その母集団から取り出される個々のデータ（実験値）を（　A　）という．母集団が形成している分布を（　B　）分布という．複数の（　A　）も分布を形成するが，この分布を（　B　）分布と区別して（　A　）分布という．（　A　）の統計パラメータは母集団の統計パラメータを求めるための推定値である．

　日本薬局方に掲載されている分析法バリデーションとは，医薬品の試験法に用いる分析法が，分析法を使用する意図に合致していること，すなわち，分析法の（　C　）が原因で生じる試験の判定の誤りの確率が許容できる程度であることを科学的に立証することである．

　分析法の能力は種々の分析能パラメーターにより表される．提案する分析法の分析能パラメーターが，試験法の規格値などを基にして設定する基準を充たしていることを実証することにより，分析法の（　D　）を示すことができる．」

　（　E　）は，それぞれのサンプルと平均値の差をとり，それらを 2 乗したものの総和を，サンプ

ル数で割った値である．平均値と個々のサンプルの値との差は，平均値からの隔たり（偏差）に相当する．この値の大きさは，（　F　）を表している．（　E　）は結局，（　F　）を平均した値である．また，標本の個数 N で割るのではなく，$N-1$（自由度）で除したものを（　G　）という．データが少ない場合，（　G　）の方が，母分布の（　E　）の値をより忠実に表す．標準偏差（Standard Deviation：SD）は，$s=$（　H　）で表すことができる．

相対標準偏差（RSD）は，分析の方法が違っても得られた値からバラツキを比較でき，標準偏差 Sx と平均を使うと次の式で計算できる．RSD（%）=（　I　）で求めることができる．

問 1.5　次に示す単位のうち，<u>SI 基本単位でない</u>のはどれか．1 つ選べ．

（第 100 回薬剤師国家試験より）

1　m（メートル）　　2　kg（キログラム）　　3　J（ジュール）　　4　K（ケルビン）
5　s（秒）

問 1.6　分析法バリデーションにおいて，分析法で得られる測定値の偏りの程度を示すパラメーターはどれか．1 つ選べ．

（第 100 回薬剤師国家試験より）

1　真度　　2　精度　　3　特異性　　4　直線性　　5　検出限界

問 1.7　医薬品分析法のバリデーションに関する記述のうち，正しいのはどれか．2 つ選べ．

（第 97 回薬剤師国家試験より）

1　「真度」とは，均質な検体から採取した複数の試料を繰り返し分析して得られる一連の測定値が，互いに一致する程度のことである．
2　「特異性」とは，試料中に共存すると考えられる物質の存在下で，分析対象物を正確に測定する能力のことである．
3　「検出限界」とは，試料中に含まれる分析対象物の定量が可能な最低の量または濃度のことである．
4　「直線性」とは，分析対象物の量又は濃度に対して直線関係にある測定値を与える分析法の能力のことである．

【解答と解説】

1.1　A　100　　B　1000　　C　0.2　　D　500　　E　5000
［解説］$m=10^{-3}$，$\mu=10^{-6}$，$n=10^{-9}$，$p=10^{-12}$，$f=10^{-15}$，$a=10^{-18}$

1.2　A　4.7　　B　22　　C　3×10^1　　D　1.8×10^7
［解説］有効数字（significant figures）は数値の精度に関する表現．最小桁（小数点以下第〇位まで有効）もしくは全桁数（有効数字〇桁）で示す場合がある．
・和差の場合，有効数字のうち小数点以下の桁数が最も少ないものに合わせる．
　$1.23+5.724=6.954=6.95$，　　$25+1.3=26.3=26$
・乗除の場合には，有効数字の最小のものの桁に合わせる．
　$1.3\times21.1=27.43=27$

1.3　A　15 mL　　B　4.0 mL　　C　4.9 w/v%　　D　32.8 mL　　E　4.5 g
［解説］A　3/10 に希釈すればよいので，10%ホルマリンアルコールは $50\times(3/10)=15$ mL．
　　　　B　希釈は $(1\rightarrow5)$ である．$(x\rightarrow20)$ となるように比を計算すると，$x=4.0$ mL となる．
　　　　C　w/v% ≒ g/100 mL である．9.8 g/200 mL　∴ 4.9 g/100 mL
　　　　D　比重を g/mL とみなし，濃硫酸の採取量を x(mL) とすると，以下のような計算式が成立する．

$$比重\times x\times\frac{含量\%}{100}(g)=調整液の溶質量(g)$$

$$1.83\times x\times\frac{98}{100}=y(g)$$

調製する量 y は 5 mol/1000 mL，120 mL では 0.6 mol なので，0.6 mol $\times98.08=58.8$ g

1章 分析の基本　　　　　　　　　　　　　　　15

となる．したがって，濃硫酸の採取量 x は 32.8 mL である．

E　$0.05 \times 358.14 = 17.9$ g/1000 mL　　x g/250 mL　　$\therefore x = 4.5$ g

1.4　A　標本　　B　母　　C　誤差　　D　妥当性　　E　分散　　F　散らばり　　G　不偏分散

　　　H　$\sqrt{\text{不偏分散}}$　　I　$\dfrac{Sx}{\overline{x}} \times 100$

1.5　3：J は SI 組立単位．

1.6　1

1.7　2．4

第2部

化　学　平　衡

一般目標：溶液中の化学平衡に関する基本的事項を修得する.

2 酸・塩基平衡

●キーワード

酸・塩基平衡/ブレンステッド−ローリーの定義/共役酸/共役塩基/オキソニウムイオン H_3O^+/水の解離平衡/水のイオン積 K_w/水素イオン濃度 [H^+]/水素イオン濃度指数 pH/水の水平化効果/酸解離定数 K_a/酸の電離指数 pK_a/塩基解離定数 K_b/塩基の電離指数 pK_b/解離度 α/pH の測定/複合型電極/ネルンストの式/弱酸/弱塩基/多塩基弱酸/両性物質の溶液/緩衝作用/緩衝液/ヘンダーソン−ハッセルバルヒの式/Good 緩衝液（MES，HEPES）

　分析化学で利用する反応の多くは水溶液中で起こっていて，その反応を理解することは，分析化学を理解するうえでとても重要である．定量という観点からみると，分析化学に用いる反応はすべて化学平衡に基づいているといってよい．酸・塩基平衡，キレート平衡，沈殿平衡，酸化還元平衡など，滴定反応に用いられるものはすべて化学平衡に基づいている．なかでも，最も基本的なものが酸・塩基平衡である．酸と塩基については，小学校から勉強してきたが，私たちはどこまで正確に知っているのだろうか？　なぜ酸ではリトマス試験紙が赤くなるのだろうか？　酢は酸なのにアルカリ性食品と言われているのはなぜか？　水道水は中性か？

　こんな疑問に答えるために，また，定量分析をもっとよく知るために，今まで理解できていなかった化学平衡がわかるようになるために，まず酸と塩基の平衡から始めてみよう．

2.1 酸・塩基平衡

SBO C2(2)①1　酸・塩基平衡の概念について説明できる.

2.1.1 酸と塩基の定義

　私たちは，「果物などのすっぱいものは酸」，「植物を燃やした灰は塩基」と経験的に知っていて，生活に利用してきた．本当のところはどうなのか，まず「酸とは」「塩基とは」について，きちんと勉強しよう．

　①アレニウスの定義：水に溶けて水素イオン H^+（H_3O^+）を生ずる物質を酸，水酸化物イオン OH^- を生ずる物質を塩基という．最もシンプルな定義である．

　（例）HCl や H_2SO_4 は酸，NaOH や KOH は塩基である．

　②ブレンステッド-ローリーの定義：H^+（水素イオン，プロトン）を他に与えうる物質を酸，H^+ を受け取りうる物質を塩基という．アレニウスの定義のうち，塩基の定義を広げたものである．現在，一般的に用いられている酸塩基の定義である．

　（例）NH_3 は OH^- を持っていないが，H^+ を受け取って NH_4^+ になり得るので塩基である．

　③ルイスの定義：電子対受容体を酸，電子対供与体を塩基とする．酸と塩基の定義を H^+ にこだわらずさらに広げたものである．酸塩基に対する広義の定義であり，配位結合を考慮した有機化学分野で主に用いられる．

（例）CO_2 や SO_2 は与えうる H^+ を持っていないが，電子対供与体である塩基（例えば H_2O）と反応して化合物をつくる（$CO_2 + H_2O \rightarrow H_2CO_3$）ので酸である．

ブレンステッド-ローリーの定義はアレニウスの定義を拡大したものであり，ルイスの定義はブレンステッド-ローリーの定義を拡大したものである．

ブレンステッド-ローリーの定義を用いて酢酸 CH_3COOH の解離（左 → 右）を考えると，CH_3COOH は H^+ を H_2O に与えているので酸であり，H_2O は CH_3COOH から H^+ を受け取っているので塩基である．一方，酢酸イオン CH_3COO^- の解離（右 → 左）を考えると，CH_3COO^- は H_3O^+ から H^+ を受け取っているので塩基であり，H_3O^+ は H^+ を CH_3COO^- に与えているので酸である．このとき，CH_3COO^- を CH_3COOH の**共役塩基**といい，CH_3COOH を CH_3COO^- の**共役酸**であるという．両者は互いに共役の関係にある．

$$CH_3COOH + H_2O \rightleftharpoons H_3O^+ + CH_3COO^-$$
  酸　　　塩基　　　酸　　　塩基
   └──共役関係──┘
  └─────共役関係─────┘

アンモニア NH_3 の解離でも全く同じことがいえる．水 H_2O は相手によって酸にも塩基にもなりうるので，注意する．

$$NH_3 + H_2O \rightleftharpoons OH^- + NH_4^+$$
  塩基　　酸　　　塩基　　酸
   └──共役関係──┘
  └─────共役関係─────┘

2.1.2 水の解離

SBO C2(2)①2　pH および解離定数について説明できる．（知識・技能）

酸・塩基を理解するうえで知っておきたいのが，水の解離（電離ともいう）である．水の分子 H_2O は水中は単独で存在するのではなく，他の水分子と水素結合により相互作用しながら存在している．

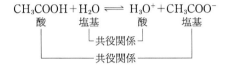

この水素結合がきわめてわずかな確率で共有結合に変わる現象を，**水の解離**という．生ずる H_3O^+ をオキソニウムイオンまたはヒドロニウムイオンという．H_3O^+ は，通常，簡略化して H^+（水素イオン，プロトン）と書くことも多い．水の解離は**平衡反応**であり，以下の平衡が成り立つ．$[H_3O^+]$ は H_3O^+ イオンのモル濃度 mol/L を示す．

$$K = \frac{[H_3O^+][OH^-]}{[H_2O]^2} \longrightarrow [H_3O^+][OH^-] = [H_2O]^2 K$$

この解離反応による水の濃度変化は無視できるので，H_3O^+（すなわち H^+）濃度と OH^- 濃度の積は一定となる．これを**水のイオン積**（K_w）という．

$$[H^+][OH^-] = K_w = 10^{-14} \, (\text{mol/L})^2 \, (25°C)$$

Tea Break

●ノーベル賞の話〜田中耕一博士　その1

　2002年度ノーベル化学賞を受賞した田中博士は，科学機器メーカーである島津製作所の社員であり，受賞当時さほど名前の通った研究者ではなかったと記憶している．一介のサラリーマンであることを隠さず，ノーベル賞受賞の会見も島津製作所の作業服で行った姿は，非常に多くの日本人の共感を呼んだ．田中博士とほぼ同時に発表されたドイツ人化学者のフランツ・ヒレンカンプとミヒャエル・カラスの「MALDI-TOF-MS」が受賞に値するか，という疑問が流れた．が，2人の論文発表に先立って，田中博士が日本語で学会発表を行い日本語の論文を出していたことをノーベル賞選定委員会が突き止めたために，田中博士の受賞が決まったと言われる．ノーベル賞選定委員会の努力もさることながら，日本語の研究論文も捨てたものではない，と救われた感があった．

K_w は平衡定数であり，温度が上昇すると大きくなる．

　純水では，水素イオン濃度は以下のように 10^{-7} mol/L となる．

$$[H^+] = [OH^-] = 10^{-7}\,\text{mol/L}$$

　水素イオン濃度のように，広範囲にわたる数値を取り扱うとき，その数値の逆数の常用対数を用いる．$-\log$ を p と表記して水素イオン濃度を表すと，

$$pH = \log \frac{1}{[H^+]} = -\log[H^+] = 7, \quad pH + pOH = 14$$

となる．pH を**水素イオン濃度指数**といい，溶液の酸性・塩基性を判断する指標として用いる．

2.1.3　強酸と強塩基

　酸や塩基の強さは，水を相手にしたときのプロトンの受け渡しの結果生じる $H_3O^+(H^+)$ 濃度や OH^- 濃度をもって判断する．塩酸や水酸化ナトリウムの水溶液では，それぞれが完全に電離（解離）して，溶かした溶質の濃度に見合う $[H_3O^+]$，$[OH^-]$ の溶液となる．このように，水に溶かしたときにほぼ完全に解離する化合物を強酸，強塩基という．強酸と強塩基の水溶液では，溶液中の水素イオン濃度を自由に調節できる．

　本来であれば塩酸，硫酸などの強酸の強さ（酸性度）はそれぞれ異なるが，水溶液中ではいずれもオキソニウムイオン（H_3O^+）の酸性度に統一されてしまい，区別がつかない．この現象を，**水の水平化効果**という．水溶液中で最も強い酸はオキソニウムイオンであり，水溶液中で最も強い塩基は水酸化物イオンである．

2.1.4　弱酸と弱塩基の解離平衡

　水溶液中でほぼ完全に解離する強酸・強塩基に対して，弱酸・弱塩基はその一部のみが解離して平衡状態となっている．

　ある弱酸 HA と水の反応は以下のような解離の式で表される．

$$HA + H_2O \rightleftharpoons H_3O^+ + A^-$$

平衡定数 K を用いて表すと，

$$K = \frac{[H_3O^+][A^-]}{[HA][H_2O]}$$

となる．K は温度が一定ならば一定の値となる．これを**質量作用の法則**という．この反応におい

て水の濃度変化は無視できるので，

$$K[\text{H}_2\text{O}] = \frac{[\text{H}^+][\text{A}^-]}{[\text{HA}]} = K_a$$

と書ける．K_a を**酸解離定数**という．a は酸（acid）を表す記号として用いている．

一方，弱塩基 A^-（弱酸 HA の共役塩基である．また，弱酸のナトリウム塩 NaA の解離型でもある）の解離の式は，以下のようになる．

$$\text{A}^- + \text{H}_2\text{O} \rightleftharpoons \text{HA} + \text{OH}^-$$

平衡定数で表すと，

$$K = \frac{[\text{HA}][\text{OH}^-]}{[\text{A}^-][\text{H}_2\text{O}]}, \quad K[\text{H}_2\text{O}] = \frac{[\text{HA}][\text{OH}^-]}{[\text{A}^-]} = K_b$$

と書ける．K_b を**塩基解離定数**という．b は塩基（base）を表す記号として用いている．

互いに共役塩基対の関係にある弱酸 HA とその塩基 A^- の K_a と K_b の関係は，

$$K_a \times K_b = \frac{[\text{H}^+][\text{A}^-]}{[\text{HA}]} \times \frac{[\text{HA}][\text{OH}^-]}{[\text{A}^-]} = [\text{H}^+][\text{OH}^-] = K_w$$

が成り立ち，酸の電離指数 $\text{p}K_a$ とその共役塩基の電離指数 $\text{p}K_b$ との間には，

$$\text{p}K_a + \text{p}K_b = 14$$

という関係がある．

ちなみに，酢酸では $K_a = 1.82 \times 10^{-5}$，$\text{p}K_a = 4.74$（25℃），酢酸イオンでは $K_b = 5.50 \times 10^{-10}$，$\text{p}K_b = 9.26$（25℃）であり，上記の式が成り立つ．

2.1.5 解 離 度

加えた弱酸 HA のモル濃度（C_0）に対して，解離した弱酸のモル濃度（C）の比（C/C_0）を**解離度（電離度）**といい，α で表す．

$$\alpha = \frac{C}{C_0}$$

α の値が十分小さいとき，つまり弱酸のほとんどが解離していないとき，$[\text{HA}] \fallingdotseq C_0$ となり，$[\text{H}^+][\text{A}^-]$（$= K_a \cdot C_0$）も一定値となる．また HA 1 mol から H^+ と A^- が 1 mol ずつ生じるときには，$C = [\text{H}^+] = [\text{A}^-] = C_0 \cdot \alpha$ より，解離定数 K_a との間に，以下の式が成り立つ．

$$K_a = C_0 \cdot \alpha^2$$

ま と め

1. ブレンステッド-ローリーの酸塩基の定義：プロトンを他に与えうる物質を酸，H^+ を受け取りうる物質を塩基という（NH_3 は H^+ を受け取って NH_4^+ になりうるので塩基）．アレニウスの定義，ルイスの定義もある．
2. 酢酸 CH_3COOH と酢酸イオン CH_3COO^- とは互いに共役の関係にある．

3. 水は解離（$H_2O+H_2O \rightleftharpoons H_3O^++OH^-$）してオキソニウムイオン H_3O^+（簡略化して H^+）と水酸化物イオン OH^- を遊離する．その濃度の積を水のイオン積（K_w）という．水素イオン濃度 $[H^+] = 10^{-7}$ mol/L のとき，中性であるといい，pH＝7 となる．

$$[H^+][OH^-] = K_w = 10^{-14}\,(mol/L)^2\,(25℃)$$

$$pH = \log\frac{1}{[H^+]} = -\log[H^+] = 7, \quad pH+pOH = 14$$

pH を水素イオン濃度指数といい，溶液の酸性・塩基性を判断する指標として用いる．

4. 弱酸（弱塩基）の解離平衡は，共役塩基（共役酸）との関係で理解する．酸解離定数（K_a），塩基解離定数（K_b）と合わせて，水の解離平衡も考慮する．

$$K_a \times K_b = \frac{[H^+][A^-]}{[HA]} \times \frac{[HA][OH^-]}{[A^-]} = [H^+][OH^-] = K_w$$

$$pK_a+pK_b = 14$$

5. 解離度 α には，$\alpha = C/C_0$，$K_a = C_0 \cdot \alpha^2$ が成り立つ．

2.2 水素イオン濃度と pH

2.2.1 水の解離と pH

2.1.2 項で示したように，水はわずかながら解離して $H^+(H_3O^+)$ と OH^- を生じる．pH は広範囲な水溶液中の水素イオン濃度を指数で表したものである．

$$pH = \log\frac{1}{[H^+]} = -\log[H^+]$$

純水では，$[H^+] = 10^{-7}$ mol/L，pH は 7 である．実際には，水には電解質はじめいろいろなものが溶けているので，水の pH は 7 とはならない．H^+ が 10^{-7} mol/L より多く存在すると酸性となり pH の値は 7 より小さくなる．また，OH^- が 10^{-7} mol/L より多く存在する（H^+ が 10^{-7} mol/L より少なくなる）と塩基性となり pH の値は 7 より大きくなる．水素イオン濃度は，生体内においても生物反応や化学反応においても重要な役割を持つ．

2.2.2 pH メーターによる pH の測定

SBO C2(2)①3　溶液の pH を測定できる．（技能）

水溶液の pH は，pH メーターを用いて，2 つの電極間の電位の差を利用して測定する．2 つの電極を**参照電極**（日局 17 では銀-塩化銀電極を用いる）と**指示電極**（日局 17 ではガラス電極を用いる）という（図 2.1）．1 本の電極に指示電極と参照電極が組み合わされた複合型電極も用いられている（図 2.2）．一定の内部電位を持つ電極を水溶液中に浸すと，内部の電極部と水溶液中の水素イオン濃度（実際には**プロトン活量**[1]）の違いにより起電力が生じる．ネルンストの式から，標準溶液の起電力と pH がわかっていれば，未知の水溶液の pH を求めることができる（酸化還元電位，酸化還元平衡を参照）．

---

[1] **プロトン活量**：現実の溶液中では，溶質は溶質間の相互作用などによりその濃度より低い濃度効果しか示さない．実際に示す効果の濃度（実効効果濃度）を，活量という．理想溶液では「濃度＝活量」であるが，現実の溶液では「濃度＞活量」である．水溶液中の実効水素イオン濃度を**プロトン活量**という．

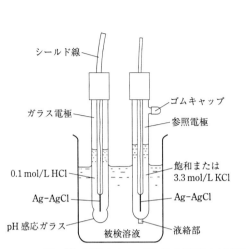

図 2.1 ガラス電極（指示電極）および銀-塩化銀電極（参照電極）
（日局 17 解説書，p.338，廣川書店，2016）

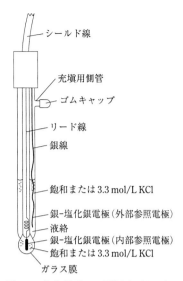

図 2.2 複合型ガラス電極（日局 15 解説書，p.280，廣川書店，2006）

$$\mathrm{pH} = \mathrm{pH_s} + \frac{(E-E_\mathrm{s})F}{2.3026RT} = \mathrm{pH_s} + \frac{E-E_\mathrm{s}}{0.059} \quad (25℃)$$

ここで，$\mathrm{pH_s}$：pH 標準液の pH，E：試料溶液中での起電力（ガラス電極｜試料溶液｜参照電極），E_s：pH 標準液中での起電力（ガラス電極｜pH 標準液｜参照電極），R：気体定数，T：絶対温度，F：ファラデー定数．

この式からもわかるように，pH の値は温度の影響を受ける．通常は 25℃のときの値を用いて温度補正を行う．

日局 17 では pH メーターに用いる 6 種類の **pH 標準液**（シュウ酸塩標準液，フタル酸塩標準液，リン酸塩標準液，ホウ酸塩標準液，炭酸塩標準液，水酸化カルシウム標準液）を定めているが，通常の pH 測定では，そのうちの 3 種類，フタル酸塩 pH 標準液（pH 4.01），リン酸塩 pH 標準液（pH 6.86），ホウ酸塩標準液（pH 9.18）を用いて，2 点校正法により pH を測定する．

2.2.3 pH 指示薬による pH の測定

水溶液の pH をおおよそ知りたい，ある pH より大きいか小さいかを知りたいなど，pH を簡便に知りたいときには，pH 指示薬が便利である．酸・塩基滴定（中和滴定）の滴定終了点を判定するときにも用いる．代表的な pH 指示薬を以下に示す．

ブロモフェノールブルー	pH 3.0（黄）	～ pH 4.6（青紫）
メチルレッド	pH 4.2（赤）	～ pH 6.4（黄）
ブロモチモールブルー	pH 6.0（黄）	～ pH 7.6（青）
フェノールレッド	pH 6.8（黄）	～ pH 8.4（赤）
フェノールフタレイン	pH 7.8（無色）	～ pH 10.0（紅）

Tea Break

●ノーベル賞の話～田中耕一博士，その2

　田中博士の2002年度ノーベル化学賞受賞に繋がったのは，「ソフトレーザー脱着法」で，一言で言えば，タンパク質をイオン化して質量分析を可能にした技術，である．タンパク質を質量分析にかける場合，タンパク質を気化させ，かつイオン化させる必要がある．しかし，タンパク質は気化しにくい物質であるため，イオン化の際は高エネルギーが必要である．しかし，高エネルギーを掛けるとタンパク質は気化ではなく分解してしまうため，特に高分子量のタンパク質をイオン化することは困難であった．そこで，田中博士らは，グリセロールとコバルトの混合物（マトリックス）を熱エネルギー緩衝材として使用したところ，レーザーによりタンパク質を気化，検出することに世界で初めて成功した．なお「間違えて」グリセロールとコバルトを混ぜてしまい，「どうせ捨てるのも何だし」と実験したところ，見事に成功したとのこと．筆者もその質量スペクトルデータを拝見したが，見えたのはノイズばかりで，タンパク質のピークは確認できなかった……．ノイズの中に埋もれていたタンパク質のピークを見出した田中博士の慧眼には恐れ入る．やはりノーベル賞を受賞する人は違う．

2.2.4　いろいろな酸塩基溶液のpHの計算

　酸や塩基水溶液の水素イオン濃度$[H^+]$やpHを理論的に求める場合にはとても複雑な計算が必要であるが，実際に我々が必要となるレベルであれば，近似式を用いて簡単に求めることができる．ここでは，強酸，強塩基，弱酸（一塩基弱酸），多塩基弱酸，弱塩基（一酸弱塩基）に分けて計算式を解説する（多酸弱塩基については，塩溶液の項で触れる）．

a. 強酸，強塩基のpH

　塩酸や水酸化ナトリウムの水溶液は水溶液中ではほぼ完全に解離（電離）していると考えられるので，それぞれの濃度に見合う$[H^+]$，$[OH^-]$を示す．

　濃度C_a[+2]が0.1 mol/Lの塩酸の場合，

$$[H^+] = C_a = 0.1\,\mathrm{mol/L}$$

であり，そのpHは，

$$pH = -\log[H^+] = 1$$

となる．濃度C_b[+2]が0.1 mol/Lの水酸化ナトリウム水溶液の場合，

$$[OH^-] = C_b = 0.1\,\mathrm{mol/L}$$

であり，$pOH = -\log[OH^-] = 1$．pHは，

$$pH = pK_w - pOH = 14 - 1 = 13$$

となる．

　一方，塩酸の濃度が10^{-5} mol/LのときはpH5であるが，10^{-8} mol/LのときpH8とはならない．いくら薄くても塩酸溶液が塩基性を示すことはない．強酸と強塩基溶液の非常に薄い溶液のときは，水の解離を考慮する必要がある．具体例として，濃度（C_a）が10^{-7} mol/L塩酸のpHを考える．

【考えられる反応】

$$\mathrm{HCl + H_2O \longrightarrow H_3O^+ + Cl^-}　（塩酸は完全解離）$$

$$\mathrm{2H_2O \rightleftharpoons H_3O^+ + OH^-}　　　（水の解離平衡）$$

[+2] C_aとC_b：酸の濃度を表すとき，acidのaを添えてC_aと表すことが多い．酸であることを明記したほうがわかりやすい場合，慣例としてC_aと書く．Cのみでも何ら問題はない．一方，塩基であることを表すときは，baseのbを添え字としてC_bと表す．こちらもCのみでも何ら問題はない．

2章 酸・塩基平衡

【成立する関係式】

電荷収支　　$[H^+] = [Cl^-] + [OH^-]$　（溶液中の＋イオンの数と－イオンの数は同じ）

質量収支　　$C_a = [Cl^-] = 10^{-7}$　　　（塩酸は完全解離している）

水のイオン積　$[H^+][OH^-] = 10^{-14}$

【pH を求めるための考え方】　$[Cl^-] = 10^{-7}$ を電荷収支の式に代入し，

$$[OH^-] = [H^+] - 10^{-7}$$

を水のイオン積に代入して得られる二次方程式

$$[H^+]^2 - 10^{-7}[H^+] - 10^{-14} = 0$$

を解くと，

$$[H^+] = 1.61 \times 10^{-7}\,\text{mol/L}, \quad pH = 6.79$$

となる．つまり，塩酸の解離により H^+ が供給されるので水の解離は小さくなる．塩酸濃度が低下すると塩酸の解離により供給される H^+ は少なくなりそれだけ水の解離は大きくなる．

一般式で考える（C_a（mol/L）塩酸のとき）と二次方程式は，

$$[H^+]^2 - C_a[H^+] - 10^{-14} = 0$$

となる．C_a が 10^{-7}mol/L に近づくにつれ水の解離が無視できなくなる（二次方程式の定数項（10^{-14}）が無視できなくなる）．

水酸化ナトリウムなどの強塩基水溶液（C_b（mol/L））の希薄溶液では，$[H^+]$ を $[OH^-]$ に置き換えた同様の式となる．

$$[OH^-]^2 - C_b[OH^-] - 10^{-14} = 0$$

この式から $[OH^-]$ を求め，pH に換算する．

b. 弱酸の pH

弱酸は強酸と異なり，溶液中で解離しているもの（**イオン形**）はわずかであり，残りのほとんどは非解離状態（**分子形**）にあって，平衡状態となっている（2.1.4 項を参照）．濃度が C_a（mol/L）の酢酸を考える．

【考えられる反応】

$$CH_3COOH + H_2O \rightleftharpoons H_3O^+ + CH_3COO^-$$　（酢酸の解離平衡）

$$2H_2O \rightleftharpoons H_3O^+ + OH^-$$　　　　（水の解離平衡）

【成立する関係式】

質量作用の法則　$K_a = \dfrac{[H^+][CH_3COO^-]}{[CH_3COOH]}$

電荷収支　　$[H^+] = [CH_3COO^-] + [OH^-]$

（溶液中の＋イオンの数と－イオンの数は同じ）

質量収支　　$C_a = [CH_3COOH] + [CH_3COO^-]$　（酢酸には分子形とイオン形が存在する）

水のイオン積　$[H^+][OH^-] = 10^{-14}$

【pH を求めるための考え方】　電荷収支および質量収支の関係式を用いて質量作用の法則を書き換えると，

$$K_a = \frac{[H^+]\{[H^+] - [OH^-]\}}{C_a - [H^+] + [OH^-]}$$

となる．水のイオン積から $[OH^-]$ を $[H^+]$ で表してこの式に代入すると $[H^+]$ を求めることができ

るが，非常に煩雑となるので，以下のような仮定の近似式を用いる．

仮定1 酸の溶液であるので，$[H^+] \gg [OH^-]$（$[H^+] - [OH^-] \fallingdotseq [H^+]$）

上の式は以下のように変形できる．

$$K_a = \frac{[H^+]^2}{C_a - [H^+]}$$

二次方程式の解として $[H^+]$ を求めることができるが，通常は，さらに第2の仮定に基づく近似式で間に合う場合が多い．

仮定2 弱酸の場合，解離はわずかなので，$C_a \gg [H^+]$（$C_a - [H^+] \fallingdotseq C_a$）

$$[H^+]^2 = C_a \times K_a, \quad [H^+] = \sqrt{C_a \times K_a}$$

pHを求める場合は，以下のように変形する．

$$\mathrm{pH} = -\log[H^+] = -\frac{1}{2}\log(C_a \times K_a) = \frac{-\log C_a - \log K_a}{2} = \frac{pK_a - \log C_a}{2}$$

仮定1と仮定2を用いると簡単な式で $[H^+]$ も pH も求められるが，仮定を用いてもよかったのか，最後に検証する．

仮定1の検証：pH < 6 であるかどうか

仮定2の検証：$[H^+] < 0.05 \times C_a$ であるかどうか．

検証の結果不適切となったら，近似式は用いない計算式を用いる．

弱酸の $[H^+]$ と pH を求める上記の式を用いる判断基準の1つとして，

$$C_a > 100 \times K_a$$

の式を使うと便利である．

実際に計算してみると，0.01 mol/L 酢酸では $[H^+] = 4.27 \times 10^{-4}$ mol/L，pH = 3.37，解離度 $\alpha = 4.27\%$ となる．一方，0.1 mol/L 酢酸では，$[H^+] = 1.35 \times 10^{-3}$ mol/L，pH = 2.87，$\alpha = 1.35\%$ となり，イオン化している酢酸はわずか 1.35% で，残り 98.6% は分子形のままで存在していることがわかる．

c. 弱塩基の pH

弱塩基は弱酸と同様，溶液中で解離しているもの（イオン形）はわずかであり，残りのほとんどは非解離状態（分子形）にあり，平衡状態となっている（2.1.4 項を参照）．濃度が C_b（mol/L）のアンモニア水溶液を考える．

【考えられる反応】

$$\mathrm{NH_3 + H_2O \rightleftharpoons NH_4^+ + OH^-} \quad （アンモニアの解離平衡）$$

$$\mathrm{2H_2O \rightleftharpoons H_3O^+ + OH^-} \quad （水の解離平衡）$$

【成立する関係式】

質量作用の法則 $\quad K_b = \dfrac{[NH_4^+][OH^-]}{[NH_3]}$

電荷収支 $\quad [H^+] + [NH_4^+] = [OH^-]$（溶液中の＋イオンの数と－イオンの数は同じ）

質量収支 $\quad C_b = [NH_3] + [NH_4^+]$（アンモニアには分子形とイオン形が存在する）

水のイオン積 $\quad [H^+][OH^-] = 10^{-14}$

【pH を求めるための考え方】 電荷収支および質量収支の関係式を用いて質量作用の法則を書き換えると，

$$K_b = \frac{[OH^-]\{[OH^-]-[H^+]\}}{C_b-[OH^-]+[H^+]}$$

となる．酢酸の解離と同様の仮定と近似式を用いる．

仮定 1 塩基の溶液であるので，$[OH^-] \gg [H^+]$（$[OH^-]-[H^+] \fallingdotseq [OH^-]$）

$$K_b = \frac{[OH^-]^2}{C_b-[OH^-]}$$

仮定 2 弱塩基の場合も解離はわずかなので，$C_b \gg [OH^-]$（$C_b-[OH^-] \fallingdotseq C_b$）

$$[OH^-]^2 = C_b \times K_b, \quad [OH^-] = \sqrt{C_b \times K_b}$$

となる．弱酸（酢酸）のときと同様，弱塩基（アンモニア水溶液）では $[OH^-]$ を求める式が得られる．水酸化物イオン濃度 $[OH^-]$ より水素イオン濃度 $[H^+]$ の方がなじみがあり使いやすいので，水のイオン積（$[H^+][OH^-]=K_w$）および弱塩基とその共役酸（ここではアンモニウムイオン NH_4^+）との関係式（$K_a \times K_b = K_w$）の 2 つの式を用いて，$[H^+]$ を求める式に変形する．

$$[H^+] = \frac{K_w}{[OH^-]} = \sqrt{\frac{K_w \times K_w}{C_b \times K_b}} = \sqrt{\frac{K_w \times K_a}{C_b}}$$

pH を求める場合は，以下のように変形する．

$$pH = -\log[H^+] = -\frac{1}{2}\log\left(\frac{K_w \times K_a}{C_b}\right) = \frac{pK_w - \log K_a + \log C_b}{2} = \frac{14 + pK_a + \log C_b}{2}$$

もちろん，pOH を先に求めてから pH に換算してもよい．

$$pOH = -\log[OH^-] = \frac{pK_b - \log C_b}{2}, \quad pH = 14 - pOH$$

仮定 1 と仮定 2 を用いてもよかったのか，最後に検証する．

仮定 1 の検証：pOH < 6（pH > 8）であるかどうか

仮定 2 の検証：$[OH^-] < 0.05 \times C_b$ であるかどうか．

検証の結果不適切となったら，近似式は用いない計算式を用いる．

弱塩基の $[H^+]$ と pH（$[OH^-]$ と pOH）を求める上記の式を用いる判断基準の 1 つとして，

$$C_b > 100 \times K_b$$

の式が使えることも同様である．

d. 多塩基弱酸の pH

b 項では酢酸を例にとって弱酸の pH を計算する式を求めたが，弱酸のうちには，H^+ を 2 つ以上解離する，多塩基弱酸というものも存在する．炭酸やリン酸がこれにあたる．これに対して H^+ を 1 分子解離する酢酸などは一塩基弱酸という．多塩基弱酸の場合，解離平衡が何段階にもわたるので，計算式が複雑となる．濃度が C_a（mol/L）の炭酸を例に考える．

【考えられる反応】

$H_2CO_3 + H_2O \rightleftharpoons H_3O^+ + HCO_3^-$　（炭酸の第一酸解離平衡）

$HCO_3^- + H_2O \rightleftharpoons H_3O^+ + CO_3^{2-}$　（炭酸の第二酸解離平衡）

$2H_2O \rightleftharpoons H_3O^+ + OH^-$　（水の解離平衡）

【成立する関係式】

質量作用の法則　$K_{a1} = \dfrac{[H^+][HCO_3^-]}{[H_2CO_3]}$, 　$K_{a2} = \dfrac{[H^+][CO_3^{2-}]}{[HCO_3^-]}$

電荷収支 　　$[H^+] = [HCO_3^-] + 2[CO_3^{2-}] + [OH^-]$

（溶液中の＋イオンの数と－イオンの数は同じ）

質量収支 　　$C_a = [H_2CO_3] + [HCO_3^-] + [CO_3^{2-}]$

（炭酸には分子形と2つのイオン形が存在する）

水のイオン積 　　$[H^+][OH^-] = 10^{-14}$

【pHを求めるための考え方】 　第一酸解離平衡により生じる H^+ と第二酸解離平衡により生じる H^+ を，その酸解離定数の値 $K_{a1} = 4.47 \times 10^{-7}$, $K_{a2} = 4.68 \times 10^{-11}$（25℃）で比較すると，第二酸解離平衡により生ずる H^+ は無視できるほどわずかであることがわかる（第一酸解離平衡でわずかに生じた炭酸水素イオン HCO_3^- が元になって第二酸解離平衡でほんのわずか CO_3^{2-} が生じる）．水素イオン濃度を求めるとき，第二酸解離平衡を考慮しないですむと，酢酸（一塩基弱酸）の場合と同様となる．

仮定1 　酸の溶液であるので，$[H^+] \gg [OH^-]$（$[H^+] - [OH^-] \fallingdotseq [H^+]$）
酸解離定数は第一酸解離定数を用いるので，

$$K_{a1} = \frac{[H^+]^2}{C_a - [H^+]}$$

となる．

仮定2 　多塩基弱酸の場合も解離はわずかなので，$C_a \gg [H^+]$（$C_a - [H^+] \fallingdotseq C_a$）

$$[H^+]^2 = C_a \times K_{a1}, \quad [H^+] = \sqrt{C_a \times K_{a1}}$$

と，簡単な式となる．pHを求める場合は，以下のように変形する．

$$pH = \frac{pK_{a1} - \log C_a}{2}$$

　仮定1と仮定2を用いてもよかったのか，最後に検証することはいうまでもない．

　　仮定1の検証：pH < 6であるかどうか

　　仮定2の検証：$[H^+] < 0.05 \times C_a$ であるかどうか．

　弱酸の $[H^+]$ と pH を求める上記の式を用いる判断基準の $C_a > 100 \times K_a$ の式も，もちろん使うことができる．

2.2.5 　いろいろな塩溶液の pH の計算

　酸と塩基溶液以外の塩溶液でも，$[H^+]$ や pH を近似的に計算で求めることができる．ここでは，強酸と弱塩基の塩溶液，弱酸と強塩基の塩溶液，両性物質の溶液について計算式を紹介する．

　塩化ナトリウム水溶液のような強酸と強塩基の塩溶液は，完全解離してしまうので，見かけ上，溶液の pH には影響しない．実際には溶質の活量に影響を与えるので，pH にもわずかに影響する．塩酸の溶液に塩化ナトリウムの固体を溶解すると，溶液の pH が変化することからもわかる．

　弱酸と弱塩基の塩溶液については，両性物質の溶液の項で触れる．

a. 強酸と弱塩基の塩溶液の pH

　塩酸とアンモニアの塩，塩化アンモニウムの水溶液について考える．塩化アンモニウム NH_4Cl は，水に溶けると塩素イオンの解離する力が強いために，アンモニウムイオン NH_4^+ と塩素イオン Cl^- に完全解離する．NH_4^+ は解離平衡に従い，アンモニア NH_3 と H^+ とを生じる．NH_3 のときは解離平衡により OH^- を生じて塩基性を示したが，NH_4^+ は解離平衡により H^+ を生じるので酸性を

示す．濃度が C_a（mol/L）の塩化アンモニウム水溶液を考える．

【考えられる反応】

$NH_4Cl \longrightarrow NH_4^+ + Cl^-$　（塩化アンモニウムは完全解離）

$NH_4^+ + H_2O \rightleftharpoons H_3O^+ + NH_3$　（アンモニウムイオンの解離平衡）

$2H_2O \rightleftharpoons H_3O^+ + OH^-$　（水の解離平衡）

【成立する関係式】

質量作用の法則　$K_a = \dfrac{[H^+][NH_3]}{[NH_4^+]}$　$\left(K_b = \dfrac{[NH_4^+][OH^-]}{[NH_3]} \text{も同時に成り立つ} \right)$

電荷収支　$[NH_4^+] + [H^+] = [Cl^-] + [OH^-]$

（溶液中の＋イオンの数と－イオンの数は同じ）

質量収支　$C_a = [NH_4^+] + [NH_3] = [Cl^-]$

（アンモニウムイオンには分子形とイオン形が存在する）

水のイオン積　$[H^+][OH^-] = 10^{-14}$

【pH を求めるための考え方】　弱酸のときと同様に電荷収支および質量収支の関係式を用いて質量作用の法則を書き換えると，

$$K_a = \frac{[H^+]\{[H^+] - [OH^-]\}}{C_a - [H^+] + [OH^-]}$$

となり，仮定の近似式を用いることができる．

仮定1　酸の溶液であるので，$[H^+] \gg [OH^-]$ $([H^+] - [OH^-] \fallingdotseq [H^+])$

$$K_a = \frac{[H^+]^2}{C_a - [H^+]}$$

仮定2　解離はわずかなので，$C_a \gg [H^+]$ $(C_a - [H^+] \fallingdotseq C_a)$

$$[H^+] = \sqrt{C_a \times K_a}$$

$$pH = -\log[H^+] = \frac{pK_a - \log C_a}{2}$$

仮定1と仮定2を用いてもよかったのか，最後に検証する（pH＜6，$[H^+] < 0.05 \times C_a$，$C_a > 100 \times K_a$）．

強酸と弱塩基の塩溶液は，弱酸となり，その酸解離定数は元の弱塩基に対して共役酸の K_a を用いる．

b. 一塩基弱酸と強塩基の塩溶液の pH

酢酸と水酸化ナトリウムの塩，酢酸ナトリウムの水溶液について考える．塩化アンモニウムと同様に，水に溶けるとナトリウムイオンの解離する力が強いために，ナトリウムイオン Na^+ と酢酸イオン CH_3COO^- に完全解離する．CH_3COO^- は解離平衡に従い，酢酸 CH_3COOH と OH^- とを生じる．CH_3COOHのときは解離平衡により H^+ を生じて酸性を示したが，CH_3COO^- は解離平衡により OH^- を生じるので塩基性を示す．濃度が C_b（mol/L）の酢酸ナトリウム水溶液を考える．

【考えられる反応】

$CH_3COONa \longrightarrow CH_3COO^- + Na^+$　（酢酸ナトリウムは完全解離）

$CH_3COO^- + H_2O \rightleftharpoons CH_3COOH + OH^-$　（酢酸イオンの解離平衡）

$2H_2O \rightleftharpoons H_3O^+ + OH^-$　（水の解離平衡）

【成立する関係式】

質量作用の法則　$K_b = \dfrac{[CH_3COOH][OH^-]}{[CH_3COO^-]}$　$\left(K_a = \dfrac{[CH_3COO^-][H^+]}{[CH_3COOH]}\text{も同時に成り立つ}\right)$

電荷収支　$[Na^+]+[H^+] = [CH_3COO^-]+[OH^-]$

（溶液中の＋イオンの数と－イオンの数は同じ）

質量収支　$C_b = [CH_3COO^-]+[CH_3COOH] = [Na^+]$

（酢酸イオンには分子形とイオン形が存在する）

水のイオン積　$[H^+][OH^-] = 10^{-14}$

【pH を求めるための考え方】

弱塩基のときと同様に電荷収支および質量収支の関係式を用いて質量作用の法則を書き換え，さらに仮定の近似式を用いる.

仮定1 $[OH^-] \gg [H^+]$ $([OH^-]-[H^+] \doteqdot [OH^-])$

$$K_b = \frac{[OH^-]^2}{C_b-[OH^-]}$$

仮定2 $C_b \gg [OH^-]$ $(C_b-[OH^-] \doteqdot C_b)$

$$[OH^-] = \sqrt{C_b \times K_b}, \quad [H^+] = \sqrt{\frac{K_w \times K_a}{C_b}}$$

$$pOH = -\log[OH^-] = \frac{pK_b-\log C_b}{2}, \quad pH = \frac{14+pK_a+\log C_b}{2}$$

仮定1と仮定2を用いてもよかったのか，最後に検証する（pOH＜6（pH＞8），$[OH^-]<0.05 \times C_b$，$C_b > 100 \times K_b$）.

弱酸と強塩基の塩溶液は，弱塩基となり，その酸解離定数は共役酸の K_a を用いる.

c. 多塩基弱酸と強塩基の塩溶液の pH

炭酸と水酸化ナトリウムの塩，炭酸ナトリウムの水溶液について考える．酢酸ナトリウムと同様に，水に溶けるとナトリウムイオンの解離する力が強いために，2つのナトリウムイオン Na^+ と炭酸イオン CO_3^{2-} に完全解離する．CO_3^{2-} は塩基解離平衡に従い，炭酸水素イオン HCO_3^- と OH^- を生じ，さらに塩基解離平衡に従って炭酸 H_2CO_3 と OH^- を生じる．塩基解離平衡が2段階にわたり複雑となるが，いずれの場合も OH^- を生じるので塩基性を示す．濃度が C_b (mol/L) の炭酸ナトリウム水溶液を考える.

【考えられる反応】

$Na_2CO_3 \longrightarrow 2Na^++CO_3^{2-}$　（炭酸ナトリウムは完全解離）

$CO_3^{2-}+H_2O \rightleftharpoons HCO_3^-+OH^-$　（炭酸イオンの第一塩基解離平衡）

$HCO_3^-+H_2O \rightleftharpoons H_2CO_3+OH^-$　（炭酸イオンの第二塩基解離平衡）

$2H_2O \rightleftharpoons H_3O^++OH^-$　（水の解離）

【成立する関係式】

質量作用の法則　$K_{b1} = \dfrac{[HCO_3^-][OH^-]}{[CO_3^{2-}]}$　$\left(K_{a2} = \dfrac{[CO_3^{2-}][H^+]}{[HCO_3^-]}\text{も同時に成り立つ}\right)$

$K_{b2} = \dfrac{[H_2CO_3][OH^-]}{[HCO_3^-]}$　$\left(K_{a1} = \dfrac{[HCO_3^-][H^+]}{[H_2CO_3]}\text{も同時に成り立つ}\right)$

2章 酸・塩基平衡 31

電荷収支 $\qquad$ $[Na^+]+[H^+]=[HCO_3^-]+2[CO_3^{2-}]+[OH^-]$

(溶液中の＋イオンの数と－イオンの数は同じ)

質量収支 $\qquad$ $C_b=[H_2CO_3]+[HCO_3^-]+[CO_3^{2-}]=\dfrac{[Na^+]}{2}$

(炭酸イオンには分子形と2つのイオン形が存在する)

水のイオン積 $\qquad$ $[H^+][OH^-]=10^{-14}$

【pHを求めるための考え方】　炭酸のときと同様に，第一塩基解離平衡により生じる OH^- と第二塩基解離平衡により生じる OH^- を，その塩基解離定数の値 $K_{b1}=2.13\times10^{-4}$，$K_{b2}=2.24\times10^{-8}$（25℃）で比較すると，第二塩基解離平衡により生ずる OH^- は無視できるほどわずかであることがわかる（第一塩基解離平衡でわずかに生じた炭酸水素イオン HCO_3^- が元になって第二塩基解離平衡でほんのわずか H_2CO_3 が生じる）．炭酸のときと同様，第2の平衡を考慮しないと，酢酸ナトリウム（一塩基弱酸と強塩基の塩）の場合と同様となる．

仮定1 　$[OH^-]\gg[H^+]$ （$[OH^-]-[H^+]\fallingdotseq[OH^-]$）

$$K_{b1}=\frac{[OH^-]^2}{C_b-[OH^-]}$$

仮定2 　$C_b\gg[OH^-]$ （$C_b-[OH^-]\fallingdotseq C_b$）

$$[OH^-]=\sqrt{C_b\times K_{b1}},\quad [H^+]=\sqrt{\frac{K_w\times K_{a2}}{C_b}}$$

$$pOH=-\log[OH^-]=\frac{pK_{b1}-\log C_b}{2},\quad pH=\frac{14+pK_{a2}+\log C_b}{2}$$

仮定1と仮定2を用いてもよかったのか，最後に検証する（$pOH<6$（$pH>8$），$[OH^-]<0.05\times C_b$，$C_b>100\times K_{b1}$）．

酸と塩基の共役の関係から，第一酸解離定数 K_{a1} に対応するのが第二塩基解離定数 K_{b2}，第二酸解離定数 K_{a2} に対応するのが第一塩基解離定数 K_{b1} という関係になるので，注意する．

$$K_{a1}\times K_{b2}=K_w,\quad K_{a2}\times K_{b1}=K_w$$

多塩基弱酸と強塩基の塩溶液は，弱塩基となり，その酸解離定数は共役酸の K_{a2} を用いる．

d. 両性物質の溶液の pH

炭酸水素ナトリウムのように水に対して酸としても塩基としても反応する物質を，両性物質という．他に，リン酸一水素二ナトリウム，リン酸二水素一ナトリウム，アミノ酸などが両性物質として扱われる．濃度が C（mol/L）の炭酸水素ナトリウム水溶液を考える．

【考えられる反応】

$NaHCO_3 \longrightarrow Na^++HCO_3^-$ 　（炭酸水素ナトリウムは完全解離）

$HCO_3^-+H_2O \rightleftharpoons H_3O^++CO_3^{2-}$ 　（酸として，第二酸解離平衡）

$HCO_3^-+H_2O \rightleftharpoons H_2CO_3+OH^-$ 　（塩基として，第二塩基解離平衡）

$2H_2O \rightleftharpoons H_3O^++OH^-$ 　（水の解離平衡）

【成立する関係式】

質量作用の法則 　$K_{a2}=\dfrac{[CO_3^{2-}][H^+]}{[HCO_3^-]}$ 　$\left(K_{b1}=\dfrac{[HCO_3^-][OH^-]}{[CO_3^{2-}]}\right)$

$K_{b2}=\dfrac{[H_2CO_3][OH^-]}{[HCO_3^-]}$ 　$\left(K_{a1}=\dfrac{[HCO_3^-][H^+]}{[H_2CO_3]}\right)$

32　　　　　　　　　　　　2 部　化　学　平　衡

☕ Tea Break

●血液は炭酸バッファー？

　体内のほとんどすべての化学反応は一定の pH 範囲（pH 7.35～7.45）で行われるので，体液中の pH 調節は体調維持に重要な意味を持つ．また，乳酸やケト酸など代謝によって生じた酸性物質を速やかに取り除く意味でも，体内の緩衝作用は大切である．

　血液緩衝系には，炭酸緩衝系，リン酸緩衝系，ヘモグロビン緩衝系，血漿タンパク緩衝系があり，肺では呼吸時の炭酸ガス交換による炭酸緩衝系が働いている．炭酸ガスが体内に残ると，炭酸水素イオン（HCO_3^-）となって酸性化に働く．まさに炭酸バッファーともいえる．

　　電荷収支　　　　　　$[Na^+]+[H^+]=[HCO_3^-]+2[CO_3^{2-}]+[OH^-]$

　　質量収支　　　　　　$C=[H_2CO_3]+[HCO_3^-]+[CO_3^{2-}]=[Na^+]$

　　　　　　　　　　　　　　　　　　（炭酸イオンには分子形と 2 つのイオン形が存在する）

　　水のイオン積　　　　$[H^+][OH^-]=10^{-14}$

【pH を求めるための考え方】　酸としての反応と塩基としての反応が同時に進行するので，溶液中の H_2CO_3，HCO_3^-，CO_3^{2-} の間の解離平衡を考慮して pH を求める計算式は非常に複雑となる．そこで，2 つの解離平衡反応から予想される溶液中の CO_3^{2-} と H_2CO_3 の濃度について，定性的に考えることにする．この 2 つの解離平衡反応からそれぞれ生じる H_3O^+ と OH^- は，中和して H_2O になるので，2 つの平衡反応はさらに右辺側に進み，その結果として，$[CO_3^{2-}]$ と $[H_2CO_3]$ は近似的に等しくなる．

$$[H_2CO_3]\fallingdotseq[CO_3^{2-}]$$

この関係を利用すると，以下の式が成り立つ．

$$K_{a1}\times K_{a2}=\frac{[CO_3^{2-}][H^+]}{[HCO_3^-]}\times\frac{[HCO_3^-][H^+]}{[H_2CO_3]}=[H^+]^2$$

両性物質の溶液の $[H^+]$ と pH は以下の式で求めることができる．

$$[H^+]=\sqrt{K_{a1}\times K_{a2}},\quad pH=\frac{pK_{a1}+pK_{a2}}{2}$$

式からわかるように，濃度に関係なく $[H^+]$ と pH が求められる．炭酸の酸解離定数は $K_{a1}=4.47\times10^{-7}$（$pK_{a1}=6.35$），$K_{a2}=4.68\times10^{-11}$（$pK_{a2}=10.33$）であるので，以下の値となる．

$$[H^+]=\sqrt{4.47\times10^{-7}\times4.68\times10^{-11}}=4.57\times10^{-9}\,mol/L$$

$$pH=\frac{6.35+10.33}{2}=8.34$$

　弱酸と弱塩基の塩の溶液の pH も，両性物質と同様な考え方で求められる．酢酸アンモニウム水溶液を例にとる．

【考えられる反応】

　　$CH_3COONH_4 \longrightarrow CH_3COO^-+NH_4^+$　　（酢酸アンモニウムは完全解離）

　　$NH_4^++H_2O \rightleftharpoons H_3O^++NH_3$　　　　　（酸として，アンモニウムイオンの解離平衡）

　　$CH_3COO^-+H_2O \rightleftharpoons OH^-+CH_3COOH$　　（塩基として，酢酸イオンの解離平衡）

$[CH_3COO^-]=[NH_4^+]$ であり，さらに両性物質の同様に考えると $[NH_3]\fallingdotseq[CH_3COOH]$ が成り立つので，

$$K_{a(CH_3COOH)} \times K_{a(NH_4^+)} = \frac{[H^+][CH_3COO^-]}{[CH_3COOH]} \times \frac{[NH_3][H^+]}{[NH_4^+]} = [H^+]^2$$

となり，pH は以下の式で求められる．

$$pH = \frac{pK_{a(CH_3COOH)} + pK_{a(NH_4^+)}}{2}$$

こちらも，濃度に依存しない値となる．

ま と め

1. pH メーターによる pH の測定には，参照電極（銀―塩化銀電極）と指示電極（ガラス電極）間の電位差を測定し，ネルンストの式から pH を求める．

$$pH = pH_s + \frac{(E - E_s)F}{2.3026RT} = pH_s + \frac{E - E_s}{0.059} \quad (25℃)$$

2. pH 指示薬には，ブロモフェノールブルー（pH3.0（黄）～pH4.6（青紫）），メチルレッド（pH 4.2（赤）～pH6.4（黄）），ブロモチモールブルー（pH6.0（黄）～pH7.6（青）），フェノールレッド（pH6.8（黄）～pH8.4（赤）），フェノールフタレイン（pH7.8（無色）～pH10.0（紅））など．

3. 強酸（強塩基）の pH：$[H^+] = C_a$，$pH = -\log[H^+]$（$[OH^-] = C_b$，$pH = pK_w + \log[OH^-]$）

4. 強酸の希薄溶液の pH：$[H^+]^2 - C_a[H^+] - 10^{-14} = 0$ を解く．

5. 弱酸の pH，強酸と弱塩基の塩溶液の pH：$[H^+] = \sqrt{C_a \times K_a}$，$pH = \frac{pK_a - \log C_a}{2}$

6. 多塩基弱酸の pH：$[H^+] = \sqrt{C_a \times K_{a1}}$，$pH = \frac{pK_{a1} - \log C_a}{2}$

7. 弱塩基の pH，弱酸と強塩基の塩溶液の pH：

$[OH^-] = \sqrt{C_b \times K_b}$，$[H^+] = \sqrt{\frac{K_w \times K_a}{C_b}}$，$pH = \frac{14 + pK_a + \log C_b}{2}$

8. 多塩基弱酸と強塩基の塩溶液の pH：

$[H^+] = \sqrt{\frac{K_w \times K_{a2}}{C_b}}$，$pH = \frac{14 + pK_{a2} + \log C_b}{2}$

9. 両性物質の溶液の pH：$[H^+] = \sqrt{K_{a1} \times K_{a2}}$，$pH = \frac{pK_{a1} + pK_{a2}}{2}$

2.3 緩衝作用と緩衝液

SBO C2(2)①4 緩衝作用や緩衝液について説明できる．

ある種の水溶液においては，ある程度希釈か濃縮しても，また少量の酸や塩基を加えても，pH の変化が小さい．これを**緩衝作用**といい，そのような溶液を**緩衝液**という．

酢酸の溶液に水酸化ナトリウム水溶液を滴加していくと，図2.3のように pH5 付近で，強塩基である水酸化ナトリウムを滴加しているにもかかわらず，溶液の pH がさほど変化しない現象－緩衝作用，が見られる．

酵素反応はじめ生体内で起こる反応は，pH に大きく影響される．生体液はほとんどが緩衝作用を持ち，pH の変化を最小限に抑える機能を持っている．

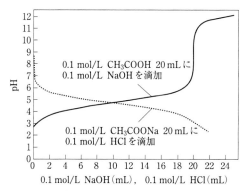

図2.3 酢酸および酢酸ナトリウム液の滴定曲線

2.3.1 緩衝液の pH

酢酸(濃度 C_a)と酢酸ナトリウム溶液(濃度 C_b)の混合液について考える.

【考えられる反応】

$CH_3COOH + H_2O \rightleftharpoons H_3O^+ + CH_3COO^-$ (酢酸の解離平衡)

$CH_3COONa \longrightarrow Na^+ + CH_3COO^-$ (酢酸ナトリウムは完全解離)

$CH_3COO^- + H_2O \rightleftharpoons OH^- + CH_3COOH$ (酢酸イオンの解離平衡)

$2H_2O \rightleftharpoons H_3O^+ + OH^-$ (水の解離平衡)

【成立する関係式】

質量作用の法則　$K_a = \dfrac{[H^+][CH_3COO^-]}{[CH_3COOH]}$,　$K_b = \dfrac{[CH_3COOH][OH^-]}{[CH_3COO^-]}$

質量収支　$[CH_3COOH] = C_a - [H^+] + [OH^-]$

（初濃度 C_a から解離した分として $[H^+]$ を差し引き $[CH_3COO^-]$ から戻った分を $[OH^-]$ として加える）

$C_b = [Na^+]$　(酢酸ナトリウムは完全解離する)

$[CH_3COO^-] = C_b - [OH^-] + [H^+]$

（初濃度 C_b から戻った分として $[OH^-]$ を差し引き $[CH_3COOH]$ から解離した分を $[H^+]$ として加える）

電荷収支　$[Na^+] + [H^+] = [CH_3COO^-] + [OH^-]$

（溶液中の+イオンの数と-イオンの数は同じ）

水のイオン積　$[H^+][OH^-] = 10^{-14}$

【pH を求めるための考え方】 $C_a \gg [H^+]$, $[OH^-]$, $C_b \gg [H^+]$, $[OH^-]$ がともに成り立つとき,$[CH_3COOH] \fallingdotseq C_a$, $[CH_3COO^-] \fallingdotseq C_b$ としてよいので，これを質量作用の法則に代入すると,

$$K_a = \frac{C_b}{C_a}[H^+] \quad \left(あるいは,\ K_b = \frac{C_a}{C_b}[OH^-]\right)$$

この式から pH を求める式を導く.

$$pK_a = pH - \log\frac{C_b}{C_a}, \quad pH = pK_a + \log\frac{C_b}{C_a} \left(pH = pK_a + \log\frac{[CH_3COO^-]}{[CH_3COOH]}\right)$$

K_b の式からは pK_b と pOH を求める式が導かれる．

　この式は**ヘンダーソン-ハッセルバルヒ**（Henderson-Hasselbalch）**の式**とも呼ばれている．緩衝作用が最も強い pH は $C_a = C_b$ のときであり，このとき pH は pK_a と等しい．一般的に緩衝作用が保てる pH 範囲は，おおよそ p$K_a \pm 1$, $C_a/C_b = 0.1 \sim 10$ といわれている．酢酸の pK_a は 4.74（25℃）なので，pH3.7～5.7 の範囲で酢酸は緩衝作用を示し，pH4.74 のとき最も緩衝作用が強い．

2.3.2　混合液としての緩衝液

　緩衝液には弱酸とその共役塩基（例として酢酸と酢酸ナトリウム），弱塩基とその共役酸（例としてアンモニアと塩化アンモニウム）の組合せが多く用いられる．図 2.3 をよく見ると，酢酸ナトリウム水溶液に塩酸を滴加しても，酢酸に水酸化ナトリウム水溶液を滴加したときと同じ pH 範囲で，緩衝作用が見られる．すなわち，溶液中に酢酸と酢酸イオンがある濃度範囲で共存するときに緩衝液となる．酢酸と酢酸ナトリウム，酢酸と水酸化ナトリウム，塩酸と酢酸ナトリウムのいずれの混合液の場合でも同じ緩衝液となる（図 2.4）．

図 2.4　弱酸（酢酸），弱塩基（酢酸イオン）による緩衝液

　第一酸解離定数 K_{a1}，第二酸解離定数 K_{a2} を持つ二塩基弱酸である炭酸とその共役塩基の混合液の場合は，図 2.5 のように多彩な溶液となる．

　炭酸から炭酸水素イオンへの第一酸解離平衡（$H_2CO_3 + H_2O \rightleftharpoons H_3O^+ + HCO_3^-$）を利用する緩衝液の場合，pH は以下の式から求められる．C_a には酸側の溶液 $[H_2CO_3]$ を，C_b には塩基側の溶液 $[HCO_3^-]$（$[NaHCO_3]$ として表されることもある）を用いる．

$$[H^+] = \frac{C_a}{C_b} K_{a1}, \quad pH = pK_{a1} + \log \frac{C_b}{C_a} \left(pH = pK_{a1} + \log \frac{[HCO_3^-]}{[H_2CO_3]} \right)$$

　一方，炭酸水素イオンから炭酸イオンへの第二酸解離平衡（$HCO_3^- + H_2O \rightleftharpoons H_3O^+ + CO_3^{2-}$）を利用する緩衝液の場合，pH は以下の式から求められる．C_a には酸側の溶液 $[HCO_3^-]$（$[NaHCO_3]$ として表されることもある）を，C_b には塩基側の溶液 $[CO_3^{2-}]$（$[Na_2CO_3]$ として表されることもある）を用いる．

$$[H^+] = \frac{C_a}{C_b} K_{a2}, \quad pH = pK_{a2} + \log \frac{C_b}{C_a} \left(pH = pK_{a2} + \log \frac{[CO_3^{2-}]}{[HCO_3^-]} \right)$$

　炭酸とその共役塩基の場合，溶液中に炭酸と炭酸水素イオン，あるいは炭酸水素イオンと炭酸イオンがある濃度範囲で共存するときに，緩衝液となる．炭酸と炭酸水素ナトリウム，炭酸と炭酸ナトリウム，炭酸と水酸化ナトリウム，炭酸水素ナトリウムと炭酸ナトリウム，塩酸と炭酸水素ナトリウム，塩酸と炭酸ナトリウムのいずれの混合液の場合でも，緩衝液となる（図 2.5）．

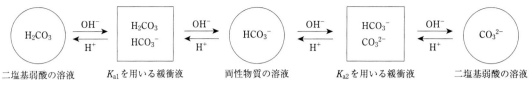

図 2.5 二塩基弱酸（炭酸）とその塩基（炭酸水素イオン，炭酸イオン）による緩衝液

2.3.3 緩衝液の特徴

ヘンダーソン-ハッセルバルヒの式から，緩衝作用が最も強いのは，pH＝pK_aのときである（このとき，$C_a = C_b$）．緩衝作用が保てるpH範囲は，おおよそ$pK_a \pm 1$（$C_a/C_b = 0.1 \sim 10$）なので，緩衝液を調製するときには必要とするpHに近いpK_aを持つ物質を用いる．pHの小さい順に，グリシン-塩酸緩衝液（pH1.1〜3.3），酢酸緩衝液（pH3.5〜5.5），リン酸緩衝液（pH4.9〜8.0），グリシン-NaOH緩衝液（pH8.6〜12.9）はじめ，多くの緩衝液が用いられている．

2.3.4 緩衝液の調製

緩衝液の濃度は，通常，溶液中の分子形とイオン形を合わせた弱酸（もしくは弱塩基）の濃度で表す．酢酸緩衝液の場合，分子形の酢酸濃度[CH_3COOH]とイオン形の酢酸イオン濃度[CH_3COO^-]とを合計した濃度で表す．

2.3.1項で求めた計算式により緩衝液中のpHを計算で求めることができる．実際には，温度によりpK_aの値が違ったり，活量係数（イオン化を理論的に考察した係数）が微妙に影響したりするので，pHメーターを用いてきちんと測定するのがよい．0.2mol/L酢酸緩衝液を調製する場合，表2.1のように1mol/L酢酸と1mol/L水酸化ナトリウム水溶液を規定量混合した後に希釈する方法と，0.2mol/L酢酸と0.2mol/L酢酸ナトリウム水溶液をpHメーターで測定しながら混合する方法とがある．

表 2.1 0.2mol/L酢酸緩衝液の調製
（1mol/L酢酸100mLに加える1mol/L水酸化ナトリウム液の量（mL）、最後に500mLに希釈）

NaOH(mL)	酢酸ナトリウム(mol/L)	酢酸(mol/L)	pH
20	0.04	0.16	4.14
30	0.06	0.14	4.37
40	0.08	0.12	4.56
50	0.1	0.1	4.74
60	0.12	0.08	4.92
70	0.14	0.06	5.11
80	0.16	0.04	5.34

2.3.5 代表的な緩衝液

a. 酢酸緩衝液

通常，酢酸CH_3COOHと酢酸ナトリウムCH_3COONaもしくは，酢酸と水酸化ナトリウムNaOHを混合して調製する．酢酸のpK_aは4.74なので，通常，弱酸性のpH3.9〜5.5の緩衝液として用いられる．まちがっても，中性や塩基性領域の緩衝液として酢酸を使用しない．

b. リン酸緩衝液

リン酸 H_3PO_4 は $H_3PO_4 \rightarrow H_2PO_4^-$ $(NaH_2PO_4) \rightarrow HPO_4^{2-}$ $(Na_2HPO_4) \rightarrow PO_4^{3-}$ (Na_3PO_4) のように解離する三塩基酸であり，3つの酸解離定数 K_{a1}, K_{a2}, K_{a3} を持つため，広範囲の緩衝液として用いられている．

pH 1.4〜2.9 $(H_3PO_4 \rightleftharpoons H_2PO_4^-$, $pK_{a1} = 2.12$ （25℃）を利用)

pH 6.4〜8.0 $(H_2PO_4^- \rightleftharpoons HPO_4^{2-}$, $pK_{a2} = 7.21$ （25℃）を利用)

pH 11.5〜13 $(HPO_4^{2-} \rightleftharpoons PO_4^{3-}$, $pK_{a3} = 12.32$ （25℃）を利用)

の pH 範囲で緩衝液を調製することができる．生化学分野ではリン酸一水素二ナトリウム Na_2HPO_4 とリン酸二水素一カリウム KH_2PO_4 を混合して pH 7 付近の緩衝液を調製することも多い．

c. グリシン緩衝液

グリシン $H_2N \cdot CH_2 \cdot COOH$ はアミノ酸であり，分子内にアミノ基とカルボキシル基を持つ両性物質であり，

$$^+H_3N \cdot CH_2 \cdot COOH \rightleftharpoons {}^+H_3N \cdot CH_2 \cdot COO^- \rightleftharpoons H_2N \cdot CH_2 \cdot COO^-$$

のように解離平衡を示す．

カルボキシル基の $pK_a = 2.34$ （25℃）を利用した酸性領域 pH 1.5〜3.1 での緩衝液と，アミノ基の $pK_b = 4.40$ （共役酸の $pK_a = 9.60$ （25℃））を利用した塩基性領域 pH 8.8〜10.4 での緩衝液を調製することができる．グリシンは有機物質であるので，無機塩類が使えない場合の生体反応の緩衝液として，トリス緩衝液とともに用いられている．

d. その他の緩衝液

① **アンモニア緩衝液**：アンモニア NH_3 とその共役酸であるアンモニウムイオン NH_4^+ $(pK_a = 9.24$ （25℃），NH_4Cl) を用いて調製する．pH 8.4〜10 付近の弱塩基性領域で用いる．

② **Good 緩衝液**：生体成分の分離や細胞培養など生化学分野で多く用いられている．両性イオンを持つ弱酸性物質とその共役塩基による中性付近の緩衝液である．MES（2-$(N$-モルホリノ)エタンスルホン酸，$pK_a = 6.15$，pH 5.5〜7.0，20℃），HEPES（N-2-ヒドロキシエチルピペラジン-N'-2-エタンスルホン酸，$pK_a = 7.55$，pH 6.8〜8.2，20℃）などが該当する（図 2.6）．

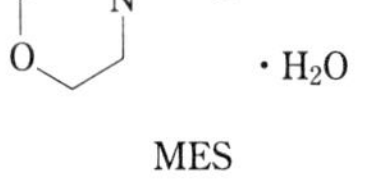

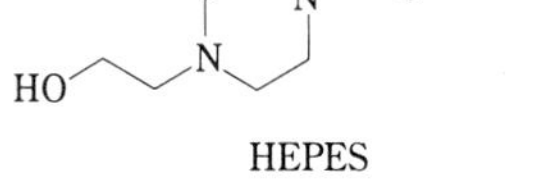

図 2.6 Good 緩衝液の構造式

Tea Break

●セラチオペプチダーゼ

1968年から40年以上にわたり日本で販売されていた，消炎酵素製剤「ダーゼン（セラチオペプチダーゼ製剤）」が，プラセボを対照とした二重盲検比較試験の結果，プラセボとの間に有意差を示すことができず，2011年に市場から撤退した．同時に塩化リゾチーム製剤も市場から姿を消した．販売当初から，タンパク質である酵素製剤が消化酵素の分解を受けずさらに消化管から吸収されて体内で作用を示すことが疑問視されていた．筆者も当時の論文を読んだが，論文ではきちんと消化管からの吸収と体内での作用が確認されていたので，驚いた記憶がある．当時の論文は間違っていたのであろうか，あるいは検証方法が進歩したのであろうか？

ま と め

1. 緩衝作用：ある程度希釈か濃縮しても，また少量の酸や塩基を加えても，pHの変化が小さいこと．

2. 緩衝作用を示す溶液：緩衝液という．

3. 緩衝液の pH：$[H^+] = \dfrac{C_a}{C_b} K_a$，$\left(あるいは，K_b = \dfrac{C_a}{C_b}[OH^-]，pH = pK_a + \log \dfrac{C_b}{C_a}\right)$

4. 二塩基弱酸である炭酸には，第一酸解離平衡の緩衝液と第二酸解離平衡の緩衝液の2つがある．

$$[H^+] = \frac{C_a}{C_b} K_{a1}, \quad pH = pK_{a1} + \log \frac{C_b}{C_a} \left(pH = pK_{a1} + \log \frac{[HCO_3^-]}{[H_2CO_3]}\right)$$

$$[H^+] = \frac{C_a}{C_b} K_{a2}, \quad pH = pK_{a2} + \log \frac{C_b}{C_a} \left(pH = pK_{a2} + \log \frac{[CO_3^{2-}]}{[HCO_3^-]}\right)$$

5. 緩衝液を調製するときには，必要とする pH に近い pK_a を持つ物質を用いる．

6. 代表的な緩衝液に，酢酸緩衝液（pK_a4.74），リン酸緩衝液（pK_{a1}2.12，pK_{a2}7.21，pK_{a3}12.32），グリシン緩衝液（pK_a2.34，pK_a9.60），アンモニア緩衝液（$pK_a = 9.24$），Good 緩衝液（MES：pK_a6.15，HEPES：pK_a7.55）．

2.4 化学物質に与える pH の影響

一般に医薬品は分子形とイオン形とで体内での吸収率が異なることが知られている．化学物質は pH の異なる水溶液中ではどの形をとっているのか，その割合はどの程度か，考えてみよう．

2.4.1 pH の変化による弱酸の分子形とイオン形

弱酸である酢酸（濃度 C_a）は，水に溶けると以下の解離平衡にある．

$$CH_3COOH + H_2O \rightleftharpoons H_3O^+ + CH_3COO^-$$

分子形の濃度 $[CH_3COOH]$ とイオン形の濃度 $[CH_3COO^-]$ の比は，緩衝液の pH を求める以下の式からわかるように，pH によって異なる．

$$pH = pK_a + \log \frac{[CH_3COO^-]}{[CH_3COOH]}$$

pH = pK_a（＝4.74）のとき，[CH$_3$COOH] = [CH$_3$COO$^-$] = $\frac{1}{2} \times C_a$

pH < pK_aのとき，[CH$_3$COOH] > [CH$_3$COO$^-$] となり，イオン形より分子形の方が多い

pH > pK_aのとき，[CH$_3$COOH] < [CH$_3$COO$^-$] となり，分子形よりイオン形の方が多い

溶液中の酢酸の分子形とイオン形の存在比は図2.7のように変化し，[CH$_3$COOH]と[CH$_3$COO$^-$]のグラフはpH = pK_aの点で交わる．

水溶液中の弱酸性の物質は，酢酸と同じようにpK_aより低いpHでは分子形の方がイオン形より多く存在し，pK_aより高いpHではイオン形の方が分子形より多く存在する．

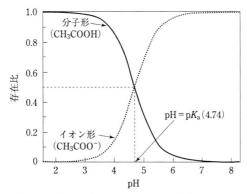

図 2.7 酢酸の分子形とイオン形の存在比と pH

2.4.2 pH の変化による弱塩基の分子形とイオン形

弱塩基であるアンモニア（濃度 C_b）は，弱酸と全く逆の形をとる．

$$NH_3 + H_2O \rightleftharpoons NH_4^+ + OH^-$$

分子形の濃度[NH$_3$]とイオン形の濃度[NH$_4^+$]の比は，アンモニウムイオンのpK_aを用いた以下の式からわかる（かっこ内はpOHとpK_bの関係式）．

$$pH = pK_a + \log\frac{[NH_3]}{[NH_4^+]}, \quad \left(pOH = pK_b + \log\frac{[NH_4^+]}{[NH_3]}\right)$$

pH = pK_a（＝9.24）のとき，[NH$_3$] = [NH$_4^+$] = $\frac{1}{2} \times C_b$

pH < pK_aのとき，[NH$_4^+$] > [NH$_3$] となり，分子形よりイオン形の方が多い．

pH > pK_aのとき，[NH$_4^+$] < [NH$_3$] となり，イオン形より分子形の方が多い．

水溶液中の弱塩基性の物質は，アンモニアと同じようにpK_aより低いpHではイオン形の方が分子形より多く存在し，pK_aより高いpHでは分子形の方がイオン形より多く存在する．

2.4.3 pH の変化による複数の解離基を持つ物質の溶液中の形

分子内に2つ以上の解離基がある場合，物質が分子形をとるかイオン形をとるかは，それぞれの基の解離平衡に基づいて決まる．それぞれのpK_aの値を境にして，pHにより物質の存在比がさまざまに変わるので，pK_aの値と溶液のpHとの関係をつかんでおくことが大事である．

a. 多塩基酸の溶液中の形

三価の酸であるリン酸 H_3PO_4（濃度 C_a）は，$H_3PO_4 \rightleftharpoons H_2PO_4^- \rightleftharpoons HPO_4^{2-} \rightleftharpoons PO_4^{3-}$ のように解離し，pH との関係は以下の3つの式で表される．

$$pH = pK_{a1}(=2.12) + \log\frac{[H_2PO_4^-]}{[H_3PO_4]}$$

$$pH = pK_{a2}(=7.21) + \log\frac{[HPO_4^{2-}]}{[H_2PO_4^-]}$$

$$pH = pK_{a3}(=12.32) + \log\frac{[PO_4^{3-}]}{[HPO_4^{2-}]}$$

分子形と3つのイオン形の存在比は図2.8のように pH によって異なり，分子形，一イオン形，二イオン形，三イオン形の4つのグラフから表される．交点の pH がそれぞれの pK_a の値となる

$pH = pK_{a1}$（=2.12）のとき，$[H_3PO_4] = [H_2PO_4^-] = \frac{1}{2} \times C_a$

$pH = pK_{a2}$（=7.21）のとき，$[H_2PO_4^-] = [HPO_4^{2-}] = \frac{1}{2} \times C_a$

$pH = pK_{a3}$（=12.32）のとき，$[HPO_4^{2-}] = [PO_4^{3-}] = \frac{1}{2} \times C_a$

2.3.5 b 項のリン酸緩衝液の項と関連して考えると理解がしやすい（図2.8）．

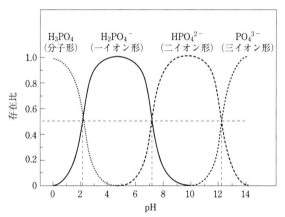

図2.8 リン酸の分子形とイオン形の存在比と pH

b. 両性物質の溶液中の形

グリシンのように分子内に2つの解離基がある両性物質の場合，それぞれの解離平衡に基づく存在比を示す．

$$^+H_3N\cdot CH_2\cdot COOH \rightleftharpoons {^+H_3N}\cdot CH_2\cdot COO^- \rightleftharpoons H_2N\cdot CH_2\cdot COO^-$$

$$pH = pK_{a\cdot COOH}(=2.34) + \log\frac{[^+H_3NCH_2COO^-]}{[^+H_3NCH_2COOH]}$$

$$pH = pK_{a\cdot NH_3^+}(=9.60) + \log\frac{[H_2NCH_2COO^-]}{[^+H_3NCH_2COO^-]}$$

pH＝p$K_{a\cdot COOH}$（＝2.34）のとき，[$^+$H$_3$N・CH$_2$・COOH]＝[$^+$H$_3$N・CH$_2$・COO$^-$]＝$\frac{1}{2} \times C$

pH＝p$K_{a\cdot NH_3^+}$（＝9.60）のとき，[$^+$H$_3$N・CH$_2$・COO$^-$]＝[H$_2$N・CH$_2$・COO$^-$]＝$\frac{1}{2} \times C$

pH＜2.34のときカルボキシル基は解離しにくくなり，両性イオン形の濃度[$^+$H$_3$N・CH$_2$・COO$^-$]は減少する．また，pH＞9.60になるとアミノ基の解離が抑えられ，両性イオン形の濃度[$^+$H$_3$N・CH$_2$・COO$^-$]は減少する（図2.9）．

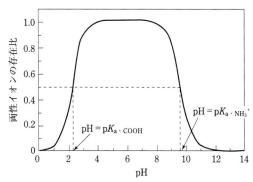

図2.9 グリシンの両性イオンの存在比とpH

まとめ

1. 溶液中の酢酸の分子形とイオン形の存在比はpHにより変化し，[CH$_3$COOH]と[CH$_3$COO$^-$]のグラフはpH＝pK_aの点で交わる．
2. 水溶液中の弱酸性の物質は，pK_aより低いpHでは分子形の方がイオン形より多く存在し，pK_aより高いpHではイオン形の方が分子形より多く存在する．
3. 溶液中の弱塩基の分子形とイオン形の存在比はpHにより変化し，pH＝pK_aの点で等しくなる．pK_aより低いpHではイオン形の方が分子形より多く存在し，pK_aより高いpHでは分子形の方がイオン形より多く存在する．
4. 分子内に2つ以上の解離基がある物質が分子形をとるかイオン形をとるかは，それぞれの基の解離平衡に基づいて決まる．
5. グリシンのように分子内に2つの解離基がある両性物質の場合，pH＜2.34のときカルボキシル基は解離しにくくなり，両性イオン形の濃度[$^+$H$_3$N・CH$_2$・COO$^-$]は減少する．また，pH＞9.60になるとアミノ基の解離が抑えられ，両性イオン形の濃度[$^+$H$_3$N・CH$_2$・COO$^-$]は減少する．

〈演習問題を解くにあたっての注意とヒント〉

1. 各溶液の解離定数（K）と電離指数（pK）は以下の値（25℃）を用いる．
   酢　　　酸：K_a＝1.82×10^{-5}，pK_a＝4.74
   アンモニア：K_b＝1.74×10^{-5}，pK_b＝4.76
   炭　　　酸：K_{a1}＝4.47×10^{-7}，K_{a2}＝4.68×10^{-11}，pK_{a1}＝6.35，pK_{a2}＝10.33

2. 酸・塩基の種類によって用いる計算の近似式が異なるので，まず，溶液の種類を正確につきとめる．
3. [H$^+$]とpHの計算結果は，通常，有効数字3桁で表す．有効数字の使い方に慣れる．
4. [H$^+$]とpHを求めるために仮定1と仮定2の近似式を利用した場合，答えを出した後に必ず検証を行い，仮定があっているかどうかの確認作業を行う．

演習問題

問 2.1 pH 5.5 と pH 8.0 の水溶液中の水素イオン濃度と水酸化物イオン濃度はいくらか（温度25℃）．

問 2.2 2×10^{-7} mol/L 塩酸の水素イオン濃度とpHはいくらか（温度25℃）．

問 2.3 1×10^{-2} mol/L 酢酸の水素イオン濃度とpHはいくらか（温度25℃）．

問 2.4 1×10^{-2} mol/L アンモニア水の水素イオン濃度とpHはいくらか（温度25℃）．

問 2.5 2×10^{-2} mol/L 炭酸の水素イオン濃度とpHはいくらか（温度25℃）．

問 2.6 1×10^{-2} mol/L 塩化アンモニウム水溶液の水素イオン濃度とpHはいくらか（温度25℃）．

問 2.7 2×10^{-2} mol/L 酢酸ナトリウム水溶液の水素イオン濃度とpHはいくらか（温度25℃）．

問 2.8 1×10^{-1} mol/L 炭酸ナトリウム水溶液の水素イオン濃度とpHはいくらか（温度25℃）．

問 2.9 5×10^{-2} mol/L 炭酸水素ナトリウム水溶液の水素イオン濃度とpHはいくらか（温度25℃）．

問 2.10 2×10^{-2} mol/L 酢酸と 4×10^{-2} mol/L 酢酸ナトリウム水溶液を等量混合した液のpHはいくらか（温度25℃）．

問 2.11 2×10^{-2} mol/L 塩酸と 4×10^{-2} mol/L アンモニア水を等量混合した液のpHはいくらか（温度25℃）．

問 2.12 0.10 mol/L リン酸 400 mL と 0.20 mol/L 水酸化ナトリウム 300 mL を混合した水溶液の25℃におけるpHを求めよ．ただし，リン酸のpK_{a1}=2.12, pK_{a2}=7.21, pK_{a3}=12.32（各25℃）とする．また，log2=0.30, log3=0.48とする． （第98回薬剤師国家試験問題95）

問 2.13 アセタゾラミドは，HCO$_3^-$とH$_2$CO$_3$の濃度バランスを変化させることにより，アシドーシスを引き起こすと考えられている．血漿のpHが7.4であるとき，血漿中のHCO$_3^-$の濃度は，H$_2$CO$_3$の濃度の何倍か．ただし，H$_2$CO$_3$は，ヘンダーソン-ハッセルヒの式に従って解離し，そのpK_aは6.1とする．また，log$_{10}$2=0.30, log$_{10}$3=0.48とする（20倍）．
（第97回薬剤師国家試験問題201）

問 2.14 25℃におけるジアゼパム水溶液（20 μg/mL）の注射筒基材への吸着はpH依存性を示す．pH3.2におけるジアゼパムの注射筒基材への吸着が2.3 μg/mgであった．pH7.0における吸着に最も近い値（μg/mg）を求めよ．ただし，ジアゼパムのpK_a=3.5, 吸着によるジアゼパムの濃度変化は無視できるものとし，吸着は分子形薬物濃度に比例するものとする．また，log2=0.30, log3=0.48とする． （第99回薬剤師国家試験問題197）

【解答と解説】

2.1 pH5.5の水溶液　[H$^+$] = 3.16×10^{-6} mol/L, [OH$^-$] = 3.16×10^{-9} mol/L
pH8.0の水溶液　[H$^+$] = 1.0×10^{-8} mol/L, [OH$^-$] = 1.0×10^{-6} mol/L

［解説］pHと[H$^+$]の関係式から求める．対数の計算に慣れておく．

$$\text{pH} = 5.5 = -\log[\text{H}^+],\ [\text{H}^+] = 10^{-5.5} = 3.16\times10^{-6}\ \text{mol/L},\ [\text{OH}^-] = \frac{10^{-14}}{[\text{H}^+]} = 3.16\times10^{-9}\ \text{mol/L}$$

$$\text{pH} = 8.0 = -\log[\text{H}^+],\ [\text{H}^+] = 10^{-8.0} = 1.0\times10^{-8}\ \text{mol/L},\ [\text{OH}^-] = \frac{10^{-14}}{[\text{H}^+]} = 1.0\times10^{-6}\ \text{mol/L}$$

2.2 $[H^+] = 2.41 \times 10^{-7}$ mol/L, pH = 6.62

[解説] 塩酸の希薄溶液の pH を求めるときは，二次方程式を解く．

$$[H^+]^2 - 2 \times 10^{-7}[H^+] - 10^{-14} = 0$$

$$[H^+] = \frac{(2 \times 10^{-7}) + \sqrt{(2 \times 10^{-7})^2 - 4 \times (-1 \times 10^{-14})}}{2} = 2.41 \times 10^{-7}\,\text{mol/L}$$

$$pH = -\log[H^+] = 6.62$$

2.3 $[H^+] = 4.27 \times 10^{-4}$ mol/L, pH = 3.37

[解説] 酢酸は弱酸なので，弱酸の $[H^+]$ と pH を求める式を用いる．

$$[H^+] = \sqrt{C_a \times K_a} = \sqrt{1 \times 10^{-2} \times 1.82 \times 10^{-5}} = 4.27 \times 10^{-4}\,\text{mol/L}$$

$$pH = \frac{pK_a - \log C_a}{2} = \frac{4.74 - \log(1 \times 10^{-2})}{2} = 3.37$$

（もしくは，pH $= -\log[H^+] = -\log(4.27 \times 10^{-4}) = 3.37$）

・仮定 1 の検証：pH $= 3.37 < 6$ が成り立つ．

・仮定 2 の検証：$[H^+] = 4.27 \times 10^{-4} < 0.05 \times C_a = 5 \times 10^{-4}$ が成り立つ．

2.4 $[H^+] = 2.40 \times 10^{-11}$ mol/L, pH = 10.6

[解説] アンモニアは弱塩基なので，弱塩基の $[OH^-]$ と pOH を求めてから $[H^+]$ と pH を求めてもよいが，ここでは直接求める方が簡単なのでそちらを使う．アンモニアの $K_b = 1.74 \times 10^{-5}$，$pK_b = 4.76$ から，共役酸であるアンモニウムイオンの K_a と pK_a を求めておく．

$$K_a = \frac{K_w}{K_b} = \frac{10^{-14}}{1.74 \times 10^{-5}} = 5.75 \times 10^{-10}, \quad pK_a = 14 - pK_b = 9.24$$

$$[H^+] = \sqrt{\frac{K_w \times K_a}{C_b}} = \sqrt{\frac{10^{-14} \times 5.75 \times 10^{-10}}{1 \times 10^{-2}}} = 2.40 \times 10^{-11}\,\text{mol/L}$$

$$pH = \frac{14 + pK_a + \log C_b}{2} = \frac{14 + 9.24 + \log(1 \times 10^{-2})}{2} = 10.62$$

（もしくは，pH $= -\log[H^+] = -\log(2.40 \times 10^{-11}) = 10.62$）

・仮定 1 の検証：pH $= 10.62 > 8$ が成り立つ．

・仮定 2 の検証：$[OH^-] = 4.17 \times 10^{-4} < 0.05 \times C_b = 5 \times 10^{-4}$ が成り立つ．

2.5 $[H^+] = 9.46 \times 10^{-5}$ mol/L, pH = 4.02

[解説] 炭酸は二塩基弱酸なので，第一酸解離定数 K_{a1} を用いた弱酸の式を使う．

$$[H^+] = \sqrt{C_a \times K_{a1}} = \sqrt{2 \times 10^{-2} \times 4.47 \times 10^{-7}} = 9.455 \times 10^{-5}\,\text{mol/L}$$

$$pH = \frac{pK_{a1} - \log C_a}{2} = \frac{6.35 - \log(2 \times 10^{-2})}{2} = 4.02$$

（もしくは，pH $= -\log[H^+] = -\log(9.455 \times 10^{-5}) = 4.02$）

・仮定 1 の検証：pH $= 4.02 < 6$ が成り立つ．

・仮定 2 の検証：$[H^+] = 9.455 \times 10^{-5} < 0.05 \times C_a = 1 \times 10^{-3}$ が成り立つ．

2.6 $[H^+] = 2.40 \times 10^{-6}$ mol/L, pH = 5.62

[解説] 塩化アンモニウムは強酸と弱塩基の塩溶液なので，弱酸の $[H^+]$ と pH を求める式を用いる．アンモニウムイオンの K_a と pK_a を用いる式を使う．

$$[H^+] = \sqrt{C_a \times K_a} = \sqrt{1 \times 10^{-2} \times 5.75 \times 10^{-10}} = 2.40 \times 10^{-6}\,\text{mol/L}$$

$$pH = \frac{pK_a - \log C_a}{2} = \frac{9.24 - \log(1 \times 10^{-2})}{2} = 5.62$$

（もしくは，pH $= -\log[H^+] = -\log(2.40 \times 10^{-6}) = 5.62$）

・仮定 1 の検証：pH $= 5.62 < 6$ が成り立つ．

・仮定 2 の検証：$[H^+] = 2.40 \times 10^{-6} < 0.05 \times C_a = 5 \times 10^{-4}$ が成り立つ．

2.7 $[H^+] = 3.02 \times 10^{-9}$ mol/L, pH = 8.52

[解説] 酢酸ナトリウムは弱酸と強塩基の塩溶液なので，弱塩基の $[H^+]$ と pH を求める式を用いる．

$$[H^+] = \sqrt{\frac{K_w \times K_a}{C_b}} = \sqrt{\frac{10^{-14} \times 1.82 \times 10^{-5}}{2 \times 10^{-2}}} = 3.02 \times 10^{-9}\,\mathrm{mol/L}$$

$$\mathrm{pH} = \frac{14 + \mathrm{p}K_a + \log C_b}{2} = \frac{14 + 4.74 + \log(2 \times 10^{-2})}{2} = 8.52$$

$$(もしくは, \ \mathrm{pH} = -\log[H^+] = -\log(3.02 \times 10^{-9}) = 8.52)$$

・仮定 1 の検証：pH ＝ 8.52 ＞ 8 が成り立つ.

・仮定 2 の検証：$[OH^-] = 3.31 \times 10^{-6} < 0.05 \times C_b = 1 \times 10^{-3}$ が成り立つ.

2.8 $[H^+] = 2.16 \times 10^{-12}\,\mathrm{mol/L}$, pH ＝ 11.7

［解説］炭酸ナトリウムは多塩基弱酸と強塩基の塩溶液なので, 第二解離定数 K_{a2} を用いた弱塩基の式を使う.

$$[H^+] = \sqrt{\frac{K_w \times K_{a2}}{C_b}} = \sqrt{\frac{10^{-14} \times 4.68 \times 10^{-11}}{1 \times 10^{-1}}} = 2.16 \times 10^{-12}\,\mathrm{mol/L}$$

$$\mathrm{pH} = \frac{14 + \mathrm{p}K_{a2} + \log C_b}{2} = \frac{14 + 10.33 + \log(1 \times 10^{-1})}{2} = 11.67$$

$$(もしくは, \ \mathrm{pH} = -\log[H^+] = -\log(2.16 \times 10^{-12}) = 11.67)$$

・仮定 1 の検証：pH ＝ 11.67 ＞ 8 が成り立つ.

・仮定 2 の検証：$[OH^-] = 4.63 \times 10^{-3} < 0.05 \times C_b = 5 \times 10^{-3}$ が成り立つ.

2.9 $[H^+] = 4.57 \times 10^{-9}\,\mathrm{mol/L}$, pH ＝ 8.34

［解説］炭酸水素ナトリウムは両性物質の溶液なので, その式を使う. この場合, 濃度に関係なく一定の値となる.

$$[H^+] = \sqrt{4.47 \times 10^{-7} \times 4.68 \times 10^{-11}} = 4.57 \times 10^{-9}\,\mathrm{mol/L}$$

$$\mathrm{pH} = \frac{6.35 + 10.33}{2} = 8.34$$

2.10 pH ＝ 5.04

［解説］等量混合なので, 濃度はそれぞれ 1/2 ずつになっている. 弱酸とその共役塩基の混合液なので, 緩衝液となる. 緩衝液の場合, どっちが酸（C_a）でどっちが塩基（C_b）かに注意する.

$$\mathrm{pH} = \mathrm{p}K_a + \log \frac{C_b}{C_a} = \mathrm{p}K_a + \log \frac{[CH_3COONa]}{[CH_3COOH]} = 4.74 + \log \frac{2 \times 10^{-2}}{1 \times 10^{-2}} = 4.74 + \log 2 = 5.04$$

2.11 pH ＝ 9.24

［解説］塩酸とアンモニアは塩酸の量だけ反応して塩化アンモニウムができ, アンモニアは半量が残る. 等量混合なので, 濃度はそれぞれ 1/2 ずつになっている. 溶液中は $1 \times 10^{-2}\,\mathrm{mol/L}$ 塩化アンモニウムと $1 \times 10^{-2}\,\mathrm{mol/L}$ アンモニア水の混合液となっていることに注意する. 弱塩基とその共役酸の混合液なので, 緩衝液となる. この緩衝液の場合, 塩化アンモニウムが酸（C_a）でアンモニアが塩基（C_b）.

$$\mathrm{pH} = \mathrm{p}K_a + \log \frac{C_b}{C_a} = \mathrm{p}K_a + \log \frac{[NH_3]}{[NH_4Cl]} = 9.24 + \log \frac{1 \times 10^{-2}}{1 \times 10^{-2}} = 9.24 + \log 1 = 9.24$$

2.12 pH ＝ 7.21

［解説］この問題は pH7.2 のリン酸ナトリウム緩衝液の調製の 1 つの方法である. これまで, 三塩基酸であるリン酸の pH 計算は複雑であるために国試には出ないものと考えられていたが, 98 回ではとうとうリン酸の緩衝液の pH が出題された. まず, リン酸と NaOH の最初のモル数を計算する. 化学反応式はモル濃度でなくモル数で考えないと解けない.

H₃PO₄：$0.10\,\mathrm{mol/L} \times 400\,\mathrm{mL} = 0.04\,\mathrm{mol}$

NaOH：$0.20\,\mathrm{mol/L} \times 300\,\mathrm{mL} = 0.06\,\mathrm{mol}$

1．$H_3PO_4 + NaOH \longrightarrow NaH_2PO_4 + H_2O$（リン酸はすべて NaH_2PO_4 になってもまだ NaOH が余っている）

2．$NaH_2PO_4 + NaOH \longrightarrow Na_2HPO_4 + H_2O$（$NaH_2PO_4$ のうち 0.02 mol が Na_2HPO_4 となり, 0.02 mol が NaH_2PO_4 のまま残る）

したがって, この水溶液は, 0.02 mol/0.7 L NaH_2PO_4 と 0.02 mol/0.7 L Na_2HPO_4 の緩衝液となる.

$$\text{pH} = \text{p}K_{a2} + \log\frac{[\text{Na}_2\text{HPO}_4]}{[\text{NaH}_2\text{PO}_4]} = 7.21 + \log\frac{0.02/0.7}{0.02/0.7} = 7.21$$

2.13 $[\text{HCO}_3{}^-]$ は $[\text{H}_2\text{CO}_3]$ の 20 倍の血漿中濃度.

［解説］ヘンダーソン–ハッセルバルヒの式を用いる.

$$\text{pH} = \text{p}K_{a1} + \log\frac{[\text{HCO}_3{}^-]}{[\text{H}_2\text{CO}_3]}, \quad 7.4 = 6.1 + \log\frac{[\text{HCO}_3{}^-]}{[\text{H}_2\text{CO}_3]}, \quad 1.3 = \log\frac{[\text{HCO}_3{}^-]}{[\text{H}_2\text{CO}_3]}$$

ここで, 1.3 を log で表すことにする（ここに気づかないと解くのは非常に難しくなる）.

$$1.3 = 1 + 0.3 = \log_{10}10 + \log_{10}2 = \log_{10}(10\times 2) = \log_{10}20$$

したがって,

$$\log 20 = \log\frac{[\text{HCO}_3{}^-]}{[\text{H}_2\text{CO}_3]}, \quad 20 = \frac{[\text{HCO}_3{}^-]}{[\text{H}_2\text{CO}_3]}$$

2.14 pH7 における吸着の値は 6.9（$\fallingdotseq 7.0\,\mu\text{g/mg}$）.

［解説］塩基性薬物であるジアゼパムの pH3.2 における分子形（B）とイオン形（BH^+）の割合はヘンダーソン–ハッセルバルヒの式を用いて求める.

$$\text{pH} = \text{p}K_a + \log\frac{[\text{B}]}{[\text{BH}^+]}, \quad 3.2 = 3.5 + \log\frac{[\text{B}]}{[\text{BH}^+]}, \quad -0.3 = \log\frac{[\text{B}]}{[\text{BH}^+]}$$

$$-\log 2 = \log\frac{1}{2} = \log\frac{[\text{B}]}{[\text{BH}^+]}, \quad \frac{[\text{B}]}{[\text{BH}^+]} = \frac{1}{2}$$

したがって, pH3.2 においては分子形は 1/3 の濃度であることがわかる.

$$20\,\mu\text{g/mL}\times\frac{1}{3} = 6.67\,\mu\text{g/mL}$$

吸着した分子形ジアゼパムの割合（比例定数）は 2.3/6.67 = 0.345. pH7 では, ジアゼパムはほぼ完全に分子形で存在するので, 吸着されたジアゼパムは $20\,\mu\text{g/mL}\times 0.345 = 6.9\,\mu\text{g/mg}$ である.

この問題では, まず異なる pH での分子形濃度とイオン形濃度の存在比を求め, 分子形薬物のみ吸着するという現象を比の値を使って求めるという厄介な問題である. 前の問題 2.13 といい, この問題といい, 国試では生体現象や医薬品への応用問題が目立つようになった. 限られた時間内で解くのは非常に難しいと言える. 単に公式を覚えて計算問題が解けるのみでは歯が立たなくなってきていることをふまえ, 心して勉強していただきたい.

3 各種の化学平衡

●キーワード

錯体/キレート試薬/配位子/ルイス酸塩基/配位数/生成定数/キレート効果/キレート平衡/キレート平衡の副反応/溶解（沈殿）平衡/溶解度/溶解度積/イオン強度/共通イオン効果/異種イオン効果/沈殿生成の条件/分別沈殿/還元/酸化剤/還元剤/酸化数/酸化還元反応/ダニエル電池/電極電位/起電力/標準水素電極/銀–塩化銀電極/化学平衡/自由エネルギー変化/ネルンストの式/酸化還元平衡/酸化還元電位/分配平衡/抽出/分配係数/分配比/抽出率/繰り返し抽出/イオン交換/イオン交換樹脂

　温度（T）や圧力（P）が一定の条件での可逆的な反応は最終的に反応が止まり，熱の出入りがなくなり，熱（熱力学的）平衡に到達する．これは可逆的な変化の前後において，ギブス自由エネルギーの変化（ΔG）に相当する化学ポテンシャル（μ）が0となるためである．このような状態では，質量作用の法則が成り立ち，可逆的な変化（反応）の平衡定数は一定となる．本章では，このような平衡状態のもとでの錯体・キレート平衡，溶解（沈殿）平衡，酸化還元平衡および分配平衡などを取り扱う．これらを可逆的化学平衡といい，それぞれに特有の解離（電離）定数（K_a），生成定数（K_{ML}），溶解度積（K_{sp}），標準酸化還元電位（E^0）および分配係数（K_D）などから，反応に関与する化学種の濃度や平衡定数あるいはネルンストの式を用いた電極電位や自由エネルギー変化などを求める方法について理解する．

3.1 錯体・キレート生成平衡

> **SBO C2(2)②1　錯体・キレート生成平衡について説明できる.**

　錯体とは非共有電子対を持つ原子を含む配位子（ligand）が金属イオンと配位した化合物である．特に，配位子に複数の非共有電子対を持つ原子が含まれる場合をキレート試薬と呼び，金属イオンを挟むようなキレート（環状構造）を形成する．錯体やキレートの溶液中における平衡状態について学ぶ．

3.1.1　錯体生成反応

a. 錯体とキレート化合物

　水溶液中での金属イオン（M^{n+}）は真空中とは異なり，ある定まった数の水分子（H_2O）が配位したアクア錯体を形成している．例えば，Cu^{2+}やZn^{2+}やFe^{2+}は水溶液中で$Cu(H_2O)_4^{2+}$，$Zn(H_2O)_4^{2+}$，$Fe(H_2O)_6^{2+}$のような錯体を作り，配位する水分子の数も決まっている．このような結合水を配位水といい中心金属イオンの電荷を中和していない錯体なので錯イオン（あるいは錯塩）とも呼ばれる．

$$\underset{\text{ルイス酸}}{Cu^{2+}} + \underset{\text{ルイス塩基}}{4H_2O} \rightleftharpoons \underset{\text{錯体}}{Cu(H_2O)_4^{2+}}$$

$$Cu^{2+} + 4NH_3 \rightleftharpoons Cu(NH_3)_4^{2+}$$

$Cu(H_2O)_4^{2+}$ 錯体の Cu^{2+} イオンと水分子は Cu^{2+} イオンの原子軌道（atomic orbital）に水分子の酸素原子が持つ非共有電子対（または孤立電子対）を供与した配位結合からなる．$Cu(NH_3)_4^{2+}$ 錯体も同じようにアンモニア分子が配位した構造をとり荷電は2+ のままである．一般的に，配位子は電子対を供与するので**ルイス塩基**であり，金属イオンは電子対を受け入れるので**ルイス酸**であり，金属錯体生成反応は**ルイス酸塩基反応**といえる．

このように非共有電子対を持つ酸素O原子の他に，窒素Nやイオウ Sやハロゲン Xなどがルイス塩基として配位子となる．H_2O や NH_3 や OH^- などのような1分子内に配位原子を1個持つ単座配位子やエチレンジアミンのように2個の配位原子を持つ二座配位子などがある．配位原子の数により三座，四座，五座さらに六座配位子などが知られており，二座配位子以上を**多座配位子**あるいは**キレート試薬**あるいはキレート配位子といい，生じた化合物をキレートあるいは**キレート化合物**（chelate compound）という．表3.1に主な配位子の種類と構造を示した．薬学分野では，多座配位子としてEDTA（ethylenediaminetetraacetic acid，エチレンジアミン四酢酸）がよく知られている．また，赤血球に含まれる酸素を運搬するヘムはプロトポルフィリンの中心に Fe^{2+} イオンが配位している．アルカリ金属イオンなどと安定にキレートを作るクラウンエーテルやサイクラムなどの環状配位子も示した．また，キレートとは図3.1に示すようにカニのハサミのように金属イオンを挟み込み環

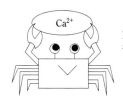

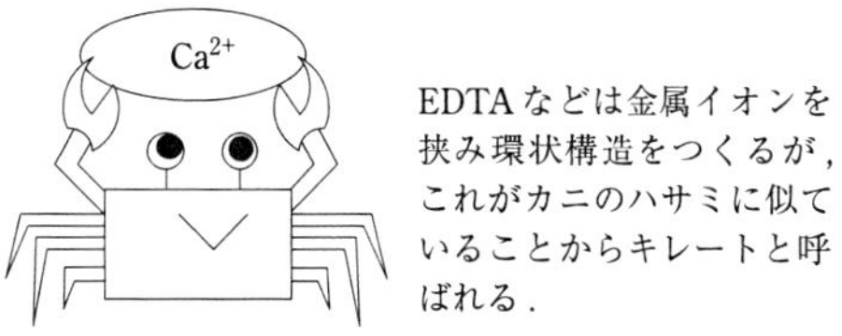

Ca2+
EDTAなどは金属イオンを挟み環状構造をつくるが，これがカニのハサミに似ていることからキレートと呼ばれる．

図3.1　キレート化合物のイメージ

表3.1　いろいろな単座および多座配位子と環状配位子

単座配位子	H_2O　NH_3　Cl^-　OH^-　CN^-　NCS^- 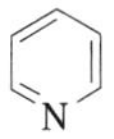
二座配位子	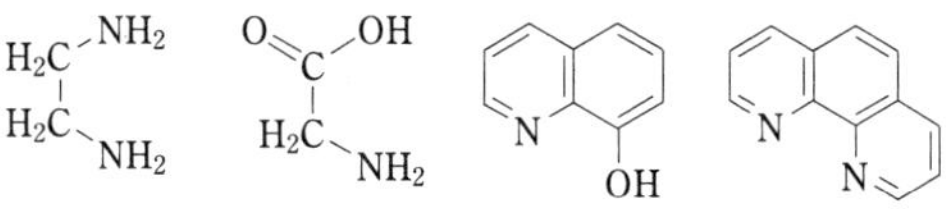
三座配位子	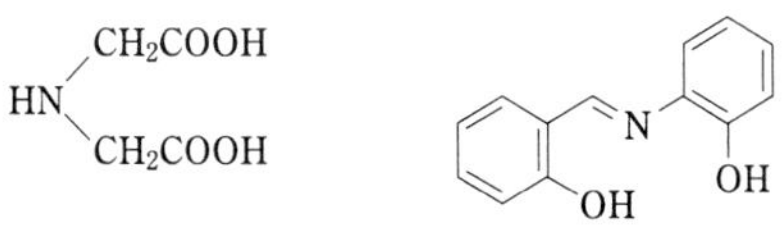
四座配位子	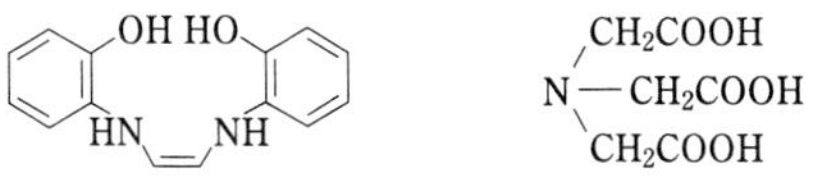
六座配位子	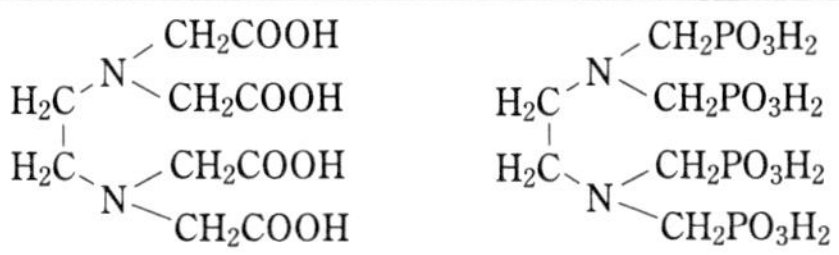 EDTA

環状配位子
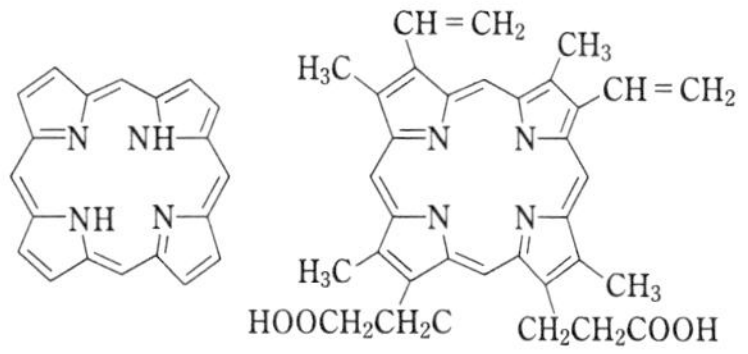
ポルフィン　　プロトポルフィリンIX
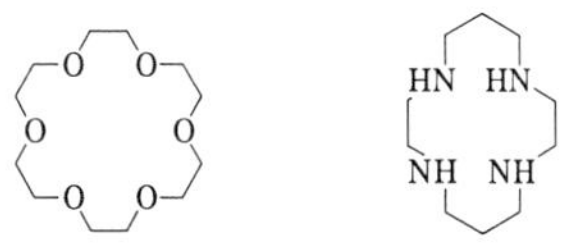
18-クラウン-6　　サイクラム
医薬品として使われる金属錯体
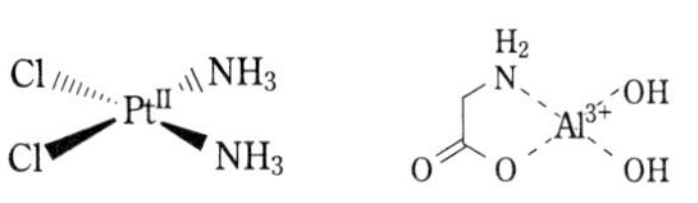
シスプラチン　　アルミニウムグリシナート

状構造を作ることからそう呼ばれている.

金属イオンに結合する配位原子の数を**配位数**（coordination number）といい，配位数は金属イオンの種類と酸化数（原子価）によりほぼ定まっているが，配位子の性質により異なる場合もある．ここでは電属イオンの配位数と錯体の幾何学的な立体構造を示す．表3.1に示したEDTAはCa^{2+}などの金属イオンと1：1の組成比のキレート化合物を作り，正八面体構造をとる．錯体の構造は混成軌道からも推測できる．錯体にはがんの化学療法剤であるシスプラチンと呼ばれる白金金属錯体がよく知られているが，その構造はdsp^2混成軌道を作り，平面四角形である．また，Feイオンはsp^3d^2やd^2sp^3混成軌道をとり，正八面体構造のキレートや錯体を形成しやすい．表3.2に主な金属イオンの配位数と錯体の立体構造と錯体の混成軌道についてまとめた．金属医薬は日局17にも多数収載されている．

表3.2 主な金属イオンの配位数と錯体の構造

配位数	金属イオン（M^{n+}）の種類	混成軌道	錯体の例	錯体の立体構造
2	Ag^+, Be^{2+}, Cu^+, Au^+など	sp, dp	Cl-Be-Cl	
4	Cu^{2+}, Pt^{2+}, Sn^{2+}, Zn^{2+}, Ni^{2+}など	dsp^2, sp^3	$Cu(NH_3)_4^{2+}$ $Ni(Cl)_4^{2-}$	
6	Fe^{2+}, Fe^{3+}, Co^{2+}, Sn^{2+}, Ca^{2+}, Al^{3+}, Ni^{2+}など	d^2sp^3, sp^3d^2	$Fe(CN)_6^{3-}$ $Co(NH_3)_6^{3+}$	
8	W^{4+}, Mo^{4+}, U^{4+}など	d^4sp^3	$W(CN)_8^{4-}$	

Mは中心金属イオン，Lは配位子を表す．

3.1.2　錯体の安定性と錯体生成定数

錯体生成反応における錯体の安定度あるいは結合の強さは，錯体平衡における平衡定数を生成定数（formation constant）または安定度定数（stability constant）と呼び，その値を指標としている．いま，水溶液中において，金属イオン M^{n+} は水（H_2O）がmモル配位して$M(H_2O)_m^{n+}$のようなアクア（水和）錯体として存在している．これに配位子Lを作用させると，反応の前後で水和水の放出による水濃度の変化は無視できるので，配位水は必要とするとき以外は表示しない．

$$M(H_2O)_m^{n+} + L \rightleftharpoons ML(H_2O)_{m-x}^{n+} + xH_2O \tag{3.1}$$

一般的に，金属イオン M^{n+} と単座配位子Lが反応し，逐次的に進む錯体生成反応は次式で表される．

$$M^{n+} + L \rightleftharpoons ML^{n+} \qquad K_1 = \frac{[ML^{n+}]}{[M^{n+}][L]} \tag{1}$$

$$ML^{n+} + L \rightleftharpoons ML_2^{n+} \qquad K_2 = \frac{[ML_2^{n+}]}{[ML^{n+}][L]} \tag{2}$$

$$ML_2^{n+} + L \rightleftharpoons ML_3^{n+} \qquad K_3 = \frac{[ML_3^{n+}]}{[ML_2^{n+}][L]} \tag{3}$$

$$\vdots \quad \vdots \quad \vdots \qquad\qquad \vdots$$

☕ Tea Break

◉ノーベル賞の話～大村智博士

　2015年度ノーベル医学・生理学賞を受賞した大村博士は，一貫して微生物の生産する有用な天然生物活性物質の探索を行い，これまでに約500種もの新規化合物を発見した．静岡県伊東市内のゴルフ場近くで採取した土壌から発見された新種の放線菌が生産していたアベルメクチンを発見し，それを基にイベルメクチンの開発がなされたことが受賞の理由である．イベルメクチンは抗寄生虫薬として活用されるようになり，寄生虫感染症の治療法確立に貢献した．筆者らも土壌微生物の生産する生物活性物質探索を手掛けていたが，苦労の末分離精製した結果，既に大村博士が論文に発表したものと同じだったことが何度もあり，大村博士をライバル視していたこともあった．大村博士の受賞を聞いて，運が良ければ我々もノーベル賞がもらえたかもしれないとひそかに残念がったことは誰にも伝えていない……．

$$ML_{m-1}^{n+} + L \rightleftharpoons ML_m^{n+} \qquad K_m = \frac{[ML_m^{n+}]}{[ML_{m-1}^{n+}][L]} \qquad (m)$$

ここで，K_1，K_2，K_3，……，K_m を**逐次生成定数**（stepwise formation constant）あるいは**逐次安定度定数**（stepwise stability constant）という．実際の逐次生成定数は，通常 $K_1 > K_2 > K_3 > \cdots\cdots > K_m$ の関係になっていることが知られている．

　また，ML_m^{n+} の生成に注目した生成定数を**全生成定数**あるいは**全安定度定数**（β）といい，次式で表される．

$$M^{n+} + mL \rightleftharpoons ML_m^{n+} \qquad \beta = \frac{[ML_m^{n+}]}{[M^{n+}][L]^m} \qquad (3.2)$$

逐次生成定数 K_1 から K_m の積をとると，次式のようになり，全生成定数 β が求まる．

$$K_1 \cdot K_2 \cdot K_2 \cdots\cdots K_m$$

$$= \frac{[\cancel{ML}^{n+}]}{[M^{n+}][L]} \cdot \frac{[\cancel{ML_2^{n+}}]}{[\cancel{ML}^{n+}][L]} \cdot \frac{[\cancel{ML_3^{n+}}]}{[\cancel{ML_2^{n+}}][L]} \cdots\cdots \frac{[ML_m^{n+}]}{[\cancel{ML_{m-1}^{n+}}][L]}$$

$$= \frac{[ML_m^{n+}]}{[M^{n+}][L]^m} = \beta \qquad (3.3)$$

したがって，β と逐次生成定数の間には

$$\beta = K_1 \cdot K_2 \cdot K_3 \cdots\cdots K_m \qquad (3.4)$$

の関係が成り立つことが示される．

　錯体生成平衡を Cu^{2+} と配位子として NH_3 との反応から生成するアンミン銅錯体の生成定数について検討してみよう．錯体生成反応あるいはキレート生成反応は酸塩基反応と異なり，配位子の置換反応である．

$$Cu(H_2O)_4^{2+} + 4NH_3 \rightleftharpoons Cu(NH_3)_4^{2+} + 4H_2O \qquad (3.5)$$

ところが，錯体形成反応における配位子の置換は1段階ずつ起こるので，各段階の平衡を逐次平衡で表すと次のようになり，

$$Cu(H_2O)_4^{2+} + NH_3 \rightleftharpoons Cu(NH_3)(H_2O)_3^{2+} + H_2O$$

$$Cu(NH_3)(H_2O)_3^{2+} + NH_3 \rightleftharpoons Cu(NH_3)_2(H_2O)_2^{2+} + H_2O$$

$$Cu(NH_3)_2(H_2O)_2^{2+} + NH_3 \rightleftharpoons Cu(NH_3)_3(H_2O)^{2+} + H_2O$$

$$Cu(NH_3)_3(H_2O)^{2+} + NH_3 \rightleftharpoons Cu(NH_3)_4^{2+} + H_2O$$

式をまとめると

50　　　　　　　　　　　2 部　化　学　平　衡

表 3.3　金属イオンと EDTA との錯体生成定数

金属イオン	EDTA 6配位	電気陰性度 (χ)
Li$^+$	2.8	1.0
Na$^+$	1.7	0.93
Cs$^+$	0.2	0.79
Mg^{2+}	8.7	1.3
Ca^{2+}	10.9	1.0
Sr^{2+}	8.6	0.95
Ba^{2+}	7.8	0.89
Al^{3+}	16.1	1.6

EDTA で表した生成定数 K は $\log K$ の値を示している.

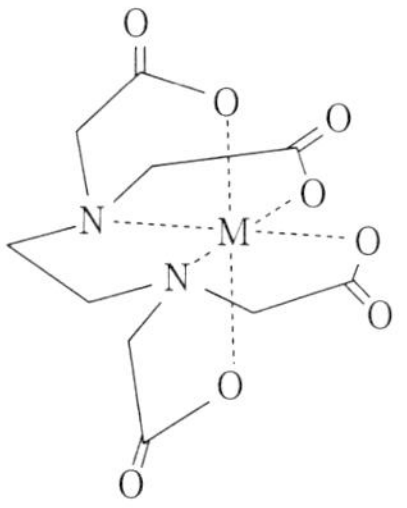

図 3.2　金属イオンと EDTA の
キレート錯体の立体構造

$$Cu(H_2O)_4^{2+} + 4NH_3 \rightleftharpoons Cu(NH_3)_4^{2+} + 4H_2O$$

それぞれの段階ごとの反応の逐次生成定数 K をとると次のようになる.

$$K_1 = \frac{[Cu(NH_3)(H_2O)_3^{2+}][H_2O]}{[Cu(H_2O)_4^{2+}][NH_3]} \qquad K_1 = 10^4$$

$$K_2 = \frac{[Cu(NH_3)_2(H_2O)_2^{2+}][H_2O]}{[Cu(NH_3)(H_2O)_3^{2+}][NH_3]} \qquad K_2 = 10^{3.2}$$

$$K_3 = \frac{[Cu(NH_3)_3(H_2O)^{2+}][H_2O]}{[Cu(NH_3)_2(H_2O)_2^{2+}][NH_3]} \qquad K_3 = 10^{2.7}$$

$$K_4 = \frac{[Cu(NH_3)_4^{2+}][H_2O]}{[Cu(NH_3)_3(H_2O)^{2+}][NH_3]} \qquad K_4 = 10^{2.0}$$

式 (3.5) のアンミン銅(Ⅱ)錯体の全生成定数 β_n は式 (3.4) のように, 逐次生成定数の積に等しいので,

$$\beta_4 = 10^4 \times 10^{3.2} \times 10^{2.7} \times 10^{2.0} = 1.0 \times 10^{11.9}$$

を得る. 一般的に, 全生成定数 β_n は生成定数 K といい, K の値が大きいほど錯体は安定である.

$$K = \beta_4 = 1.0 \times 10^{11.9}$$

3.1.3　錯体生成に影響する因子

　錯体はルイス酸である金属イオンとルイス塩基である配位子との錯体生成反応でもあるため, 錯体生成は配位子の種類や反応溶液の pH などにより大きな影響を受ける.

a.　キレート効果

　多座配位子からなるキレートは単座配位子からなるキレートより生成定数が大きいことが知られている. その原因は

　①単座配位子(例えば NH$_3$)よりも多座配位子(例えば EDTA)の方がエントロピーの増加により生成定数が大きくなる.

　②キレート環の形成による共鳴安定化により錯体の自由エネルギーが低下し安定化する. 通常5員環や6員環が最も安定である.

　③ルイス塩基としての配位子の塩基性(電子供与性)が強いほどキレートの安定性は増す(エン

表 3.4 金属イオンと単座配位子や多座配位子との錯体生成定数の大きさの違い

配位子	NH$_3$	en	dien	trien	tetren
供与原子の数 (N)	1	2	3	4	5
Cu^{2+}	4.1	10.6	16	20.4	24.3
Ni^{2+}	2.8	7.7	10.7	14	17.6
Fe^{2+}	3.7	9.7	—	—	—
Zn^{2+}	9.0	11.2	8.8	12.1	15.1
Co^{2+}	4.9	14.0	—	—	—

配位子の略号. en：エチレンジアミン. dien：ジエチレントリアミン. trine：トリエチレンテトラミン. tetren：テトラエチレンペンタミン. 生成定数 K は log K の値.

タルピー増加による）など，多座配位子による錯体生成定数の増加を**キレート効果**（chelate effect）と呼ぶ．表 3.3 に金属イオンとアミンや EDTA 錯体の生成定数の大きさを比較した．また，金属イオンの種類によっても生成定数の大きさに違いがあることがわかる．Na$^+$ は EDTA と安定なキレート錯体を生成しないこともわかる．また，単座配位子と 2, 3, 4, 5 座配位子との比較から供与原子の数（N）が多くなるほど生成定数は大きくなることが示される（表 3.4）.

b. 溶液の pH による影響

　多座配位子（L）はルイス塩基であり，またブレンステッド（Brønsted）塩基でもあることが多く，錯体 ML$_m^{n+}$ が生成する．しかし，pH が高すぎると配位力の強い OH$^-$ は金属イオンと結合し，水酸化物 M(OH)$_n$ を生成してしまう．一般に，M–OH 結合は M–L よりも強いため L で配位子置換できなかったり，L が OH で置換されたりするため，キレート滴定の誤差の原因となる.

$$\text{錯体} \quad \text{L}_4\text{M} + \text{OH}^- \Longleftrightarrow \text{L}_3\text{M(OH)} + \text{L} \tag{3.6}$$

　したがって，金属イオンをキレート滴定するときには水酸化物 M(OH) の生成を避けるために，アンモニア塩化アンモニム緩衝液（pH = 10.7）を用いる．アンモニアが配位したアンミン錯体 M(NH$_3$)$_a^{n+}$（式 3.7）は多座配位子 L により配位子置換して，錯体（キレート錯体）ML$_m^{n+}$ を生成する（式 3.8）.

$$\text{M}^{n+} + a\text{NH}_3 \Longleftrightarrow \text{M(NH}_3)_a^{n+} \tag{3.7}$$
アンミン錯体

$$\text{M(NH}_3)_a^{n+} + m\text{L} \Longleftrightarrow \text{ML}_m^{n+} + a\text{NH}_3 \tag{3.8}$$
配位子置換反応

一方，酸性条件下では，L は塩基であるために，H$^+$ の L との付加反応により L は HL$^+$ に消費される（式 3.9）.

$$\text{L}_4\text{M} + \text{H}^+ \Longleftrightarrow \text{L}_3\text{M} + \text{HL} \tag{3.9}$$

$$\text{L} + \text{H}^+ \Longleftrightarrow \text{HL}^+$$

OH^- は金属イオン濃度を，H^+ は L の濃度やキレート生成能を減少させるため，キレート平衡の副反応として注意する必要がある．

そこで，配位子 EDTA（H_4Y と略記する）のキレート生成を考える場合，EDTA は H^+ 結合するので H^+ の結合した EDTA も考慮しなければならない．EDTA（H_4Y）の分子型を含め電離したイオン種，H_4Y，H_3Y^-，H_2Y^{2-}，HY^{3-}，Y^{4-} は pH により異なり，EDTA のキレート生成に影響を与える．EDTA の構造（図3.3）や電離式および逐次電離定数（あるいは逐次酸解離定数）は次のようである．

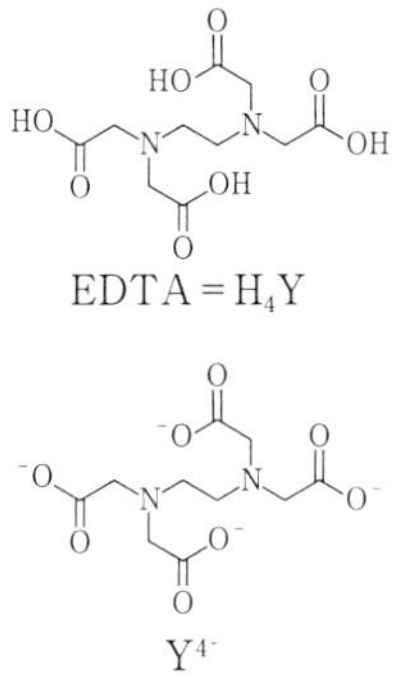

$$H_4Y \rightleftharpoons H_3Y^- + H^+ \qquad K_{a1} = \frac{[H_3Y^-][H^+]}{[H_4Y]} = 8.51 \times 10^{-3}$$
$$(pK_{a1} = 2.1)$$

$$H_3Y^- \rightleftharpoons H_2Y^{2-} + H^+ \qquad K_{a2} = \frac{[H_2Y^{2-}][H^+]}{[H_3Y^-]} = 1.78 \times 10^{-3}$$
$$(pK_{a2} = 2.69)$$

$$H_2Y^{2-} \rightleftharpoons HY^{3-} + H^+ \qquad K_{a3} = \frac{[HY^{3-}][H^+]}{[H_2Y^{2-}]} = 5.75 \times 10^{-7}$$
$$(pK_{a3} = 6.13)$$

$$HY^{3-} \rightleftharpoons Y^{4-} + H^+ \qquad K_{a4} = \frac{[Y^{4-}][H^+]}{[HY^{3-}]} = 4.57 \times 10^{-11}$$
$$(pK_{a4} = 10.37)$$

（3.10）

図3.3 EDTA の構造

ある pH でキレート反応をすると，H^+ が EDTA のような配位子と結合した H_3Y^-，H_2Y^{2-}，HY^{3-} あるいは Y^{4-} と金属イオンとの結合を競い合うことになる．配位子と金属イオンのキレート生成，つまりキレート滴定を可能にする pH が存在することになる．ここで，EDTA（H_4Y）の初期濃度を C_{YH} とおくと

$$C_{YH} = [Y^{4-}] + [HY^{3-}] + [H_2Y^{2-}] + [H_3Y^-] + [H_4Y] \tag{3.11}$$

式(3.10)で $[Y^{4-}]$ のみを残すように掛け算していくと，

$$K_{a4} = \frac{[Y^{4-}][H^+]}{[HY^{3-}]}$$

$$K_{a3}K_{a4} = \frac{[Y^{4-}][H^+]^2}{[H_2Y^{2-}]}$$

$$K_{a2}K_{a3}K_{a4} = \frac{[Y^{4-}][H^+]^3}{[H_3Y^-]}$$

$$K_{a1}K_{a2}K_{a3}K_{a4} = \frac{[Y^{4-}][H^+]^4}{[H_4Y]}$$

これを式(3.11)の C_{YH} に代入すると

$$C_{YH} = [Y^{4-}]\left(1 - \frac{[H^+]}{K_{a4}} + \frac{[H^+]^2}{K_{a3}K_{a4}} + \frac{[H^+]^3}{K_{a2}K_{a3}K_{a4}} + \frac{[H^+]^4}{K_{a1}K_{a2}K_{a3}K_{a4}}\right)$$

ここで括弧内を α_{YH} とおくと，

$$\alpha_{YH} = 1 + \frac{[H^+]}{K_{a4}} + \frac{[H^+]^2}{K_{a3}K_{a4}} + \frac{[H^+]^3}{K_{a2}K_{a3}K_{a4}} + \frac{[H^+]^4}{K_{a1}K_{a2}K_{a3}K_{a4}} \tag{3.12}$$

金属イオン（M^{m+}）と結合していないいろいろなイオン種を含む EDTA の濃度 C_{YH} は

$$[C_{YH}] = \alpha_{YH}[Y^{4-}] \tag{3.13}$$

ただし，α_{YH} を**副反応係数**といい，式(3.13)で表されるから，C_{YH} と M^{m+} の反応は次のようであり，その生成定数を**条件生成定数（条件安定度定数）**K_{MYH} とすると

$$M^{m+} + C_{YH} \rightleftharpoons MC_{YH}^{(4-m)-} \tag{3.14}$$

$$K_{MCYH} = \frac{[MC_{YH}^{(4-m)-}]}{[M^{m+}][C_{YH}]}$$

ここで，C_{YH} は金属イオンと結合していない EDTA の濃度である．次に，Y^{4-} は金属イオンと結合している EDTA の濃度であるので，

$$M^{m+} + Y^{4-} \rightleftharpoons MY^{(4-m)-} \tag{3.15}$$

$$K_{MY} = \frac{[MY_{YH}^{(4-m)-}]}{[M^{m+}][Y^{4-}]}$$

したがって，キレート生成定数 K_{MY} は式 (3.13) の $C_{YH} = \alpha_{YH}[Y^{4-}]$ の C_{YH} を式 (3.14) に代入して C_{YH} を消去すると，キレート生成に及ぼす pH の影響を加味した副反応を導入したキレート生成定数（K_{MCYH}）に書き換えられる．

$$K_{MCYH} = \frac{K_{MY}}{\alpha_{YH}} \tag{3.16}$$

ここで，K_{MCYH} は条件（付）生成定数，α_{YH} は副反応係数（キレート生成には関係しないが，水素イオン濃度に関係するから副反応である）．

ま　と　め

　キレート効果により多座配位子は金属イオンと安定なキレート化合物（錯体）を形成する．その結合の強さは生成定数 K の大きさで表される．また，配位子のキレート化合物も塩基といえるので，OH^- や H^+ イオンなどはキレート生成を阻害する要因になる．したがって，アンモニア・塩化アンモニウムなどの緩衝液を用いて，滴定する必要がある．

3.2　沈　殿　平　衡

　SBO C2(2)②2　沈殿平衡について説明できる.

3.2.1　溶解と沈殿

　溶質が溶媒に均一に分散する現象を**溶解**といい，その状態を**溶液**という．例えば，塩化ナトリウム（NaCl）を水に溶かすと，電離して Na^+ と Cl^- のイオンに分かれ，これらに水分子（H_2O）が水和してイオンが安定化して分散するため透明な食塩水が得られる．しかし，NaCl が飽和濃度に存在すると（**飽和溶液**），固体の NaCl が電離して食塩水に溶け出す速度と食塩水から固体の NaCl に析出する速度が一定になり，平衡に達し変化しなくなる．これを**溶解平衡**（solution equilibrium）あるいは**沈殿平衡**（precipitation equilibrium）という．ここで，ある体積の溶媒に最大限溶解した溶質の量を**溶解度**（solubility, S）という．これは溶液の温度によっても変化し，溶質が溶解度まで溶けている溶液を飽和溶液といい，溶解度＝飽和溶液として表される．

$$NaCl \rightleftharpoons Na^+ + Cl^-$$

　一方，$AgNO_3$ の水溶液に NaCl 水溶液を加えていくと，難溶性の AgCl が白色沈殿として生成してくる．微粒子（コロイド粒子）が懸濁した状態なので，溶解しているように見えないが，実は難溶性な塩 AgCl も水溶液中で溶解平衡が成り立っている．

$$AgCl \rightleftharpoons Ag^+ + Cl^-$$

3.2.2 溶解度と溶解度積

一般的に，難溶性塩 MX の飽和溶液は次の平衡が成り立ち，平衡式と平衡定数 K は式（3.17）で表される．

$$\text{MX（固体）} \rightleftharpoons \text{M}^+ + \text{X}^- \tag{3.17}$$

$$K = \frac{[\text{M}^+][\text{X}^-]}{[\text{MX}]}$$

MX は難溶性なので溶解しても濃度はきわめて小さく M^+ と X^- は完全に電離していると見なせる．[MX] は固体の濃度であり，厳密には活量（a）で表す．沈殿 MX は固体なので $a=1$ であり，$[\text{M}^+]$ と $[\text{X}^-]$ の濃度は小さいためモル濃度を使うことができ，

$$K\,[\text{MX}]_{\text{（固体）}} = [\text{M}^+][\text{X}^-] = K_{\text{sp}} \tag{3.18}$$

難溶性であるが，溶解した MX は完全に電離しているので，MX の溶解度を $S(\text{mol/L})$ とすると

$$[\text{M}^+] = [\text{X}^-] = S$$

であり，式（3.18）より $K_{\text{sp}} = S \times S = S^2$ が得られる．このように K_{sp} は溶解度の積であるので塩 MX の**溶解度積**（solubility product）といい，単位は $(\text{mol/L})^2$ あるいは $(\text{mol}^2/\text{L}^2)$ であり，温度と圧力が一定の状態では塩 MX について定数である．

難溶性塩 AgCl の溶液を考えてみよう．AgCl の溶解度は水に対し $1.0 \times 10^{-5}\,\text{mol/L}$（25℃）であるので，

$$\begin{array}{cccc} \text{AgCl} & \rightleftharpoons & \text{Ag}^+ & + & \text{Cl}^- \\ (S)\ 1.0\times 10^{-5} & & 1.0\times 10^{-5} & & 1.0\times 10^{-5}\ \ (\text{mol/L}) \end{array}$$

したがって，AgCl の溶解度積は式（3.18）より $K_{\text{sp}} = [\text{Ag}^+][\text{Cl}^-] = S^2 = 1.0\times 10^{-5} \times 1.0\times 10^{-5} = 1.0\times 10^{-10}(\text{mol/L})^2$ となる．難溶性塩 MX の例として AgCl の溶解平衡を図 3.4 に示した．

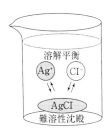

図 3.4　難溶性塩 AgCl の溶解（沈殿）平衡

次に，難溶性塩 M_mX_n（ただし $m \neq n$）の場合は溶解度と溶解度積の関係は次のようになる．以下の平衡が成り立ち，溶解度を $S(\text{mol/L})$ とすると，

$$\text{M}_m\text{X}_n \rightleftharpoons m\text{M}^{n+} + n\text{X}^{m-}$$

式（3.18）から，1 mol/L の M_mX_n は電離した $m(\text{mol/L})$ の M^{n+} と $n(\text{mol/L})$ の X^{m-} の濃度の積をとると，その溶解度積 $K_{\text{sp},\text{M}_m\text{X}_n}$ は

$$\begin{aligned} K_{\text{sp},\text{M}_m\text{X}_n} &= [\text{M}^{n+}]^m[\text{X}^{m-}]^n \\ &= (mS)^m \times (nS)^n = m^m \times n^n \times S^{(m+n)} \end{aligned}$$

であり，溶解度 S について解くと式（3.19）を得る．

3章　各種の化学平衡

☕ Tea Break

◉ノーベル賞の話〜利根川 進博士

　1987年免疫グロブリンの特異な遺伝子構造を解明した功績によりノーベル生理学・医学賞を受賞した．具体的には，RNAスプライシングの解明，エクソンとイントロンの発見などである．研究に邁進するあまり，他の研究者が使用している超遠心機を勝手に止めて自分のサンプルを割り込ませたなどの逸話も多く伝わる．筆者は米国留学当時利根川博士の講演を拝聴したことがあるが，博士の英語はお世辞にもきれいとは言えない，まさにジャパニーズイングリッシュであったこと，しゃべるスピードは非常に速くマシンガントークであったことに驚かされた．筆者も英語の発音を気にして会話が苦手であったが，利根川博士の講演を聞いて以降は，発音は気にしなくて良いと気が楽になったことを覚えている．そのせいか，未だに英語での会話は上達しない．

$$S = \sqrt[(m+n)]{\frac{K_{\mathrm{sp}, \mathrm{M}_m\mathrm{X}_n}}{m^m \cdot n^n}} \tag{3.19}$$

したがって，異なる電荷を持つイオンからなる難溶性塩 $\mathrm{M}_m\mathrm{X}_n$ の溶解度 S は溶解度積 K_{sp} から直接求めることができない．例えば，AgCl と CaF_2 でどちらが溶けやすいかという場合，溶解度積と溶解度は各イオンの電荷に依存しているため，それぞれの K_{sp} から算出される溶解度 S を用いて比較できないことを意味している．

3.2.3　沈殿の生成

　ある濃度 NaCl の水溶液に AgNO_3 溶液を加えていった場合に，沈殿が生成するための条件は以下のようである．

$[\mathrm{Ag}^+][\mathrm{Cl}^-] < K_{\mathrm{sp},\mathrm{AgCl}}$ ならば，AgCl はまだ溶解可能．

$[\mathrm{Ag}^+][\mathrm{Cl}^-] = K_{\mathrm{sp},\mathrm{AgCl}}$ ならば，この溶液は飽和溶液である．

$[\mathrm{Ag}^+][\mathrm{Cl}^-] > K_{\mathrm{sp},\mathrm{AgCl}}$ ならば，AgCl は一部沈殿しており，溶液は飽和状態である．

3.2.4　沈殿の溶解度に影響を与える因子

　3.2.3項で沈殿が生成するための条件について述べた．沈殿の溶解度は共存しているイオン溶媒の種類，pH あるいは温度などいろいろな因子によって影響を受ける．これらの因子は溶解度 S の変化をもたらし沈殿を生成する方向へ，あるいは沈殿を溶解する方向へと溶解平衡を傾けることになる．このような溶解度の差を生じさせる諸因子を利用して目的イオンを沈殿として分別したり，タンパク質を沈殿生成させたり，医療の現場でも，薬物の溶解度を高めることにより溶液を調製することが可能となる．この項では，沈殿の溶解に影響を与える因子について考えてみよう．

a. 共通イオン効果と塩効果

　塩濃度を増加したり，塩を作るイオンの電荷を大きくする（1価イオンを2価イオンにするなど）と，イオン強度が高くなり活量係数 γ が小さくなるため溶解度は増大する．この現象を**塩効果**という．塩効果は難溶性塩を構成するものと共通のイオンあるいは異種のイオンどちらでも生じる．しかしながら，共通のイオンの場合には，沈殿平衡が移動するため溶解度は大きく減少する．これを**共通イオン効果**（common ion effect）という．異種イオンの場合には塩効果で溶解度は増加するが，共通イオンの場合には塩効果による溶解度増加分に比べて共通イオン効果の方が格段に大きいため，溶解度は大きく減少する．

例えば，AgCl の飽和溶液に 0.01 mol/L となるように NaCl 溶液を加えていくと，AgCl の白色沈殿が析出しはじめる理由について考えてみる．それぞれの塩の溶解平衡は次のように表される．ただし，AgCl の $K_{sp,AgCl}$ は 1.0×10^{-10} (mol/L)^2 である．

$$\text{AgCl} \rightleftharpoons \text{Ag}^+ + \text{Cl}^-$$
$$\text{NaCl} \rightleftharpoons \text{Na}^+ + \text{Cl}^-$$

AgCl の溶解度 S は $K_{sp} = S^2 = 1 \times 10^{-10}$ から，$S = 1 \times 10^{-5}$ mol/L であり，0.01 mol/L NaCl 溶液まで Cl$^-$ が増加するので溶解平衡は左に傾く．そこで AgCl の新しい溶解度を S' とすると，NaCl は水に完全に溶けて解離するので，溶解度 S は $S = S' + 0.01$ である（NaCl を加えなければ $S = S'$ である）が，当然 S' は $S' \ll 0.01$ なので無視できる．したがって，AgCl の溶解度積は

$$K_{sp,AgCl} = S \times (S' + 0.01) \fallingdotseq S \times 0.01$$
$$S = 1 \times 10^{-10} / 1 \times 10^{-2} = 1 \times 10^{-8} \text{ mol/L}$$

となるので AgCl の溶解度は 1×10^{-5} mol/L から 1×10^{-8} mol/L に減少する．このように，NaCl 溶液を加えることにより AgCl の溶解度が減少し AgCl の沈殿が析出することがわかる．AgCl と NaCl で Cl$^-$ が共通しているので共通イオン効果という．

b. 異種イオン効果

AgCl の飽和溶液に濃度の高い 0.1 mol/L KNO$_3$ 溶液を加えていく．K^+ や NO$_3^-$ は Ag$^+$ と Cl$^-$ に対して共通イオンと異なり，異種イオンに相当する．

$$\text{AgCl} \rightleftharpoons \text{Ag}^+ + \text{Cl}^-$$
$$\text{KNO}_3 \rightleftharpoons \text{K}^+ + \text{NO}_3^-$$

高濃度の KNO$_3$ を加えるとイオン強度の高い K^+ や NO$_3^-$ と Cl$^-$ や Ag$^+$ が主に静電相互作用によりイオン結合し AgCl を作る Ag$^+$ や Cl$^-$ のイオン強度の低下により，活量係数は $\gamma < 1$ となる．

$$\gamma_{\text{Ag}^+}[\text{Ag}^+] \times \gamma_{\text{Cl}^-}[\text{Cl}^-] = K_{sp}^0$$

したがって $\gamma_{\text{Ag}^+} \times \gamma_{\text{Cl}^-} < 1$ なので，

$$[\text{Ag}^+][\text{Cl}^-] = \frac{K_{sp}^0}{\gamma_{\text{Ag}^+} \gamma_{\text{Cl}}} = K_{sp}$$

AgCl の溶解度積は大きくなることから，AgCl の溶解度は高くなり，沈殿しないことがわかる．

c. pH の影響

シュウ酸塩，硫化物，炭酸塩，リン酸塩などのように塩が容易に加水分解を受ける場合や，水酸化物の沈殿，塩の構成成分が酸塩基平衡と関与している場合には，塩の溶解度は pH の影響を受ける．また，両性金属イオンからなる塩は酸性でも塩基性でも溶解度が高くなる．1 価金属イオン M^+ と弱酸 HA との難溶性 MA 塩が生成するとき，生成した MA は溶解平衡にあり，塩 MA の溶解度積は $K_{sp,MA} = [\text{M}^+][\text{A}^-]$ である．

$$\text{MA（固）} \rightleftharpoons \text{M}^+ + \text{A}^- \tag{3.20}$$
$$\text{A}^- + \text{H}^+ \rightleftharpoons \text{HA}$$

酸性条件下に置かれると，A$^-$ は H$^+$ と結合し HA が生成するために，式 (3.20) の平衡は右に傾き沈殿 MA の溶解度 S が上がり MA は水に溶けやすくなる．酸 HA に関する化学種の全濃度を C_{HA} とすると，

$$C_{HA} = [\text{A}^-] + [\text{HA}]$$

> ### ☕ Tea Break
>
> 沈殿は物質を溶液から単離する方法として重要であり，沈殿の量を変える方法の1つとして共通イオン効果を学んだ．これは平衡移動としてよく知られるル・シャトリエ（Le Chatelier）の原理を応用した方法である．ル・シャトリエの原理（図3.5）を応用した方法は沈殿反応ばかりでなく，酸塩基反応で使われる緩衝液のほか，血液のpHの調節 $H^+ + HCO_3^- \rightleftharpoons H_2CO_3 \rightleftharpoons CO_2 + H_2O$ もル・シャトリエの原理が使われている．肺疾患などで CO_2 の排出が阻害されると，血液中の CO_2 濃度が上昇し平衡は左に傾く．すると，血液は酸性に傾くことになる．そこで，過剰の H^+ イオンを腎臓で排出することにより平衡は右に傾き，血液中のpHは7.3～7.4に保たれるのである．
>
>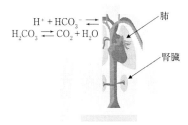
>
> **図 3.5** ル・シャトリエの原理

電離定数（酸解離定数）K_a は

$$K_a = \frac{[H^+][A^-]}{[HA]}$$

$$C_{HA} = [A^-]\left(1 + \frac{[H^+]}{K_a}\right) = [A^-]\alpha \quad \text{ただし，} \alpha = 1 + \frac{[H^+]}{K_a}$$

α を副反応係数とする．

$$[A^-] = \frac{C_{HA}}{\alpha}$$

したがって，溶解度積 $K_{sp,MA}$ に代入すると

$$K_{sp,MA} = [M^+][A^-] = \frac{[M^+]C_{HA}}{\alpha}$$

より，

$$K_{sp,MA} \times \alpha = [M^+][A^-] = [M^+]C_{HA} = K_{eff}$$

ここで，K_{eff} を有効溶解度積（条件溶解度積）という．溶解度を S とすると，$K_{sp,MA} \times \alpha = S^2$ なので，

$$S = \sqrt{K_{sp,MA}\,\alpha}$$

したがって，pH > pK_a なら $\alpha \fallingdotseq 1$ なので $\quad S = \sqrt{K_{sp,MA}}$

pH = pK_a なら $\alpha = 2$ なので $\quad S = \sqrt{2K_{sp,MA}}$

pH < pK_a なら $\alpha \fallingdotseq [H^+]/K_a$ なので $\quad S = \sqrt{K_{sp,MA}}\sqrt{\alpha}$

のような関係が得られる．

遷移金属（M^{n+}）イオンからなる水酸化物 $M(OH)_n$ はアルカリ金属やアルカリ土類金属イオンからなる水酸化物よりも難溶性の塩である．例えば，0.01 mol/L $FeCl_3$ に NaOH 水溶液を加えていく

と水酸化鉄(III) $Fe(OH)_3$ の沈殿が得られるが、沈殿させる pH はいくつか考えてみよう。ただし、$Fe(OH)_3$ の溶解度積 K_{sp} は 2.5×10^{-39} とする。溶解平衡の式は次のようである。

$$Fe(OH)_3 \rightleftharpoons Fe^{3+} + 3OH^-$$

溶解度積と溶解度の関係は次のようになる。

$$K_{sp,Fe(OH)_3} = [Fe^{3+}][OH^-]^3$$

したがって、$[OH^-]$ について解くと

$$[OH^-]^3 = \frac{K_{sp,Fe(OH)_3}}{[Fe^{3+}]} = \frac{2.5 \times 10^{-39}}{1.0 \times 10^{-2}} = 2.5 \times 10^{-37}$$

両辺の対数をとり、$pOH = -\log[OH^-]$ の関係から $pOH = 12.2$ が得られる。そこで、水のイオン積の $pH + pOH = 14$ の関係から

$$pH = 14 - 12.2 = 1.8$$

したがって、NaOH 水溶液を滴加しつつ pH が 1.8 以上になったとき沈殿が生成する。

d. 温度の効果

無機塩の水への溶解反応の多くは吸熱反応であるので、溶解度 S は一般には温度の上昇とともに増大する（ただし、$CaSO_4$ のような例外もある）ので、溶解度積 K_{sp} も増加して水に溶けやすくなる。この現象は、例えば無機イオンの分属の際に利用されている。金属塩の水溶液に HCl を加えると、第1属のイオン、すなわち Pb^{2+}，Ag^+，Hg^+ が塩化物の沈殿を生じる。ところが加温すると $PbCl_2$ のみが溶解するため、他の塩化物の沈殿と分けることが可能になる。

3.2.5 溶解平衡の応用例

a. 分別沈殿

2種類のイオンが存在する場合に、条件によりあるイオンを完全に沈殿させ他のイオンは沈殿しないようにすることが可能である。この方法は混合無機イオンから目的イオンを分別沈殿（fractional precipitation）させるイオンの分属にも応用されている。例えば、$0.01\,mol/L$ の Fe^{3+} と Al^{3+} の共存溶液に、NaOH を加えていくと、$Fe(OH)_3$ が先に沈殿する。$Fe(OH)_3$ の溶解度積は $K_{sp,Fe(OH)_3} = 2.5 \times 10^{-39}$ であるから、

$$K_{sp,Fe(OH)_3} = [Fe^{3+}][OH^-]^3 = 0.01 \times [OH^-]^3 = 2.5 \times 10^{-39}$$
$$[OH^-] = \sqrt[3]{0.25 \times 10^{-36}} = \sqrt[3]{0.25 \times (10^{-12})^3} = 6.3 \times 10^{-13}\,mol/L$$

このように、$[OH^-]$ が得られ、$pH = 14 - (-\log 6.3 \times 10^{-13}) = 1.8$ 以上で沈殿し始めることがわかる。また、$Al(OH)_3$ が沈殿し始めるのは、

$$K_{sp,Al(OH)_3} = [Al^{3+}][OH^-]^3 = 0.01 \times [OH^-]^3 = 1.0 \times 10^{-32}$$
$$[OH^-] = \sqrt[3]{1 \times 10^{-30}} = \sqrt[3]{1 \times (10^{-10})^3} = 1.0 \times 10^{-10}\,mol/L$$

$[OH^-]$ が得られ、$pH = 14 - (-\log 10^{-10}) = 4.0$ 以上で沈殿し始めることがわかる。したがって、$Fe(OH)_3$ は pH1.8～4 で沈殿し始めるが、この pH では $Al(OH)_3$ は沈殿していないことがわかる。pH4 において、溶液中に残っている $[Fe^{3+}]$ は $[Fe^{3+}] = 2.5 \times 10^{-39}/(1.0 \times 10^{-10})^3 = 2.5 \times 10^{-9}\,mol/L$ であり、$0.01\,mol/L\,Fe^{3+}$ 溶液なので 99.99% の Fe^{3+} は $Fe(OH)_3$ の生成に使われたことになる。また、硫化物の場合も分別沈殿のよい例である。

> **Tea Break**
>
> ●ノーベル賞の話～下村 脩博士
>
> 　緑色蛍光タンパク質（GFP）の発見により2008年度ノーベル化学賞を受賞された下村博士は，若い頃長崎大学薬学部の前身に在籍されていたことがあり，薬学研究者の誇りと言える．名古屋大学の平田義正先生のもとでは「ウミホタルのルシフェリンの精製と結晶化」に成功した．その成果で米国に招かれ，プリンストン大学時代に行ったオワンクラゲからの発光タンパク質エクオリンおよびGFPの発見とその後の研究は，生物発光の学問の世界にとどまらず，今日の医学生物学の重要な研究ツールとして用いられ，医学臨床分野にも大きな影響を及ぼしている．主たる研究活動の場が米国であったためノーベル賞受賞まで日本での知名度は低かった．

まとめ

1. 遷移金属からなる塩はイオン結合の他に配位結合性も持つため難溶性となる．分析化学では，難溶性の固体の塩とその飽和溶液が共存する系は溶解（沈殿）平衡であり，その濃度の積を溶解度積という．
2. 難溶性塩の溶解性は溶解度や溶解度積により定義でき，溶解性は濃度や温度のほか，pHやイオン強度が関係する共通イオンや異種イオン効果により影響を受ける．
3. ある種のイオンを含む溶液に，それと同じイオン（共通イオン）を放出する物質を外から加えると，共通イオンの相手のイオンの濃度を減少させるような平衡移動が起る（ル・シャトリエの法則）．この効果を共通イオン効果という．

3.3 酸化還元平衡

SBO C2(2)②3　酸化還元平衡について説明できる．

　酸化還元反応は酸化剤と還元剤の間で可逆的に電子のやりとり（電子移動）が起こる反応をいう．この電子移動の大きさは参照電極（比較電極）を用いて起電力を測定することにより得られ，この得られた値を電極電位という．電極電位を標準状態（1 mol/L，25℃，101 kPa（1 atm））で測定した値を標準電極電位といい，平衡になった酸化還元系の標準電極電位を標準酸化還元電位という．

3.3.1 酸化と還元の定義

　原子，分子またはこれらのイオンが電子を失う変化を**酸化**（oxidation），電子を得る変化を**還元**（reduction）という．酸化剤（Ox）は相手を酸化（電子受容）し，還元剤（Red）は相手を還元（電子供与）する物質のことである．酸化と還元は酸化還元対として同時に同じ場所で起こるので，これらを**酸化還元反応**（redox reaction）という．図3.6(b)に示すように，酸塩基反応は酸（A）と塩基（B:）による電子対の移動であり（1章），反応の前後で電子数の変化はない．しかし，酸化還元は還元剤Redから酸化剤Oxへの電子の移動であり反応の前後で電子数が変化する（図3.6(a)）．

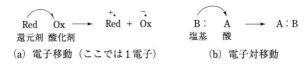

図3.6　酸化還元反応（電子移動）と酸塩基反応（電子対移動）の違い

3.3.2 酸化還元と酸化数

物質の酸化と還元の状態を比較するときに使われる概念の1つに酸化数 (oxidation number) がある. 酸化数は原子や分子の電荷を0に保つための電子の増減数である. したがって, 電荷を持たない単体や中性の化合物の酸化数は0である. また, イオンの酸化数はその電荷に等しい. したがって, Ag の電荷は0なので酸化数は0であり, CO_2 は電荷が0であり, 酸素原子 O の酸化数は -2 であるので, C の酸化数は $+4$ となる. 過酸化水素水 H_2O_2 の O や SO_4^{2-} の S や Al^{3+} の酸化数は $O = -1$, $S = +6$ および $Al^{3+} = +3$ である.

それでは, 酸化還元反応における酸化数の変化について考えよう. 過マンガン酸カリウム ($KMnO_4$) 標準液でシュウ酸ナトリウム ($Na_2C_2O_4$) 溶液を滴定した時の酸化還元反応をイオン式で表すと,

$$2MnO_4^- + 5C_2O_4^{2-} + 16H^+ \longrightarrow 2Mn^{2+} + 10CO_2 + 8H_2O$$

この反応を $C_2O_4^{2-}$ と MnO_4^- の半反応式に分けると, 酸化還元に関与する C と Mn の酸化数の変化は次のようである.

酸化反応：$C_2O_4^{2-} \longrightarrow 2CO_2 + 2e^-$　　　　電子 → 供与（失う）

（酸化数）　$+3$　　　　　$+4$　　　　　　　　酸化数 → 増加

還元反応：$MnO_4^- + 8H^+ + 5e^- \longrightarrow Mn^{2+} + 4H_2O$　　電子 → 受容（得る）

（酸化数）　$+7$　　　　　　　　　$+2$　　　　酸化数 → 減少

シュウ酸イオンの C と過マンガン酸イオンの Mn の酸化数を下線元素の下に示したが, CO_2 の C の酸化数の変化は $+3 \rightarrow +4$ （つまり, 酸化している）であるが, CO_2 が 2 mol 生成するので, $(+1) \times 2 = +2$, また Mn の酸化数の変化は $+7 \rightarrow +2$ （つまり, 還元している）で -5 であり, それぞれ電子数の変化に相当し, 酸化と還元反応を区別することができる.

3.3.3 電極電位と電池反応

硫酸銅 ($CuSO_4$) 溶液に金属亜鉛 (Zn) 片を浸すと, 亜鉛は溶解し銅が析出する. これは Cu と Zn のイオン化傾向 (ionization tendency) が Zn > Cu であるため Zn の方がイオン化しやすいからと定性的に説明されている. これを反応式で表すと, 次のようであり, 2 電子のやり取りが起きて, Zn と Cu^{2+} の酸化数が変化しているので, これは酸化還元反応である.

$$Zn + Cu^{2+} \Longleftrightarrow Zn^{2+} + Cu \tag{3.21}$$

酸化数　0　$+2$　　　$+2$　　0

酸化還元反応を定量的に取り扱うには, 反応の前後で生じた自由エネルギー変化 (ΔG) は電圧 E で, n 個（アボガドロ数 N 個で 1 mol で, これを1個）の電子を動かした仕事 W に相当する（3.3.4 項参照）. 電子が移動するところには電位 E が発生することになるので, この酸化還元反応で生じた起電力を測定すれば, その値が電極電位 E となる.

いま, 亜鉛の酸化半反応の電極電位を求めた.

$$Zn(s) \Longleftrightarrow Zn^{2+}(aq) + 2e^- \tag{3.22}$$

しかし, これだけでは電極電位を測定できないので, 基準電極と可逆電池を作り, その起電力を測定する. この基準電極は参照電極あるいは比較電極と呼ばれ, 標準水素電極 (standard hydrogen electrode：SHE) のほか銀–塩化銀電極 (silver-silver chloride electrode, Ag-AgCl) などが汎用されている. 図 3.7 は参照電極に標準水素電極を用いて, Zn の標準電極電位を求めるガルバニ電池

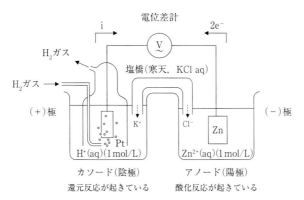

図 3.7 ガルバニ電池と電極電位 (E) の測定

を表している.

 （＋極）（カソード）　$2H^+(1\,mol\,dm^{-3}) + 2e^- \rightleftharpoons H_2(g, 101\,kPa)$　$E^0 = 0\,V$
 （－極）（アノード）　$Zn(s) \rightleftharpoons Zn^{2+}(aq) + 2e^-$　　　　　　　　　　$E^0 = -0.763\,V$
$$Pt\,|\,H_2(1atm)\,|\,H^+(a=1)$$
$$Zn(s) + 2H^+(aq) \longrightarrow Zn^{2+}(aq) + H_2(g) \tag{3.23}$$

標準状態（$1\,mol/L, 25℃, 101\,kPa$（$= 1\,atm$））での水素電極の還元反応の電位を $E^0 = 0\,V$ とし（基準），他の電極の還元のされやすさ（酸化力の強さ）を数値化することができる．（－）極（アノード）の Zn 板で酸化反応が起こり Zn^{2+} となり，$2e^-$ が放出され，（＋）極（カソード）の水素電極が $2e^-$ を受け取り $2H^+$ が H_2 となる．したがって，電池反応の**起電力**（electron-motive force：EMF）E は

$$電池の起電力(E) = [((+)極の電極電位) - ((-)極の電極電位)] \tag{3.24}$$

で表されるので，Zn の起電力は $E = 0 - (-0.763) = 0.763\,V$ であり，結局（－極）の Zn 電極の標準電極電位 E^0 は $-0.763\,V$（vs SCE）であり，半電池反応式(3.22)の電極電位が求まることになる．電池（図 3.8）では右側で還元反応が起こるときの起電力を正と定義するのが国際的な慣習であり，これを右側正極方式という．しかし，水素電極の場合は左側に表示することが一般的である（図 3.7）．このように，参照電極（ここでは標準水素電極を用いた）を基準として，両電極間の電位差である起電力を求め，求めたい金属やイオンの標準電極電位を求めることができる．

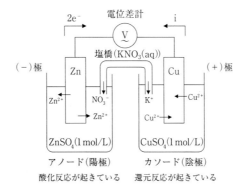

図 3.8 ダニエル電池
塩橋は KNO_3 溶液を寒天で封じ込めてある．

電極電位が理解できたので，反応式（3.21）をより理解するために，図3.8のようなダニエル電池を作ってみる．

酸化反応：$Zn \rightarrow Zn^{2+} + 2e^-$　　負（−）極　アノード（anode）　　$E^0 = -0.76\,V$

還元反応：$Cu^{2+} + 2e^- \rightarrow Cu$　　正（+）極　カソード（cathode）　$E^0 = +0.34\,V$

負（−）極（アノード）の Zn 板で酸化反応が起こり Zn^{2+} となり，$2e^-$ が放出され，正（+）極（カソード）の Cu 板では $2e^-$ を受け取り還元反応が起こるため Cu^{2+} が Cu となり電極表面に析出する．これらの酸化還元反応は電極表面で起こり，これを電極反応という．電子は導線上を Zn 極（負）から Cu 極（正）へ流れるが，電流の向きは電子の流れと逆向きにとり，電流の源を（+）極とするように定義されている．全体の反応は

$$Zn + Cu^{2+} \rightleftharpoons Zn^{2+} + Cu$$

式の半電池を組み合わせた電池は次のように表され，

$$(-)Zn|ZnSO_4(Zn^{2+}(C1))\|CuSO_4(Cu^{2+}(C2))|Cu(+) \tag{3.25}$$

これを電池図式（cell diagram）と呼ぶ．式（3.25）の $\|$ は液間電位が無視できる塩橋でつながっていることを示している．C1 と C2 はそれぞれの溶液の濃度である．電池の起電力 E は式（3.24）で表されるので，ダニエル電池の起電力は $E = +0.34 - (-0.76) = 1.10\,V$ となる．

いま，物質1（Ox_1）と物質2（Red_2）の間で酸化還元反応が起きるとき，その反応は

$$Ox_1 + Red_2 \rightleftharpoons Red_1 + Ox_2 \tag{3.26}$$

で表される．この反応の平衡が右向きか左向きかは，物質1と物質2の還元（または酸化）されやすさの傾向によって決まり，

$$Ox_1 + ne^- \longrightarrow Red_1 \quad E_1^0 \ (V)$$
$$Ox_2 + ne^- \longrightarrow Red_2 \quad E_2^0 \ (V)$$

この傾向は電極電位 E で表される．電極電位は還元されやすさを表す尺度であるから**還元電位**と

表 3.5　水溶液中における標準電極電位（25℃）

電極反応	E^0(V)
$Li^+ + e^- = Li$	-3.05
$Na^+ + e^- = Na$	-2.71
$Ca^{2+} + 2e^- = Ca$	-2.87
$Mg^{2+} + 2e^- = Mg$	-2.37
$Zn^{2+} + 2e^- = Zn$	-0.76
$2H^+ + 2e^- = H_2$	0.00
$Cu^{2+} + e^- = Cu^+$	$+0.159$
$Cu^{2+} + 2e^- = Cu$	$+0.34$
$Fe^{3+} + e^- = Fe^{2+}$	$+0.77$
$I_2 + 2e^- = 2I^-$	$+0.54$
$Fe^{2+} + 2e^- = Fe$	-0.44
$2H_2O + 2e^- = 2OH^- + H_2(g)$	-0.828
$O_2 + 4H^+ + 4e^- = 2H_2O$	$+1.23$
$2CO_2 + 2H^+ + 2e^- = H_2C_2O_4(aq)$	-0.475
$MnO_4^- + 8H^+ + 5e^- = Mn^{2+} + 4H_2O$	$+1.51$
$H_2O_2 + 2H^+ + 2e^- = 2H_2O$	$+1.77$
$N_2 + 6H^+ + 6e^- = 2NH_3(aq)$	-0.0922

電極反応の自発的変化の方向は，$E^0 > 0$ の場合は，正方向（左→右）．$E^0 < 0$ の場合は，逆方向（左←右）．(s)は固体．

3章　各種の化学平衡　63

☕ **Tea Break**

●ノーベル賞の話～フレデリック・サンガー博士

　ノーベル化学賞を2度受賞した．1958年度ノーベル化学賞は，タンパク質のアミノ酸配列決定法の開発で，ペプチドの末端アミノ基にジニトロフェニル基を結合させると黄色く着色することを利用した．この手法を用いてインスリンの1次構造の決定に初めて成功し，タンパク質がアミノ酸の連結したものであることを最終的に確定させた．1980年には，ジデオキシヌクレオチドを用いたDNAの塩基配列の決定法（ジデオキシ法，サンガー法とも呼ばれる）の発明により，再びノーベル化学賞を受賞した．サンガー博士はRNAの配列決定法も開発しており，これもノーベル賞級の業績とされているため，史上初の個人のノーベル賞3度受賞に最も近い人物と言われた．ちなみに，ノーベル賞を2度受賞した人物は現在までに4名，サンガー博士の他にマリア・キュリー博士（物理学賞と化学賞），ライナス・ポーリング博士（化学賞と平和賞），ジョン・バーディーン博士（物理学賞を2度）がいる．

もいう．電極電位の代わりに**酸化電位**を用いることもあるが，酸化電位は電極電位（還元電位）と絶対値が等しく，単に正負の符号を逆にとっている．表3.5に水溶液中における主な金属およびイオンの標準水素電極を参照電極とした電極電位の値を示した．

　滴定溶液あるいは試料溶液中で，その起電力を測定するには指示電極，参照電極（比較電極）および酸化剤や還元剤の溶液の組み合せから電池を作成する必要がある．ダニエル電池と違い，電極がイオン化して溶けては困るので，不活性な白金電極を指示電極に利用する．また，参照電極には標準水素電極や**銀–塩化銀電極**や**カロメル（甘コウ）電極**などが使われるが，日局14以後，銀–塩化銀電極の使用が規定されており，**滴定終点検出法**の電気的終点検出法などで使われている．

3.3.4　化学平衡と電極電位

　物質Aと物質Bの間で電池内可逆反応が起こるとき，その反応の進行方向を，電極電位から予測することができることを3.3.3項で示した．

$$A+B \rightleftharpoons C+D \tag{3.27}$$

この化学反応に伴う自由エネルギー変化 ΔG（ギブスの自由エネルギー，Gibbs free energy）は熱力学から

$$\Delta G = \Delta G^0 + RT\ln\frac{a_C \times a_D}{a_A \times a_B} \tag{3.28}$$

で表される．ΔG^0 は標準自由エネルギー，a は活量を表しており，ΔG^0 は標準状態で $a=1$ のときの ΔG である．この化学反応が自発的に起こるためには，この自由エネルギー変化が負でなくてはならない．そこで，反応の前後で生じる ΔG は電池の起電力 E で，n 個（アボガドロ数 N 個で1mol）の電子を移動させた仕事 W に相当する．したがって，W は $W = n \times N \times e \times E$，または F をファラデー定数（1当量あたりの電気量）とすると，$1F$（ファラデー）$= N \times e = 96500$C（クーロン）であり，電子の電荷は負（−）なので，$W = -nFE$ が得られる．結局，自由エネルギー変化 ΔG

$$-\Delta G = nFE$$

が得られる．

　また，標準電極電位を E^0 とすれば，標準自由エネルギー ΔG^0 は

$$-\Delta G^0 = nFE^0$$

したがって，式（3.28）より

$$-nFE = -nFE^0 + RT\ln\frac{a_C \times a_D}{a_A \times a_B}$$

両辺を $-nF$ で割れば

$$E = E^0 - \frac{RT}{nF}\ln\frac{a_C \times a_D}{a_A \times a_B} = E^0 + \frac{RT}{nF}\ln\frac{a_A \times a_B}{a_C \times a_D} \tag{3.29}$$

が得られる．これを**ネルンスト（Nernst）の式**と呼び，電池の起電力を与える重要な式である．正確には活量（a）を用いるが，日本薬局方収載医薬品などの酸化還元滴定は低濃度で行うので，$a=1$ と近似でき，活量の代わりにモル濃度を用いた近似式がよく使われる．また，式の中の $+$ あるいは $-$ の符号に注意したい．

$$E = E^0 - \frac{RT}{nF}\ln\frac{[C][D]}{[A][B]} = E^0 + \frac{RT}{nF}\ln\frac{[A][B]}{[C][D]} \tag{3.30}$$

25℃ におけるこの式の定数値，$F=96485\,\text{J/V·mol}$，$R=8.314\,\text{J/K·mol}$，$T=298.15\,\text{K}$ および $\ln x = 2.303\log x$ であるので，8.314×298.15 を代入して計算すると

$$E = E^0 - \frac{0.059}{n}\log\frac{[C][D]}{[A][B]} = E^0 + \frac{0.059}{n}\log\frac{[A][B]}{[C][D]} \tag{3.31}$$

が得られる．ただし，n は式（3.27）の酸化還元反応に関与する電子の数，単位は V（volt）である．

3.3.5　酸化還元平衡における当電点電位と平衡定数

3.3.4 項の結果は酸化還元反応にも応用でき，電極電位や酸化還元平衡での電極電位あるいは平衡定数を求めることができる．3.3.3 項で示したように，次の2つの半電池を組み合わせ，電極電位を求める．ただし，n と m は授受される電子数を表し，$E_1^0 > E_2^0$ であるとする．

$$Ox_1 + me^- \rightleftharpoons Red_1 \quad E_1^0 \ \text{(V)}$$
$$Ox_2 + ne^- \rightleftharpoons Red_2 \quad E_2^0 \ \text{(V)}$$

このとき，酸化還元反応式は

$$nOx_1 + mRed_2 \rightleftharpoons nRed_1 + mOx_2 \tag{3.32}$$

で表され，その平衡定数 K は次のように表される．

$$K = \frac{[Red_1]^n [Ox_2]^m}{[Ox_1]^n [Red_2]^m} \tag{3.33}$$

各々の電極電位はネルンストの式から式（3.34），（3.35）のように表される．平衡状態では電流は流れなくなり，電極電位は等しくなる．

$$E_1 = E_1^0 + \frac{0.059}{m}\log\frac{[Ox_1]}{[Red_1]} \tag{3.34}$$

$$E_2 = E_2^0 + \frac{0.059}{n}\log\frac{[Ox_2]}{[Red_2]} \tag{3.35}$$

したがって，$E_1 = E_2$ より，

$$E_1^0 + \frac{0.059}{m}\log\frac{[Ox_1]}{Red_1} = E_2^0 + \frac{0.059}{n}\log\frac{[Ox_2]}{Red_2}$$

$$E_1^0 - E_2^0 = 0.059\left(\frac{1}{m}\log\frac{Red_1}{Ox_1} + \frac{1}{n}\log\frac{[Ox_2]}{[Red_2]}\right)$$

$$(E_1^0 - E_2^0)mn = 0.059 \log \frac{[\text{Red}_1]^n[\text{Ox}_2]^m}{[\text{Ox}_1]^n[\text{Red}_2]^m} = 0.059 \log K$$

より，酸化還元反応式 (3.32) の平衡定数 K は次式のように表される．

$$\log K = \frac{mn(E_1^0 - E_2^0)}{0.0591} \tag{3.36}$$

$$K = 10^{\frac{mn(E_1^0 - E_2^0)}{0.0591}} \tag{3.37}$$

3.3.6 電極電位に及ぼす pH の影響

酸化還元反応や酸化還元滴定では，次の反応でわかるように，酸性条件下で行う場合が多い．過マンガン酸イオンのように，

酸　　　性　：$\text{MnO}_4^- + 8\text{H}^+ + 5\text{e}^- \rightleftharpoons \text{Mn}^{2+} + 4\text{H}_2\text{O}$　　$E^0 = +1.51\,\text{V}$

中性～弱塩基性：$\text{MnO}_4^- + 2\text{H}_2\text{O} + 3\text{e}^- \rightleftharpoons \text{MnO}_2 + 4\text{OH}^-$　　$E^0 = +0.59\,\text{V}$

酸性（硫酸）条件下では電極電位は $+1.51\,\text{V}$ と高いが，中性条件下では $+0.59\,\text{V}$ と電極電位は低下し酸化力は弱い．それでは，なぜ酸性条件下では電極電位が高くなるのか，次の電極反応による酸化還元反応をネルンストの式から考えてみよう．

$$a\text{Ox} + m\text{H}^+ + n\text{e}^- \rightleftharpoons b\text{Red} + \frac{m}{2}\text{H}_2\text{O} \tag{3.38}$$

平衡定数 K は

$$K = \frac{[\text{Red}]^b[\text{H}_2\text{O}]^{m/2}}{[\text{Ox}]^a[\text{H}^+]^m}$$

であり，電極電位は 25℃ において，次式として得られる．

$$E = E^0 + \frac{0.059}{n} \log [\text{H}^+]^m + \frac{0.059}{n} \log \frac{[\text{Ox}]^a}{[\text{Red}]^b}$$

$$= E^0 - \frac{0.059\text{m}}{n}\text{pH} + \frac{0.059}{n} \log \frac{[\text{Ox}]^a}{[\text{Red}]^b}$$

上式から，電極電位は pH が大きくなる（塩基性）につれて下がり，小さくなる（酸性）になるにつれて上昇することがわかる．したがって，酸化還元滴定では pH の影響を受けやすいことが示される．

ま　と　め

酸化は電子を放出し，還元は電子を受け取ることをいい，酸化剤は相手から電子を奪い，還元剤は電子を与える．このような酸化と還元に伴う電子の移動は同時に起こりこれを酸化還元反応という．また，化学平衡を自由エネルギー変化から起電力 E として表すことができ，ネルンストの式 (3.29) が得られる．この式は酸化還元平衡も半電池の組み合せとして考えられるので定量にも応用でき，酸化還元対を持つ標準液を用い酸化還元反応の当量点や平衡定数を得ることができる．

3.4 分 配 平 衡

SBO C2(2)②4　分配平衡について説明できる．

3.4.1　抽出と分配係数

　極性の低い薬物を含んだ水溶液（図3.9のグレーの部分）を分液ロートに入れ，ジエチルエーテルを加えると，ジエチルエーテルは水よりも比重が小さいので，2相に分離し水相の上に透明なジエチルエーテル相ができる．これを振とうすると，ある割合で薬物はジエチルエーテル相に移行する．このように，薬物（溶質）を混ざらない2つの溶媒のうち他方の溶媒に物質分配し分離する方法を**抽出**（extraction）という．

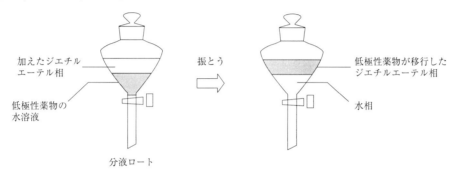

図3.9　薬物のジエチルエーテル相への分配

　この過程は，互いに混ざらない2相（一般には水のように極性が高い液体とエーテルのように極性が低い液体の相）に移行する物質の**分配平衡**（partition equilibrium）に基づいている．互いに混ざらない2液相に物質を分配させる方法は液-液抽出，固相と液相で固相に分配させる方法は固-液抽出といい，固相抽出イオン交換などが知られている．

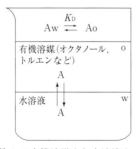

図3.10　溶質Aの有機溶媒中と水溶液中での濃度平衡

　定温，定圧条件で，お互いに溶け合わない2つの液相中で，溶質Aが濃度平衡になっているとする．Aの有機溶媒相中での濃度を$[A]_o$，水相中での濃度を$[A]_w$とおき，平衡 $A_w \rightleftharpoons A_o$ での濃度比をとると

$$K_D = \frac{[A]_o}{[A]_w} \tag{3.39}$$

同一の溶媒中，同一の物質については，一定の値であり，K_Dを**分配係数**（partition coefficient）と

いう．K_D は物質の疎水性の指標でもある．有機溶媒にオクタノールを用いて測定した物質の分配係数の対数 $\log K_D$ は $\log P$ として，疎水性パラメーターとして使われている．分配平衡を原理とした溶媒抽出やクロマトグラフィーは物質の分離分析に重要な役割を果たしている．

3.4.2 分 配 比

　K_D は同一化学種ならば，一定温度と一定圧力で一定の値になる．しかし，薬物が溶液中で会合したり電離したりする場合はどうであろうか．このとき，有機溶媒相中における薬物の全化学種の濃度 C_o と水相中における全化学種の濃度 C_w の比をとり，

$$D = \frac{C_o}{C_w} \tag{3.40}$$

を考慮する必要がある．これを見かけの分配係数または**分配比**（distribution ratio）といい，分配比 D は電離を考慮した分配係数といえる．

　例えば，安息香酸のような弱酸 HA の分配比はどのように表されるか．お互いに混じり合わない 2 つの液相で安息香酸が平衡に到達した状態を図 3.11 に示した．

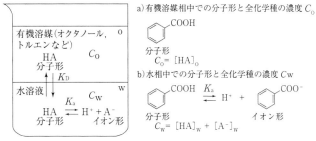

図 3.11　分配比

　水相の全濃度 C_w は分子形の濃度 $[HA]_w$ とイオン形の濃度 $[A^-]_w$ の総和になるので $C_w = [HA]_w + [A^-]_w$ となる．したがって，電離する薬物の分配比 D は酸解離定数 K_a を用いると式 (3.41) のようになる．

$$D = \frac{C_o}{C_w} = \frac{[HA]_o}{[HA]_w + [A^-]_w} = \frac{[HA]_o}{[HA]_w \left(1 + \dfrac{K_a}{[H^+]}\right)} = \frac{K_D}{1 + \dfrac{K_a}{[H^+]}} \tag{3.41}$$

分配比は溶液の pH に大きく影響を受けることがわかる．pH の違いによる分配比 D と分配係数 K_D の関係を調べてみよう．

　$pH \ll pK_a$ のとき，pH が十分に低いため化学種はほとんどが分子形 HA で存在するので，分配比は式 (3.42) となり，$D \fallingdotseq K_D$ と近似される．

$$D = \frac{C_o}{C_w} = \frac{[HA]_o}{[HA]_w} = K_D \tag{3.42}$$

つまり，K_D のみを考慮すればよい．しかし，塩基性化合物の薬物 B の場合には，ほとんどイオン形 BH^+ で存在するので有機溶媒に抽出されない．

　$pH = pK_a$ のとき，図 3.11 に示すように水相中に分布する安息香酸 HA は $HA \rightleftharpoons H^+ + A^-$ の電離平衡が成り立ち，安息香酸の酸解離定数を K_a とすると，

$$K_a = \frac{[A^-]_w[H^+]}{[HA]_w}$$

水相中には安息香酸の分子形 HA とイオン形 A$^-$ の2種類の化学種が存在し,分子形とイオン形のモル比は1:1であるので,有機溶媒相にはその1/2の分子形が移行し,分配比 D は $K_D/2$ に等しくなる.

$$D = \frac{C_o}{C_w} = \frac{[HA]_o}{[HA]_w + [A^-]_w} = \frac{[HA]_o}{2[HA]_w} = \frac{K_D}{2}$$

pH ≫ pK_a のとき,水相は塩基性であり [H$^+$] 濃度は K_a よりも小さい.安息香酸は水相中で,ほとんどイオン形で存在するため有機溶媒相にはほとんど移行しない.したがって,$D < K_D$ となる.しかし,塩基性化合物の薬物 B の場合には,ほとんど分子形で存在するので有機溶媒相に抽出されやすくなる.

結果をまとめると表3.6のようになる.一般に,水溶液に溶けにくい疎水性の化学種は水相の方に移行しにくく,有機溶媒相に抽出される.また,分配係数や分配比は溶質濃度や有機溶媒相や水相の体積変化や,あるいは振とう時間や速度などの影響を受けず一定であることに注意したい.分配係数や分配比は無単位である.

分配平衡は,血清などの生体試料から薬物を抽出して,濃度を定量する際や薬物の溶媒抽出などいろいろな場合で応用されている.

表 3.6 pH と沈殿・分配との関係

		pH 低い	pH 高い
溶解性	酸性化合物	沈殿しやすい	溶解しやすい
	塩基性化合物	溶解しやすい	沈殿しやすい
分　配	酸性化合物	有機溶媒相に分配	水相に分配
	塩基性化合物	水相に分配	有機溶媒相に分配

3.4.3 抽 出 率

溶媒抽出の際,溶質がどの程度の割合で抽出されるかを比較するための指標として,抽出率(E(%))が用いられる.ある溶質 x(g)が溶解している水溶液から抽出によって有機溶媒相に移行した量を y(g)とすると,抽出により体積 V_o の有機溶媒に濃度 C_o で抽出したときの抽出率 E(%)は式(3.43)で表される.

$$E\,(\%) = \frac{x}{y} \times 100 = \frac{C_o \times V_o}{C_o \times V_o + C_w \times V_w} \times 100 = \frac{D}{D + \dfrac{V_w}{V_o}} \times 100 \tag{3.43}$$

また,体積が等しいとき $V_w = V_o$ なので,抽出率は式(3.44)のようである.

$$E\,(\%) = \frac{D}{D+1} \times 100 \tag{3.44}$$

したがって,抽出率を高くするためには,抽出で使う有機溶媒の体積 V_o を溶質の溶けている水の体積 V_w より多くする.また,溶媒の極性も抽出率に大きな影響を与える.一般的に,極性の高い溶質は極性溶媒あるいは親水性溶媒に溶けやすく,極性の低い溶質は疎水性溶媒に溶けやすい.溶媒の極性の強さは双極子モーメントや誘電率 ε などにより予測することができ,これらを表3.7に示した.

Tea Break

洗濯機で洗濯をして濯ぐ際，1回だけ15分間濯ぐよりも，洗濯物を取り出しながら3～4回に分けて濯ぐ方が，同じ水の量でも洗濯物をよく濯げる．また，お米を炊くとき，1回だけ多量の水で研ぐより，少量の水でよいから数回に分けて研ぐ方が糠を除く効率が高い．これらは3.4.3～3.4.4項の理論を応用している例である．私たちの身の回りでも分配平衡は無意識のうちによく使われているのである．

表 3.7 主な溶媒の双極子モーメントと誘電率

溶媒名	分子式	双極子モーメント (μ, D)	誘電率 (ε)	分子量
ヘキサン	C_6H_{14}	0	1.88	86
ベンゼン	C_6H_6	0	2.26	78
エーテル	$(C_2H_5)_2O$	1.14	4.34	74
クロロホルム	$CHCl_3$	0.95	4.49	119.5
酢酸	CH_3COOH	1.75	6.2	60
メタノール	CH_3OH	1.71	32.7	32
エタノール	CH_3CH_2OH	1.69	24.6	46
アセトニトリル	CH_3CN	3.37	37.5	41
1-オクタノール	$CH_3(CH_2)_7OH$	−	10.3	130
ジメチルホルムアミド	$(CH_3)_2NCHO$	3.8	36.1	73
水	H_2O	1.87	82	18

3.4.4 繰り返し抽出

分配比 D が大きいほど抽出率は大きいが，分配比が小さい物質の場合は抽出に工夫を要する．使用する有機溶媒の量を多くする方がよいが，経済的にも環境的にも問題がある．では，どのようにすればよいのだろうか．分配比 $D = 4$ のある薬物 A が 100 mg 溶けている水溶液 100 mL に，有機溶媒 100 mL を加えて 1 回抽出すると，薬物は有機相と水相に分配される．有機溶媒相には $100 \times 4/(4+1) = 80$ mg 抽出され，抽出率は 80 % である．したがって，水相 100 mL 中には未抽出薬物が $100 - 80 = 20$ mg 残る．さらに，水相に有機溶媒を 50 mL 加え，2回目の抽出を行うと，抽出率は $E = 4/(4+(100/50)) \times 100 = 66.7$ % であるので，薬物は水相 100 mL に $20 - 20 \times 0.667 = 6.66$ mg 残ることになる．2回の抽出で有機溶媒に移行する薬物 A は 93.34 mg であるので抽出率は 93.3 % になる．1回のみの抽出率では 80 % であるので，抽出を 2回繰り返すことにより抽出率は上昇する．一連の繰り返し抽出を図 3.12 に示し，その結果を表にまとめた．抽出率の式 (3.43) からわかるように一度に多量の有機溶媒を用いても抽出率は上昇しない．一定量の有機溶媒を用いて抽出する場合には抽出の回数を増やすことが抽出率を上昇させるのに重要である．また，図 3.12 に示した繰り返し抽出では 2回目の抽出では有機溶媒を 50 mL 使ったので式の分母は $4 + (100/50)$ となり必ずしも $D+1$ でないことに注意しよう．

3.4.5 イオン交換

イオン交換法（ion exchange method）は固-液分配平衡を利用して，溶液中のイオン種の分離や有害成分の除去や回収などに応用されている．また，イオン種としては無機イオンばかりでなく，

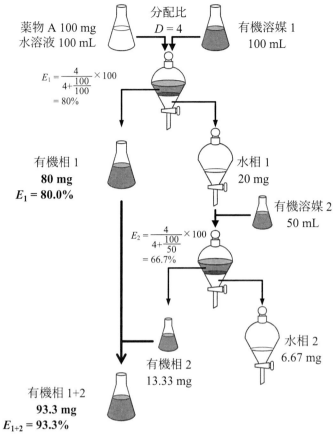

図 3.12 分液ロートを用いた溶質の繰り返し抽出の例

アミノ酸やタンパク質などの生体成分の分離などにも使われており，このようなイオン交換法にはイオン交換体（固相）として**イオン交換樹脂**（ion exchange resin）が使われている．イオン交換とはイオン交換体に結合しているイオンが，溶液中のイオンと可逆的に当量的に交換する現象をいい，イオン交換には**陽イオン交換**と**陰イオン交換**がある．

イオン交換樹脂には、固相に酸性基あるいは塩基性基（これを**イオン交換基**という）が化学結合している．固相にはスチレンとジビニルベンゼンの共重合させた多孔性樹脂（ビーズ状）などが使われている．これをスルホン化してスルホン基（−SO₃H）を結合させた陽イオン交換樹脂のイオン交換反応は式（3.45）および図 3.13 に示した．スルホン基は強酸なので水溶液中で R-SO₃⁻ と H⁺ に電離し，NaCl 溶液を通すと，H⁺ は Na⁺ と交換され HCl が生成する．

図 3.13 スルホン基（−SO₃H）を結合させた陽イオン交換樹脂による陽イオン交換反応

陽イオン交換樹脂 $-SO_3^-H^+ + Na^+Cl^- \rightleftharpoons$ 陽イオン交換樹脂 $-SO_3^-Na^+ + HCl$　　　(3.45)

　また，樹脂にトリメチルアンモニウムなどの第四級アンモニウム基 $-CH_2N^+(CH_3)_3OH^-$ を結合させると図3.14に示すような陰イオン交換樹脂になる．陰イオン交換樹脂にNaCl溶液を通すと，OH^- は Cl^- と交換され NaOH が生成する．

陰イオン交換樹脂 $-CH_2N^+(CH_3)_3OH^- + Na^+Cl^- \rightleftharpoons$ 陰イオン交換樹脂 $-CH_2N^+(CH_3)_3Cl^- + NaOH$

　　　(3.46)

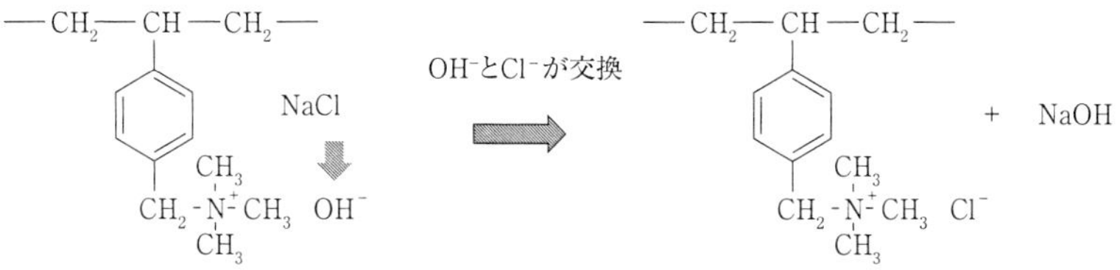

図3.14　陰イオン交換樹脂による OH^- の Cl^- との交換反応

一般に，陽イオン交換樹脂に対するイオンの吸着性には，次のような傾向が知られている．

①電荷が大きいほど吸着性が強い．

$$Al^{3+} > Ca^{2+} > Na^+$$

②電荷が等しい場合には，強く水和するイオンほど吸着性が弱い．

$$Li^+ < Na^+ < K^+ < Rb^+ < Cs^+$$

3.4.6　イオン交換樹脂

　イオン交換樹脂のイオン交換体（担体）は，3次元網目構造を持ち，親水性が良く，網目構造中に水分子やイオンが入りやすいことが条件である．樹脂（ポリマー）にはポリスチレン樹脂やメタクリル酸のほか，セルロースなどがよく用いられる．担体に酸性交換基が結合した陽イオン交換樹脂と塩基性交換基が結合した陰イオン交換樹脂に大きく分けられる．代表例を表3.8にまとめた．

表3.8　代表的なイオン交換樹脂

		イオン交換基	市販品
陽イオン交換樹脂	強酸性	$-SO_3^-H^+$	Dowex-50(H), Amberlite IR-120
	弱酸性	$-COO^-H^+$	Dowex-MWC, Amberlite IRC-50
陰イオン交換樹脂	強塩基性	$-CH_2N^+(CH_3)_3OH^-$	Dowex-1(Cl), Amberlite IRA-400(Cl)
	弱塩基性	$-CH_2NH_3^+OH^-$	Dowex-3, Amberlite IR-45(OH)

　樹脂1g（乾燥重量）が交換可能なイオンの当量数を交換容量といい，meq/gで表す．この値が大きいほど大量のイオンを吸着することができる．このようなイオン交換樹脂をカラムに充填して，タンパク質，アミノ酸などの分離に用いられる．

ま と め

　互いに混じり合わない2液相に物質を分配させる方法を液相-液相抽出といい，固相と液相で固相に分配させる方法を固-液抽出といい，イオン交換が知られている．

演習問題

問 3.1 配位結合に関する次の問に答えなさい.

(1) 塩 AgCl は NaCl と異なり難溶性である理由について説明しなさい.

(2) 単座配位子および多座配位子をそれぞれ 2 つあげて化学名と化学式を示しなさい.

問 3.2 錯体形成に関する次の問に答えなさい.

(1) 0.01 mol/L $CuSO_4$ 溶液 10 mL に 1.0 mol/L NH_3 溶液 10 mL を混合した. 混合した溶液中の Cu^{2+} の濃度を求めなさい. ただし, $Cu(NH_3)_4^{2+}$ の生成定数 $K = 1.0 \times 10^{12}$ とする.

(2) Ca^{2+} と EDTA との CaY^{2-} キレート生成定数 K は 1×10^{11} とする. このキレート生成反応が 99.9% 進行するにはそれぞれ何 mol/L 以上の溶液を用いればよいか求めなさい.

問 3.3 EDTA の場合の α_{YH} を考えてみよう α_{YH} と pH の関係に関する次の問に答えなさい.

(1) $K_{MY} = -\log K_{MY}$ である. 式 (3.16) の条件 (付) 生成定数を pK_{MCYH} について表しなさい.

(2) EDTA の場合, pH = 2 と pH = 10.3 のときの α_{YH} をそれぞれ求めなさい.

問 3.4 EDTA などによるキレート生成は溶液の pH により影響を受ける. EDTA を用いたキレート滴定では pH 10.7 のアンモニア・塩化アンモニウム緩衝液が使われるが, 一般的に, 水酸化物 (NaOH や KOH など) を用いた緩衝液が使われない理由を説明しなさい.

問 3.5 溶解度と溶解度積に関する次の問に答えなさい.

ヒント：式 (3.17) や (3.18) を参考にすること.

(1) CaF_2 の電離平衡式を書き, CaF_2 (分子量 78.0) の飽和水溶液中の溶解度を S (mol/L) とした場合, CaF_2 の溶解度積 K_{sp} を求めなさい.

(2) CaF_2 の 3.9 mg を蒸留水 1 L に溶解したときの溶解度積 K_{sp} を求めなさい.

問 3.6 蒸留水中および 4.0×10^{-3} mol/L K_2CrO_4 水溶液中におけるクロム酸銀 Ag_2CrO_4 の溶解度はそれぞれ ( ) mol/L および ( ) mol/L である. ただし, Ag_2CrO_4 の溶解度積は 4.0×10^{-12} $(mol/L)^3$, $\sqrt{10} = 3.2$ である. ( ) に入れるべき数値を求めなさい.

問 3.7 0.02 mol/L $AgNO_3$ 水溶液に NaCl 溶液を加えていったときに, 沈殿が生じ始めるときの Cl^- の濃度を求め (ただし, 体積変化は無視する), また, 完全に沈殿するときの濃度を求めなさい. ただし, 完全に沈殿するとは, 当初の濃度の 99.9% の Ag^+ が沈殿したときとする.

問 3.8 難溶性塩の溶解に関する次の記述で誤りはどれか. 1 つ選べ.

① 難溶性塩 A_nB_m の溶解度積は, $[A]^n[B]^m$ で表される.

② 溶解度積は, 温度の影響を受けない.

③ 溶解度積は, 平衡定数である.

④ 溶解度は, 共通イオンを加えると変化する.

⑤ 金属の硫化物の溶解度は, 溶液の pH の影響を受ける.

問 3.9 次の単体や化合物やイオンの下線の引いてある原子の酸化数を求めよ.

① $Na\underline{H}$　　② $H_2\underline{O}_2$　　③ $\underline{Al}Cl_3$　　④ $Na_2\underline{S}_2O_3$　　⑤ $\underline{Fe}(NO_3)_3$　　⑥ $Na_2\underline{O}_2$

問 3.10 次の化学反応のうち, 酸化還元反応はどれか, また酸化剤と還元剤を区別しなさい.

① $CuO + CO \rightarrow Cu + CO_2$

② $2H_2S + O_2 \rightarrow 2H_2O + 2S$

③ $2Na + 2H_2O \rightarrow 2NaOH + H_2$

④ $CuSO_4 + H_2S \rightarrow CuS + H_2SO_4$

⑤ $H_2S + Cl_2 \rightarrow 2HCl + S$

問 3.11 $Fe^{3+} + 3e^- = Fe$ の標準電極電位を求めなさい. ただし, 表 3.5 より下記のようである

$$Fe^{3+} + e^- = Fe^{2+}, \quad E^0 = +0.77 \, V \qquad ①$$

$$Fe^{2+} + 2e^- = Fe, \quad E^0 = -0.44 \, V \qquad ②$$

問 3.12 NAD^+ および CH_3CHO の半電池の標準電極電位 (pH 7.0, 25℃) は次のようである. 次の問に答えなさい. ただし, ファラデー定数 $F = 9.65 \times 10^4$ C·mol^{-1} とする.

$$CH_3CHO + 2H^+ + 2e^- \rightarrow CH_3CH_2OH \qquad E = -0.197 \, V \qquad ①$$

$$NAD^+ + H^+ + 2e^- \rightarrow NADH \qquad E = -0.320 \, V \qquad ②$$

(1) 式①と②の半反応からなる電池を構成するときの完全な反応式を示しなさい. また, その電池の起電力を求めなさい.

(2) 式①と②の酸化還元対の自由エネルギー変化を求めなさい.

問 3.13 次の電池の起電力を求めよ.

$$(-)\,|\,Zn(s)\,|\,Zn^{2+}(aq)\,\|\,Ag^+(aq)\,|\,Ag(s)\,|\,(+)$$

それぞれの半電池は次のようである.

$$2\times[Ag^+(aq)+e^- \to Ag(s)] \qquad E^0 = +0.80V \qquad\qquad ①$$

$$Zn^2(aq)+2e^- \to Zn(s) \qquad E^0 = -0.76V \qquad\qquad ②$$

問 3.14 $0.1\,mol/L$ の Fe^{2+} を $0.1\,mol/L$ の Ce^{4+} で滴定した. それぞれの標準電極電位は標準水素電極を参照電極として, 次の電池から決定した.

$$Ce^{4+}+\frac{1}{2}H_2 \rightleftharpoons Ce^{3+}+H^+ \qquad E^0 = +1.61V$$

$$Fe^{3+}+\frac{1}{2}H_2 \rightleftharpoons Fe^{2+}+H^+ \qquad E^0 = +0.77V$$

まとめると次のような電池図が得られる.

$$(-)\,Fe^{2+}\,|\,Fe^{3+}\,0.10\,mol/L\,\|\,Ce^{4+}\,0.10\,mol/L\,|\,Ce^{3+}\,(+)$$

各問に答えなさい.

(1) 酸化還元平衡における電極電位 E を求めなさい.

(2) 酸化還元平衡における平衡定数 K を求めなさい.

問 3.15 水 $100\,mL$ 中に薬物 A が $10\,g$ 溶けている. 化合物 A を抽出するためジエチルエーテルで抽出した. 次の問に答えなさい. ただし, この薬物 A のジエチルエーテルに対する分配係数 K_D は 5 である.

(1) $100\,mL$ のジエチルエーテルを加え, 分液ロートを使って薬物 A を抽出した. ジエチルエーテル相と水相に移行する薬物 A の量を求めなさい.

(2) ジエチルエーテルを $200\,mL$ 使って抽出したとき, 有機層に移行する薬物 A の量を求めよ.

(3) ジエチルエーテルを $100\,mL$ 使って 2 回目抽出した場合と $200\,mL$ で 1 回抽出した場合の抽出量を比較しなさい.

問 3.16 互いに混ざり合わない 2 つの液相間における分配平衡に関する記述のうち, 正しいのはどれか. 2 つ選べ. （第 98 回薬剤師国試問題）

①溶質の分配係数は, 溶け込んでいる溶質の濃度に比例して大きくなる.

②一定温度, 一定圧力下での分配係数は, それぞれの液相における溶質の標準化学ポテンシャル差により決まる.

③有機相と水相を利用した親油性化合物の抽出では, 誘電率の低い有機溶媒の方が抽出率は高い.

④それぞれの液相における溶質の標準化学ポテンシャルが温度によらず一定の時定圧下で液相の温度を上昇させると, 分配係数は低下する.

問 3.17 分配平衡に関する次の問に答えなさい.

(1) ある弱酸性薬物（$pK_a = 6$）の $0.1\,mol$ を水に溶解した後, pH を 1 とし, 同量のクロロホルムを加えて抽出したところ, クロロホルム相には $0.08\,mol$ の薬物が移行した. この薬物の K_D はいくつか.

(2) 上の水溶液を, $pH = 6$ として, 同量のクロロホルムを加えて抽出したとき, 水相に残る薬物量を求めよ.

【解答と解説】

3.1 (1) NaCl は水に溶けるが, AgCl は難溶性である. この理由は NaCl は Na^+ と Cl^- がイオン結合しているが, AgCl は Ag^+ と Cl^- のイオン結合のほかに Cl^- の Ag^+ への配位結合も含まれるため.

74 2 部 化 学 平 衡

(2) 表 3.1 参照.

3.2 (1) 反応式は $CuSO_4+4NH_3 \rightleftharpoons Cu(NH_3)_4^{2+}$, 反応系の化学種は Cu^{2+} と NH_3 と $Cu(NH_3)_4^{2+}$, それぞれのイオン濃度は

$$[Cu(NH_3)_4^{2+}] = 0.01 \times \frac{10}{10+10} = 5.0 \times 10^{-3} \, \text{mol/L}$$

$$[NH_3] = 1.0 \times \frac{10}{10+10} - 4 \times 5.0 \times 10^{-3} = 4.8 \times 10^{-1} \, \text{mol/L}$$

$K = 1.0 \times 10^{12}$ なので, $\dfrac{[Cu(NH_3)_4^{2+}]}{[Cu^{2+}] \times [NH_3]^4} = 1.0 \times 10^{12}$ より,

$$[Cu^{2+}] = \frac{5.0 \times 10^{-3}}{1.0 \times 10^{12} \times (4.8 \times 10^{-1})^4} = 1.0 \times 10^{-13} \, \text{mol/L}$$

となり, Cu^{2+} は完全に錯体形成に使われている.

(2) キレート生成反応は $Ca^{2+}+Y^{4-} \rightleftharpoons CaY^{2-}$ で表されるので, x (mol/L) とすると, 生成定数 K より $1 \times 10^{11} = (0.999x)/(0.001x)(0.001x)$ より, $x = 1 \times 10^6/1 \times 10^{11} = 1 \times 10^{-5} \, \text{mol/L}$ 以上用いる.

3.3 (1) 式 (3.15) で両辺の対数をとり, -1 を掛けると,

$$-\log KMC_{YH} = -\log KMY - (-\log \alpha_{YH})$$

より,

$$pK_{MCYH} = pK_{MY} - pdYH$$

(2) 式 (3.12) の副反応係数につき $pH=2$ と $pH 10.3$ について解くと, $pH=2$ のとき,

$$\alpha_{YH} = 1 + \frac{10^{-2}}{10^{-10.37}} + \frac{10^{-2 \times 2}}{10^{-(10.37+6.13)}} + \frac{10^{-2 \times 3}}{10^{-(10.37+6.13+2.69)}} + \frac{10^{-2 \times 4}}{10^{-(10.37+6.13+2.69+2.1)}} = 10^{13.5}$$

を得る. また, $pH = 10.3$ のときも同様に,

$$\alpha_{YH} = 1 + \frac{10^{-10.3}}{10^{-10.37}} + \frac{10^{-10.3 \times 2}}{10^{-16.50}} + \frac{10^{-10.3 \times 3}}{10^{-19.19}} + \frac{10^{-10.3 \times 4}}{10^{-21.29}} = 1 + 1.17 + 7.9 \times 10^{-5} + 0 + 0 = 2.17$$

[解説] $pH=2$ では, $\alpha_{YH} = 10^{13.5}$ なので $pK_{MCYH} > pK_{MY}$ と近似され, 水素イオンの影響を強く受け, 金属イオンとキレートを形成しにくい H_4Y や H_3Y^- のイオン種が主であり, $H_4Y \rightleftharpoons H_3Y^- + H^+$ の電離平衡が生じている. $pH=10.3$ では $\alpha_{YH} = 2.2$ なので $pK_{MCYH} = pK_{MY}$ と近似される. したがって, EDTA の電離平衡は $pH 10.3$ では, $HY^{3-} \rightleftharpoons Y^{4-} + H^+$ に相当し, イオン種は最も強く金属イオンとキレートを形成する Y^{4-} が 50% 存在するが, さらに誤差なくキレート形成を高めるため, EDTA を用いたキレート滴定では $pH 10.7$ の**アンモニア・塩化アンモニウム緩衝液**が使われる.

3.4 水酸イオン (OH^-) は金属 (M) イオンに対する配位力が EDTA よりも強いためキレート M-EDTA の配位子 EDTA を OH に交換し水酸化物 $M(OH)$ を生成するため.

3.5 (1) $CaF_2 \rightleftharpoons Ca^{2+} + 2F^-$

CaF_2 の溶解度が S なので, それぞれの溶解しているイオン濃度は $[Ca^{2+}] = S$, $[F^-] = 2S$ なので, 溶解度積は $K_{sp} = [Ca^{2+}][F^-]^2 = S \times (2S)^2 = 4S^3$ となる.

(2) $3.9 \, \text{mg} = 0.0039 \, \text{g} = 3.9 \times 10^{-3} \, \text{g}$ が $1 \, \text{L}$ の蒸留水に溶けているので, 溶解度 $S = (3.9 \times 10^{-3})/78 = 5.0 \times 10^{-5} \, \text{mol/L}$ が得られ, 問 (1) より $K_{sp} = 4S^3 = 4 \times (5.0 \times 10^{-5})^3 = 5.0 \times 10^{-13} \, (\text{mol/L})^3$ となる.

3.6 $AgCl$ の溶解度積は $K_{sp} = 1.0 \times 10^{-10} = [Ag^+] \times [Cl^-]$ より沈殿が生じ始める濃度は $[Cl^-] = 1.0 \times 10^{-10}/0.02 = 5.0 \times 10^{-8}$. また, 99.9% の $AgCl$ を沈殿が生じるとき, 未反応の Ag^+ 濃度は $[Ag^+] = 0.02 \times (0.1/100) = 2 \times 10^{-5} \, \text{mol/L}$ なので, $[Cl^-] = 1.0 \times 10^{-10}/2 \times 10^{-5} = 5.0 \times 10^{-6} \, \text{mol/L}$.

3.7 蒸留水：水溶液 $Ag_2CrO_4 \rightleftharpoons 2Ag^+ + CrO_4^{2-}$ の平衡が成り立ち, 溶解度を S (mol/L) とすると, 溶解度積 K_{sp} は $K_{sp} = (2S)^2(S) = 4S^3$ となるので, $4.0 \times S^3 = 4.0 \times 10^{-12}$ より $S = 1.0 \times 10^{-4}$ を得る.

4.0×10^{-3} (mol/L) K_2CrO_4 水溶液：共通イオン効果の問である.

$Ag_2CrO_4 \rightleftharpoons 2Ag^+ + CrO_4^{2-} + CrO_4^{2-}$ より, 溶解度を S とすると, 溶解度積は

$$K_{sp} = (2S)^2(S + 4.0 \times 10^{-3}) = 4.0 \times (S^3 + S^2 \times 4.0 \times 10^{-3}) = 4.0 \times 10^{-12}$$

が得られ, $S^3 \fallingdotseq 0$ なので $S^2 \times 4.0 \times 10^{-3} = 1.0 \times 10^{-12}$ より $S = 1.6 \times 10^{-5}$ を得る.

3章　各種の化学平衡　　75

3.8　②, ③

[解説] ①　正：A_nB_m の平衡は $A_nB_m \rightleftharpoons nA^{m+}+mB^{n-}$ なので $K_{sp}=[A^{m+}]^n[B^{n-}]^m=[A]^n[B]^m$ となり正しい（3.2.2 項参照）.

②　誤：溶解度積は温度の影響を受けるので誤り.

③　誤：溶解度積 K_{sp} は，A_nB_m が A^{m+} と B^{n-} に電離して溶液中に溶解するイオンのモル濃度の積で表した値であり，K_{sp} の値と比較して難溶性塩が沈殿するか溶解するか判別できる. したがって，平衡定数ではないので誤り.

④　正：共通イオン効果なので正しい.

⑤　正：硫化物は液性に強く影響するので正しい.

3.9　①−1　②+2　③−1　④+2　⑤+3　⑥−1

3.10　酸化還元反応：①, 酸化剤 CuO, 還元剤 CO；②, 酸化剤 O_2, 還元剤 H_2S；⑤, 酸化剤 Cl_2, 還元剤 H_2S.

3.11　式①と②から電子を消すと，$Fe^{3+}+3e^-=Fe$ なので $1\times(+0.77)+2\times(-0.44)=(1+2)\times E$ より，標準電極電位 $E=-0.04\,V$ を得る.

3.12　完全な反応式は $Zn+2Ag^+ \rightarrow Zn^{2+}+2Ag$ であるので，起電力は $E=0.80-(-0.76)=1.56\,V$ となる. ここで，1mol の Zn は 2mol の Ag^+ を還元するが，起電力は示強性の量（intensive variable）なので，起電力 $E=[0.80\times2-(-0.76)]=2.36\,V$ とはならないことに注意したい.

3.13　(1) 完全な反応式は $CH_3CHO+H^++NADH \rightarrow NAD^++CH_3CH_2OH$ である. 起電力は $E=-0.197-(-0.320)=0.123\,V$.

(2) 標準状態の系の自由エネルギー変化は $\Delta G^0=-n\mathrm{F}E^0$ より，$\Delta G^0=-2\times96,500\times0.123=-23.7\,kcal/mol$ となる.

3.14　(1) 反応式は次のようである.

$$Ce^{4+}+Fe^{2+} \rightleftharpoons Ce^{3+}+Fe^{3+}$$

ネルンストの式より，

$$E_{Ce}=E^0-\frac{0.059}{1}\log\frac{[Ce^{3+}]}{[Ce^{4+}]}=\left(E^0+\frac{0.059}{1}\log\frac{[Ce^{4+}]}{[Ce^{3+}]}\right)=E^0=+1.61$$

$$E_{Fe}=E^0-\frac{0.059}{1}\log\frac{[Fe^{2+}]}{[Fe^{3+}]}=\left(E^0+\frac{0.059}{1}\log\frac{[Fe^{3+}]}{[Fe^{2+}]}\right)=E^0=+0.77$$

この電池の起電力 E は $E=+1.61-(+0.77)=0.84\,V$ である. 当量点におけるカソード電極側とアノード電極側の電極電位 (E_{eq}) は釣り合うので $E_{Ce}=E_{Fe}=E_{eq}$ となり，$E_{Ce}+E_{Fe}=2E_{eq}$ より電極電位 E_{eq} は

$$E_{eq}=\frac{(E_{Ce}+E_{Fe})}{2}=\frac{(+1.61+(+0.77))}{2}=+1.19\,V$$

となる.

(2) 式 (2.15) から，$\log K=(+1.61-(+0.77))/0.059=14.2$ より，$K=10^{14.2}=1.58\times10^{14}$ が得られる.

3.15　(1) ジエチルエーテルに移行する薬物 A の量は $10\times(5/(1+5))=8.3\,g$, 水層には $10-8.3=1.7\,g$ である.

(2) ジエチルエーテルが 200mL と 2 倍になると，10:1 に分配されるので薬物 A の量は $10\times(10/(1+10))=9.1\,g$, 水層には $10-9.1\,g=0.9\,g$ が残る.

(3) 問(1)より 1 回目の抽出では水相に 1.7g 残り，2 回目の抽出で $1.7\times(5/(1+5))=1.4\,g$ が移行するので，合計 $8.3+1.4=9.7\,g$, また，200mL で 1 回抽出した場合は，問 2 より 9.1g なので少量でも回数を増やす方が抽出できる.

3.16　1　誤：分配係数は濃度によらず一定.

2　正：分配係数は一定温度，一定圧力下での熱（力学的）平衡定数であり，溶質のそれぞれの液相における標準化学ポテンシャルの差により決まる.

3　正：抽出率は溶媒の極性にも影響を受け，誘電率の低い有機溶媒は疎水性溶媒と考えられ，極性の低い溶質つまり親油性化合物の抽出率を上げることになる.

4　誤：分配係数は，それぞれの液相における溶質の標準化学ポテンシャル差により決まるので，標

準化学ポテンシャルが一定なら分配係数は変化しない.

3.17 (1) 薬物の pK_a は 6 なので,pH1 とすると薬物はほとんど分子形である.したがって,$K_D = 0.08/0.02 = 4$.

(2) $pK_a = pH$ なので,問(1)より,分配比 $D = K_D/2 = 2$ である.$D = C_o/C_w = 2$ より $C_o : C_w = 2 : 1$ となる.したがって,水相に残る薬物量は全量の $1/3 = 0.1/3\,\mathrm{mol} = 0.03\,\mathrm{mol}$ である.

第 **3** 部

化学物質の定性分析・定量分析

一般目標：化学物質の定性分析および定量分析に関する基本的事
項を修得する．

4 定 性 分 析

●キーワード

無機定性分析/有機定性分析/炎色反応/バイルシュタイン反応/エステル交換/アルコリシス/芳香族第一級アミン/ジアゾカップリング反応/硫酸銅（Ⅱ）/塩化鉄（Ⅲ）/フォンゲリヒテン反応/ムレキシド反応/4-ジメチルアミノベンズアルデヒド/フェーリング反応/ニトロプルシドナトリウム

　定性分析とは，測定対象がどんな成分を含んでいるか調べることをいう．定性分析には化学的分析法，物理的分析法および生物学的分析法がある．化学的分析法は日局17一般試験法に収載されている炎色反応試験法および定性反応にあたり，物理的分析法は主に分光学測定法（核磁気共鳴法，原子吸光法，誘導結合プラズマ発光分光法，紫外可視吸光光度法，赤外吸収スペクトル法，旋光度測定法，円偏光二色性スペクトル法）および質量分析法，生物学的分析法は抗原抗体反応や酵素反応など特異的相互作用によるものがある．本章では，化学的分析法について述べる．

4.1 定 性 反 応

SBO C2(3)①1　代表的な無機イオンの定性反応を説明できる．

4.1.1　炎色反応試験法

　金属塩またはハロゲン化合物がブンゼンバーナーの無色炎中でそれぞれ固有の色を発する性質を利用して，元素の定性を行う方法である．金属塩の場合には，白金線を用いる．本法はいわゆる原子発光であり，表4.1に各元素に特有の色を示すが，ナトリウムが微量混在していると炎が黄色になるため，コバルトガラスを通して黄色を除外して観察することも行われる．

　ハロゲン化合物の場合には，バイルシュタイン反応による炎色反応で試験される．この方法は，銅の網を銅線の先端に取り付け，ブンゼンバーナーの無色炎中で緑または青色を呈しなくなるまで強熱し，冷却する．これを何度か繰り返して酸化銅の皮膜を付けた状態で試験を行う．ハロゲンを

表 4.1　主な元素の炎色

元　素		直接観察	コバルトガラスを通した場合
リチウム	Li	深紅	紅
ナトリウム	Na	黄	吸収される
カリウム	K	紫	紅紫
カルシウム	Ca	橙赤	淡緑
ストロンチウム	Sr	赤	紅紫
バリウム	Ba	黄緑	黄緑
銅	Cu	青緑	淡青
ホウ素	B	緑	淡緑

酸化銅と混合して加熱することでハロゲン化銅を生成し，塩素は緑色，臭素とヨウ素は青色を呈する．ナトリウムを含有するときは，金属塩の試験のようにコバルトガラスを用いることで確認を容易にすることができる．ただし，ハロゲンを含有せず，窒素を含むある種の化合物，ヒドロキシキノリン，チオ尿素，置換ピリジン，グアニジン，メルカプトベンゾチアゾール，サリチルアルドキシムなどは陽性となる．またフッ化銅は不揮発性のため，本法は陰性である．

4.1.2 無機塩類の溶解性

①塩化物は，水溶性のものが多いが，以下の塩は水に不溶で白色沈殿物となる．

$AgCl$（アンモニア水に可溶），$PbCl_2$（熱湯に溶ける），Hg_2Cl_2（アンモニア水・熱湯に不溶）．

②硫酸塩も水溶性のものが多いが，以下の塩は水や硝酸に不溶で白色沈殿物となる．

$CaSO_4$，$SrSO_4$，$BaSO_4$，$PbSO_4$．

③水酸化物は，水に溶けにくいものが多い．アルカリ金属，アルカリ土類金属は例外的に水に可溶である．$Al(OH)_2$，$Zn(OH)_2$，$Sn(OH)_2$，$Pb(OH)_2$のような両性水酸化物は過剰の水酸化ナトリウム溶液に溶け，Ag_2O，$Cu(OH)_2$，$Zn(OH)_2$，$Ni(OH)_2$は過剰のアンモニア水に溶ける．

④2価以上の硫化物，炭酸塩は水に不溶のものが多い．ただし，1族の炭酸塩および1，2族の硫化物は沈殿しない．

⑤硫化物で，中性・塩基性で沈殿するものは，$Al(OH)_3$（白色），MnS（淡赤色），ZnS（白色），FeS（黒色，Fe^{3+}もH_2Sの還元作用で同様な沈殿になる），NiS（黒色）．酸性にしても沈殿するものは，CdS（黄色），SnS（褐色），PbS（黒色），CuS（黒色），HgS（黒色），Ag_2S（黒色）．

4.1.3 主な無機塩の定性反応（反応の詳細は日局17一般試験法を参照すること）

1）亜鉛塩

①亜鉛塩の中性〜アルカリ性溶液に硫化アンモニウム試液または硫化ナトリウム試液を加えるとき，帯白色の沈殿（ZnS）を生じる．沈殿を分取し，これに希酢酸を加えても溶けないが，希塩酸を追加するとき，溶ける．

②亜鉛塩の溶液にヘキサシアノ鉄（Ⅱ）酸カリウム試液を加えるとき，白色の沈殿を生じ，この一部に希塩酸を追加しても沈殿は溶けない．また，他の一部に水酸化ナトリウム試液を追加するとき溶ける．

$Zn_2[Fe(CN)_6]$ 白色沈殿，$Zn_3K_2[Fe(CN)_6]_2$ さらに難溶の白色沈殿生成．

③亜鉛塩の中性〜弱酸性溶液にピリジン1〜2滴およびチオシアン酸カリウム試液1mLを加えるとき，白色の沈殿を生じる．

2）亜硝酸塩

①亜硝酸塩の溶液に希硫酸を加えて酸性とするとき，特異なにおいのある黄褐色のガスを発生し，少量の硫酸鉄（Ⅱ）七水和物の結晶を追加するとき，液は暗褐色を呈する．

②亜硝酸塩の溶液にヨウ化カリウム試液2〜3滴を加え，希硫酸を滴加するとき，液は黄褐色となり，次に黒紫色の沈殿を生じ，クロロホルム2mLを加えて振り混ぜるとき，クロロホルム層は紫色を呈する．

③亜硝酸塩の溶液にチオ尿素試液を加え，希硫酸を加えて酸性とし，塩化鉄（Ⅲ）試液を滴加するとき，液は暗赤色を呈し，ジエチルエーテル2mLを加えて振り混ぜるとき，ジエチルエーテル層

Tea Break

●ノーベル賞の話～日本人受賞者

1901 年から始まり直近の 2016 年に至るノーベル賞の歴史の中で，日本は非欧米諸国の中で最も多い 25 名の受賞者を輩出しており，このうち 2 名が受賞時点で外国籍を取得していた．21 世紀以降，自然科学部門の国別で日本は米国に続いて世界第 2 位のノーベル賞受賞者数を誇る．ただし，経済学賞を受賞した日本人はおらず，また女性でノーベル賞を受賞した日本人もいない．2016 年度は大隅良典博士が「オートファジーの仕組みの解明」によりノーベル生理学・医学賞を受賞し，「オートファジー」が流行語ともなった．（「ウィキペディア」より一部転載）

は赤色を呈する．

3) 亜硫酸塩および亜硫酸水素塩

①亜硫酸塩または亜硫酸水素塩の酢酸酸性溶液にヨウ素試液を滴加するとき，試液の色は消える．

②亜硫酸塩または亜硫酸水素塩の溶液に等容量の希塩酸を加えるとき，二酸化イオウのにおいを発し，液は混濁しない（チオ硫酸塩との区別）．これに硫化ナトリウム試液 1 滴を追加するとき，液はただちに白濁し，白濁は徐々に淡黄色の沈殿に変わる．

4) アルミニウム塩

①アルミニウム塩の溶液に塩化アンモニウム試液およびアンモニア試液を加えるとき，白色のゲル状の沈殿 ［$Al(OH)_3$］ を生じ，過量のアンモニア試液を追加しても沈殿は溶けない．

②アルミニウム塩の溶液に水酸化ナトリウム試液を加えるとき，白色のゲル状の沈殿を生じ，過量の水酸化ナトリウム試液を追加するとき，沈殿は溶ける．

③アルミニウム塩の溶液に硫化ナトリウム試液を加えるとき，白色のゲル状の沈殿を生じ，過量の硫化ナトリウム試液を追加するとき，沈殿は溶ける．

④アルミニウム塩の溶液に白色のゲル状の沈殿が生じるまでアンモニア試液を加え，アリザリンレッド S 試液 5 滴を追加するとき，沈殿は赤色に変わる．

5) アンモニウム塩
アンモニウム塩に過量の水酸化ナトリウム試液を加えて加温するとき，アンモニアのにおいを発し，このガスは潤した赤色リトマス紙を青変させる．

6) 塩化物

①塩化物の溶液に硫酸および過マンガン酸カリウムを加えて加熱するとき，塩素ガスを発し，このガスは潤したヨウ化カリウムデンプン紙を青変する．

②塩化物の溶液に硝酸銀試液を加えるとき，白色の沈殿を生じる．沈殿を分取し，この一部に希硝酸を加えても溶けない．また，他の一部に過量のアンモニア試液を加えるとき，溶ける．

7) 過酸化物

①過酸化物の溶液に等容量の酢酸エチルおよびニクロム酸カリウム試液 1～2 滴を加え，さらに希硫酸を加えて酸性とし，ただちに振り混ぜて放置するとき，酢酸エチル層は青色を呈する．

②過酸化物の硫酸酸性溶液に過マンガン酸カリウム試液を滴加するとき，試液の色は消え，泡立ってガスを発生する．

8) 過マンガン酸塩

①過マンガン酸塩の溶液は赤紫色を呈する．

②過マンガン酸塩の硫酸酸性溶液に過量の過酸化水素を加えるとき，泡立って脱色する．

$$2MnO_4^- + 5H_2O_2 + 6H^+ \rightarrow 2Mn^{2+} + 8H_2O + 5O_2\uparrow \quad 過酸化水素が還元剤のときは酸素発生$$

③過マンガン酸塩の硫酸酸性溶液に過量のシュウ酸試液を加えて加温するとき，脱色する．

9) カリウム塩

①カリウム塩につき，炎色反応試験を行うとき，淡紫色を呈する．炎が黄色のときは，コバルトガラスを通して観察すると赤紫色に見える．

②カリウム塩の中性溶液に酒石酸水素ナトリウム試液を加えるとき，白色の結晶性の沈殿を生じる．沈殿の生成を速くするには，ガラス棒で試験管の内壁をこする．沈殿を分取し，これにアンモニア試液，水酸化ナトリウム試液または炭酸ナトリウム試液を加えるとき，いずれも溶ける．

③カリウム塩の酢酸酸性溶液にヘキサニトロコバルト(III)酸ナトリウム試液を加えるとき，黄色の沈殿を生じる．

④カリウム塩に過量の水酸化ナトリウム試液を加えて加温しても，アンモニアのにおいを発しない（アンモニウム塩との区別）．

10) カルシウム塩

①カルシウム塩につき，炎色反応を行うとき，黄赤色を呈する．

②カルシウム塩の溶液に炭酸アンモニウム試液を加えるとき，白色の沈殿（$CaCO_3$）を生じる．

③カルシウム塩の溶液にシュウ酸アンモニウム溶液を加えるとき，白色の沈殿（CaC_2O_4）を生じる．沈殿を分取し，これに希酢酸を加えても溶けないが，希塩酸を追加するとき，溶ける．

④カルシウム塩の中性溶液に二クロム酸カリウム試液10滴を加え，加熱しても沈殿を生じない（ストロンチウム塩との区別）．

11) 銀　塩

①銀塩の溶液に希塩酸を加えるとき，白色の沈殿を生じ，この一部に希硝酸を追加しても沈殿は溶けない．また，他の一部に過量のアンモニア試液を追加するとき，沈殿は溶ける．

②銀塩の溶液にクロム酸カリウム試液を加えるとき，赤色の沈殿（Ag_2CrO_4）を生じ，希硝酸を追加するとき，沈殿は溶ける．

③銀塩の溶液にアンモニア試液を滴加するとき，灰褐色の沈殿（Ag_2O）を生じる．さらにアンモニア試液を滴加して沈殿を溶かし，ホルムアルデヒド液1～2滴を加えて加温するとき，器壁に銀鏡を生じる．

12) シアン化物

①シアン化物の溶液に過量の硝酸銀試液を加えるとき，白色の沈殿（AgCN）を生じる．沈殿を分取し，この一部に希硝酸を加えても溶けない．また，他の一部にアンモニア試液を加えるとき，溶ける．

②シアン化物の溶液に硫酸鉄(II)試液2～3滴，希塩化鉄(III)試液2～3滴および水酸化ナトリウム試液1mLを加えて振り混ぜた後，希硫酸を加えて酸性にするとき，青色の沈殿[$Fe(CN)_6$]を生じる．

13) 硝酸塩

①硝酸塩の溶液に等容量の硫酸を混和し，冷却した後，硫酸鉄(II)試液を層積するとき，境界面に暗褐色の輪帯を生じる．

②硝酸塩の溶液にジフェニルアミン試液を加えるとき，液は青色を呈する．

③硝酸塩の硫酸酸性溶液に過マンガン酸カリウム試液を加えても，試液の赤紫色は退色しない（亜硝酸塩との区別）．

14）水銀塩，第一

①第一水銀塩の溶液に板状の銅を浸して放置した後，これを取り出して水で洗い，紙または布でこするとき，銀白色に輝く（第二水銀塩と共通）．

②第一水銀塩またはその溶液に水酸化ナトリウム試液を加えるとき，黒色（Hg）を呈する．

③第一水銀塩またはその溶液に希塩酸を加えるとき，白色の沈殿（Hg$_2$Cl$_2$）を生じる．沈殿を分取し，これにアンモニア試液を加えるとき，黒色（Hg）に変わる．

④第一水銀塩の溶液にヨウ化カリウム試液を加えるとき，黄色の沈殿（Hg$_2$I$_2$）を生じる．放置するとき，沈殿は緑色に変わり，過量のヨウ化カリウム試液を追加するとき，黒色（Hg）に変わる．

15）水銀塩，第二

①第二水銀塩の溶液に板状の銅を浸して放置した後，これを取り出して水で洗い，紙または布でこするとき，銀白色に輝く（第一水銀塩と共通）．

②第二水銀塩の溶液に少量の硫化ナトリウム試液を加えるとき，黒色の沈殿（HgS）を生じ，過量の硫化ナトリウム試液を追加するとき，溶ける．この液に塩化アンモニウム試液を追加するとき，再び黒色の沈殿を生じる．

③第二水銀塩の中性溶液にヨウ化カリウム試液を加えるとき，赤色の沈殿（HgI$_2$）を生じ，過量のヨウ化カリウム試液を追加するとき，沈殿は溶ける．

④第二水銀塩の塩酸酸性溶液に少量の塩化スズ（Ⅱ）試液を加えるとき，白色の沈殿（Hg$_2$Cl$_2$）を生じ，過量の塩化スズ（Ⅱ）試液を追加するとき，沈殿は灰黒色（Hg）に変わる．

16）炭酸塩

①炭酸塩に希塩酸を加えるとき，泡立ってガスを発生する．このガスを水酸化カルシウム試液中に通じるとき，ただちに白色の沈殿（CaCO$_3$）を生じる（炭酸水素塩と共通）．

②炭酸塩の溶液に硫酸マグネシウム試液を加えるとき，白色の沈殿（MgCO$_3$）を生じ，希酢酸を追加するとき，沈殿は溶ける．

③炭酸塩の冷溶液にフェノールフタレイン試液1滴を加えるとき，液は赤色を呈する（炭酸水素塩との区別）．

17）炭酸水素塩

①炭酸水素塩に希塩酸を加えるとき，泡立ってガスを発生する．このガスを水酸化カルシウム試液中に通じるとき，ただちに白色の沈殿を生じる（炭酸塩と共通）．

②炭酸水素塩の溶液に硫酸マグネシウム試液を加えるとき，沈殿を生じないが，煮沸するとき，白色の沈殿を生じる．

③炭酸水素塩の冷溶液にフェノールフタレイン試液1滴を加えるとき，液は赤色を呈しないか，または赤色を呈してもきわめてうすい（炭酸塩との区別）．

18）チオ硫酸塩

①チオ硫酸塩の酢酸酸性溶液にヨウ素試液を滴加するとき，試液の色は消える．

②チオ硫酸塩の溶液に等容量の希塩酸を加えるとき，二酸化イオウのにおいを発し，液は徐々に白濁（S）し，この白濁は放置するとき，黄色に変わる．

③チオ硫酸塩の溶液に過量の硝酸銀試液を加えるとき，白色の沈殿（Ag$_2$S$_2$O$_3$）を生じ，放置する

とき，沈殿は黒色（Ag_2S）に変わる．

19）鉄塩，第一

①第一鉄塩の弱酸性溶液にヘキサシアノ鉄（Ⅲ）酸カリウム試液を加えるとき，青色の沈殿（$KFe^{II}[Fe^{III}(CN)_6]$）を生じ，希酢酸を追加しても沈殿は溶けない．

②第一鉄塩の溶液に水酸化ナトリウム試液を加えるとき，灰緑色のゲル状の沈殿 $[Fe(OH)_2]$ を生じ，硫化ナトリウム試液を追加するとき，黒色の沈殿（FeS）に変わる．沈殿を分取し，これに希塩酸を加えるとき，溶ける．

③第一鉄塩の中性または弱酸性溶液に，1,10-フェナントロリン一水和物のエタノール溶液（1→50）を滴加するとき，濃赤色を呈する．

20）鉄塩，第二

①第二鉄塩の弱酸性溶液にヘキサシアノ鉄（Ⅱ）酸カリウム試液を加えるとき，青色の沈殿（$KFe[Fe(CN)_6]$）を生じ，希塩酸を追加しても沈殿は溶けない．

②第二鉄塩の溶液に水酸化ナトリウム試液を加えるとき，赤褐色のゲル状の沈殿 $[Fe(OH)_3]$ を生じ，硫化ナトリウム試液を追加するとき，黒色の沈殿（Fe_2S_3）に変わる．沈殿を分取し，これに希塩酸を加えるとき，溶け，液は白濁（S）する．

③第二鉄塩の弱酸性溶液にスルホサリチル酸試液を加えるとき，液は紫色を呈する．

21）銅塩，第二

①第二銅塩の塩酸酸性溶液によく磨いた板状の鉄を入れるとき，その表面に赤色（Cu）の金属の膜を生じる．

②第二銅塩の溶液に少量のアンモニア試液を加えるとき，淡青色の沈殿 $[Cu(OH)_2]$ を生じ，過量のアンモニア試液を追加するとき，沈殿は溶け，液は濃青色（$[Cu(NH_3)_4]^{2+}$）を呈する．

③第二銅塩の溶液にヘキサシアノ鉄（Ⅱ）酸カリウム試液を加えるとき，赤褐色の沈殿（$Cu_2[Fe(CN)_6]$）を生じ，この一部に希硝酸を追加しても沈殿は溶けない．また，他の一部にアンモニア試液を追加するとき，沈殿は溶け，液は濃青色を呈する．

④第二銅塩の溶液に硫化ナトリウム試液を加えるとき，黒色の沈殿（CuS）を生じる．沈殿を分取し，この一部に希塩酸，希硫酸または水酸化ナトリウム試液を加えても溶けない．また，他の一部に熱希硝酸を加えるとき，溶ける．

22）ナトリウム塩

①ナトリウム塩につき，炎色反応試験を行うとき，黄色を呈する．

②ナトリウム塩の中性または弱アルカリ性濃溶液にヘキサヒドロキソアンチモン（V）酸カリウム試液を加えるとき，白色の沈殿（$Na_2H_2Sb_2O_7$）を生じる．沈殿の生成を速くするには，ガラス棒で試験管壁の内壁をこする．

23）バリウム塩

①バリウム塩につき，炎色反応試験を行うとき，持続する黄緑色を呈する．

②バリウム塩の溶液に希硫酸を加えるとき，白色の沈殿（$BaSO_4$）を生じ，希硝酸を追加しても沈殿は溶けない．

③バリウム塩の酢酸酸性溶液にクロム酸カリウム試液を加えるとき，黄色の沈殿（$BaCrO_4$）を生じ，希硝酸を追加するとき，沈殿は溶ける．

☕ Tea Break

●ノーベル賞の話～キャリー・マリス博士

　ポリメラーゼ連鎖反応（PCR）法を開発し1993年度ノーベル化学賞を受賞したキャリー・マリス博士は逸話の多い人物である．バイオテクノロジー企業シータス社に在職当時，ガールフレンドを乗せてのドライブ中，DNAの増幅方法のアイデアが頭の中で突然ともいえる形で組み上がったという．この閃きに自分でも驚き車を路肩に寄せて，手元にある紙片に化学式を書き留める．2本鎖DNA，オリゴヌクレオチド，DNAポリメラーゼ1，温度制御装置など，当時の研究室に一般的にあるもののみで簡単にDNAの複製ができる方法であり，「自分が思いつくくらいなら，他の者が既に発表しているはずだ」と過去の論文を片っ端からあたってみるものの未発表と判明．マリス博士によると，学会でポスター発表したPCR法を見に来た研究者のほとんどが，「自分はなぜこの方法を思いつかなかったのだろう」という感想を述べたという．単純ではあるがマリス博士以前には誰も思いつかなかった方法であるところが面白い．PCR法は，以後の遺伝子解析研究をガラリと変え，ヒトゲノム計画になくてはならない方法となった．

24）ヒ酸塩

　①ヒ酸塩の中性溶液に硫化ナトリウム試液1～2滴を加えても沈殿を生じないが，塩酸を追加するとき，黄色の沈殿（As_2S_5）を生じる．沈殿を分取し，これに炭酸アンモニウム試液を加えるとき，溶ける．

　②ヒ酸塩の中性溶液に硝酸銀試液を加えるとき，暗赤褐色の沈殿（Ag_3AsO_4）を生じ，この一部に希硝酸を，また，他の一部にアンモニア試液を追加するとき，いずれも沈殿は溶ける．

　③ヒ酸塩の中性またはアンモニアアルカリ性溶液にマグネシア試液を加えるとき，白色の結晶性の沈殿（$MgNH_4AsO_4 \cdot 6H_2O$）を生じ，希塩酸を追加するとき，沈殿は溶ける．

25）ビスマス塩

　①ビスマス塩をなるべく少量の塩酸に溶かし，水を加えて薄めるとき，白濁［$Bi(OH)_2Cl$］，（$BiOCl$）する．硫化ナトリウム試液1～2滴を追加するとき，暗褐色の沈殿（Bi_2S_3）を生じる．

　②ビスマス塩の塩酸酸性溶液にチオ尿素試液を加えるとき，液は黄色を呈する．

　③ビスマス塩の希硝酸溶液または希硫酸溶液にヨウ化カリウム試液を滴加するとき，黒色の沈殿（BiI_3）を生じ，ヨウ化カリウム試液を追加するとき，沈殿は溶け，橙色を呈する．

26）ホウ酸塩

　①ホウ酸塩に硫酸およびメタノールを混ぜて点火するとき，緑色の炎をあげて燃える．

　②ホウ酸塩の塩酸酸性溶液で潤したクルクマ紙を加温して乾燥するとき，赤色を呈し，これにアンモニア試液を滴加するとき，青色に変わる．

27）マグネシウム塩

　①マグネシウム塩の溶液に炭酸アンモニウム試液を加えて加温するとき，白色の沈殿（$MgCO_3$）を生じ，塩化アンモニウム試液を追加するとき，沈殿は溶ける．さらにリン酸水素二ナトリウム試液を追加するとき，白色の結晶性の沈殿（$MgNH_4PO_4 \cdot 6H_2O$）を生じる．

　②マグネシウム塩の溶液に水酸化ナトリウム試液を加えるとき，白色のゲル状の沈殿［$Mg(OH)_2$］を生じ，この一部にヨウ素試液を加えるとき，沈殿は暗褐色に染まる．また，他の一部に過量の水酸化ナトリウム試液を加えても沈殿は溶けない．

28）リチウム塩

　①リチウム塩につき，炎色反応試験を行うとき，持続する赤色を呈する．

4 章 定 性 分 析　　　　　　85

②リチウム塩の溶液にリン酸水素二ナトリウム試液を加えるとき，白色の沈殿（Li_3PO_4）を生じ，希塩酸を追加するとき，沈殿は溶ける．

③リチウム塩の溶液に希硫酸を加えても沈殿は生じない（ストロンチウム塩との区別）．

29）硫酸塩

①硫酸塩の溶液に塩化バリウム試液を加えるとき，白色の沈殿（$BaSO_4$）を生じ，希硝酸を追加しても沈殿は溶けない．

②硫酸塩の中性溶液に酢酸鉛（Ⅱ）試液を加えるとき，白色の沈殿（$PbSO_4$）を生じ，酢酸アンモニウムを追加するとき，沈殿は溶ける．

③硫酸塩の溶液に等容量の希塩酸を加えても白濁しない（チオ硫酸塩との区別）．また，二酸化硫黄のにおいを発しない（亜硫酸塩との区別）．

30）リン酸塩

①リン酸塩の中性溶液に硝酸銀試液を加えるとき，黄色の沈殿（Ag_3PO_4）を生じ，希硝酸またはアンモニア試液を追加するとき，沈殿は溶ける．

②リン酸塩の中性または希硝酸酸性溶液に七モリブデン酸六アンモニウム試液を加えて加温するとき，黄色の沈殿 $[(NH_4)_3PO_4 \cdot 12MoO_3 \cdot 6H_2O]$ を生じ，水酸化ナトリウム試液またはアンモニア試液を追加するとき，沈殿は溶ける．

③リン酸塩の中性またはアンモニアアルカリ性溶液にマグネシア試液を加えるとき，白色の結晶性の沈殿（$MgNH_4PO_4 \cdot 6H_2O$）を生じ，希塩酸を追加するとき，沈殿は溶ける．

4.2　医薬品の確認試験

SBO C2(3)①2　日本薬局方収載の代表的な医薬品の確認試験を列挙し，その内容を説明できる．

日局 17 の定義によれば，「確認試験は，医薬品又は医薬品中に含有される主成分などを，その特性に基づいて確認するために必要な試験である」とあり，特異な反応を用いて，医薬品の同定を行う試験である．確認試験には定性試験の他，紫外可視吸光光度測定法や赤外吸収スペクトル測定法を用いる項目も多く採用されている．

4.2.1　アセチル化，ベンゾイル化：生成物を融点測定により確認

a. アミン（第一級，第二級アミン，置換される H を有するもの）

アミド生成

b. アセチル体の生成

$$R-NH_2 \xrightarrow{(CH_3CO)_2O} R-NH-COCH_3$$

c. ベンゾイル体の生成

$$R-NH_2 \xrightarrow{C_6H_5COCl} R-NH-CO-C_6H_5$$

R−OH（フェノール）　（例）エチニルエストラジオール

R−OH（アルコール）　（例）イソソルビド

d. ピクラートの生成

3級アミン 2,4,6-トリニトロフェノール試液（ピクリン酸）と反応 （例）ジフェンヒドラミン

4.2.2 エステル交換反応：生成物のにおいにより確認

エステル類にカルボン酸あるいはアルコール類を加え，酸触媒で加熱するとカルボン酸とアルコールの交換が起こり，新しいエステルを生じる．

a. カルボン酸を加える場合

$$R-CO-OR'+R''-COOH \xrightarrow{H^+} R''-CO-OR'+RCOOH$$

（例）アミノ安息香酸エチル $H_2N-C_6H_5-COOC_2H_5$ の確認試験：本品 0.05 g に酢酸 2 滴および硫酸 5 滴を加えて加温するとき，酢酸メチルのにおいを発する．

b. アルコールを加える場合

$$R-CO-OR'+R''-OH \xrightarrow{H^+} R-COOR''+R'-OH$$

（例）酢酸塩の定性反応 $CH_3CO-OH+C_2H_5-OH \xrightarrow{H_2SO_4} CH_3-COOC_2H_5+H_2O+NaHSO_4$

c. アミドのエタノリシス

エステル同様，アミドもアルコールを加え，酸触媒で加熱すると交換反応を起こす．これを一般にアルコリシスといい，特にエタノールを用いた場合はエタノリシスという．

$$R-CO-NH-R'+C_2H_5OH \xrightarrow{H^+} R'-NH_2+RCOOC_2H_5$$

4.2.3 ジアゾカップリング反応

a. ジアゾカップリング反応（芳香族第一級アミンの検出）

芳香族第一級アミンの酸性水溶液中に氷冷しながら亜硝酸ナトリウム試液 3 滴を加えて振り混ぜ，2 分間放置し，次にアミド硫酸アンモニウム試液（$NH_2SO_3NH_4$）1 mL を加えてよく振り混ぜ，未反応の亜硝酸を除き，1 分間放置した後，シュウ酸 N-(1-ナフチル)-N'-ジエチレンジアミンシュウ酸塩試液（津田試薬）1 mL を加えるとき，液は赤紫色（アゾ色素）を呈する．

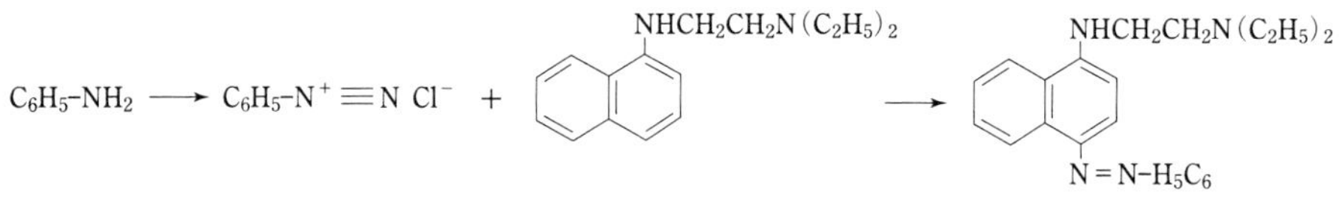

・アミド硫酸アンモニウムの役割：NO_2^- を分解するため．過剰の NO_2^- を完全に分解しないと，ジアゾニウム塩の有無にかかわらず一過性に赤紫色に着色する．

b. ジアゾカップリングによるフェノールの検出

亜硝酸ナトリウムにより生じたジアゾニウム塩を用いれば，未知のフェノール類を検出できる．

c. マスクされた芳香族第一級アミンの確認試験

加水分解により芳香族第一級アミンとなるもの．

（1）アセチル化されているものは酸加水分解する．

　（例）アセタゾラミド，アミドトリゾ酸

4 章 定 性 分 析　　　　　87

（2）環の開裂

　（例）酸加水分解：フロセミド，クロルジアゼポキシド，ニトラゼパム

　　　　アルカリ加水分解：クロルゾキサゾン

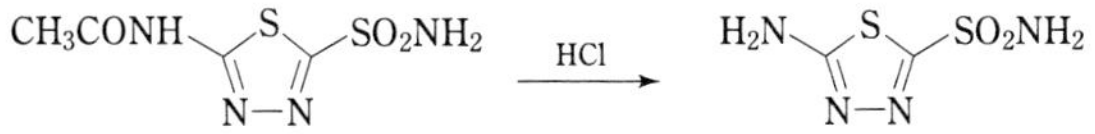

CH$_3$CONH–[S]–SO$_2$NH$_2$ N–N　→HCl→　H$_2$N–[S]–SO$_2$NH$_2$ N–N
アセタゾラミド

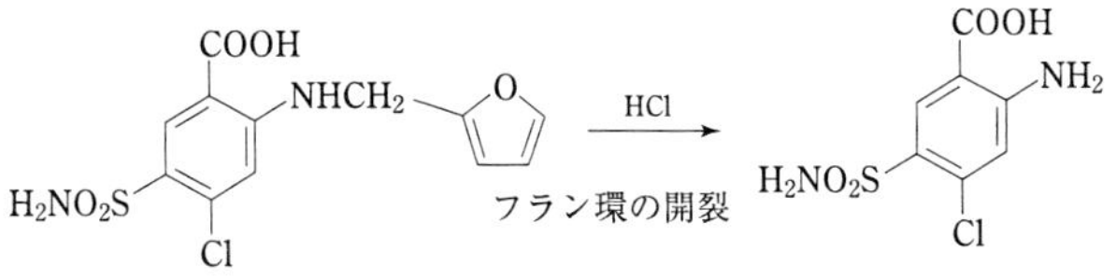

フロセミド（COOH, NHCH$_2$–[O]フラン環の開裂, H$_2$NO$_2$S, Cl）　→HCl→　（COOH, NH$_2$, H$_2$NO$_2$S, Cl）
フロセミド

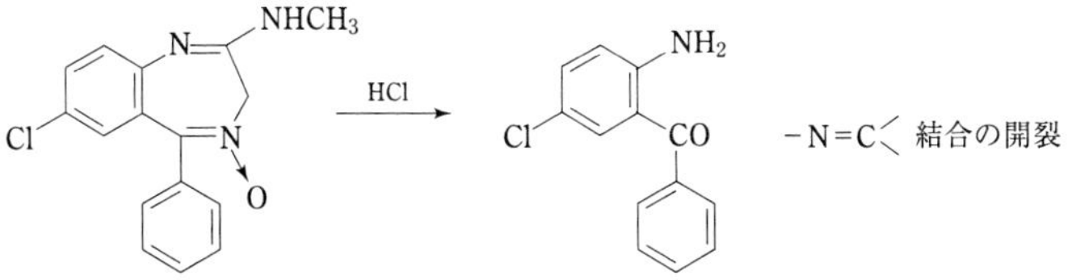

クロルジアゼポキシド　→HCl→　（NH$_2$, CO, Cl）　$-$N$=$C$\big\langle$ 結合の開裂
クロルジアゼポキシド

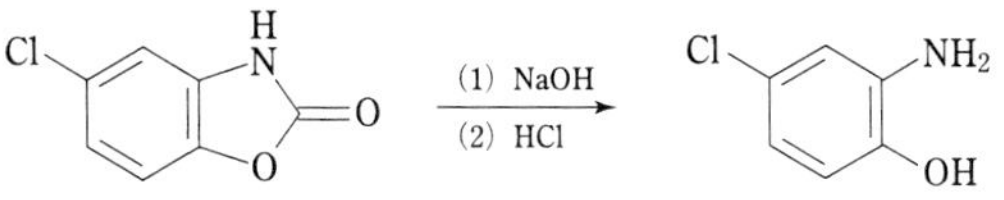

クロルゾキサゾン（Cl, N–H, O=, O）　→(1) NaOH (2) HCl→　（Cl, NH$_2$, OH）
クロルゾキサゾン

d. 還元により芳香族第一級アミンとなるもの

　芳香環をニトロ化し，次いで還元して芳香族第一級アミンとして検出することも可能である．
H$_2$SO$_4$ と NaNO$_3$ でニトロ化し，亜鉛末で還元する．

　（例）　アザチオプリン 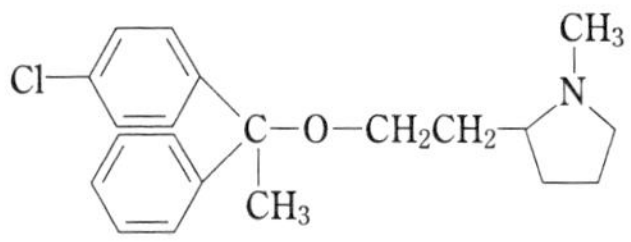　　クレマスチン 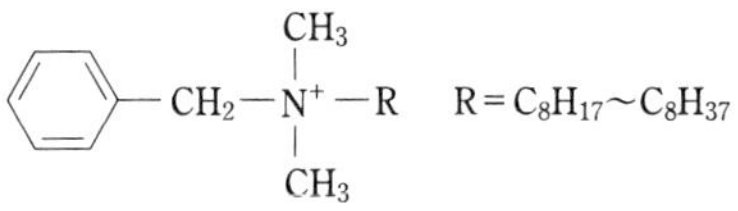　　ベンザルコニウム　R$=$C$_8$H$_{17}\sim$C$_8$H$_{37}$

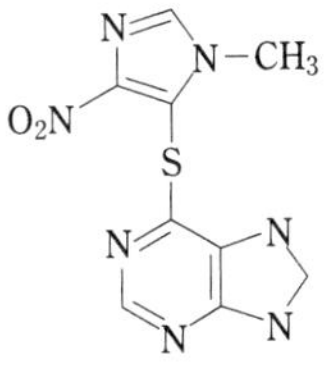

4.2.4　脂肪族第一級アミンの検出

　脂肪族第一級アミンに亜硝酸ナトリウムを作用させると，ジアゾニウム塩を形成するが，非常に
不安定で（ベンゼン環がないため，ジアゾニウムの三重結合と共存できない），ただちに水と反応し
て N$_2$ を放出し，アルコール体となる．

　（例）アミノ酢酸（グリシン）

$$H_2N-CH_2-COOH \longrightarrow [Cl^-N\equiv\overset{+}{N}-CH_2-COOH] \longrightarrow HO-CH_2-COOH+N_2$$

4.2.5　第二級アミンの検出

　脂肪族または芳香族どちらであっても N-ニトロソ化が起こる．N-ニトロソ化が起こったこと

は，塩基性物質が中性物質に変化したことでわかる．HCl酸性で反応を行うと，アミンははじめ溶けているが，ニトロソ化を受けると中性となって析出してくる．多くのニトロソ体は，黄色～黄緑色である．

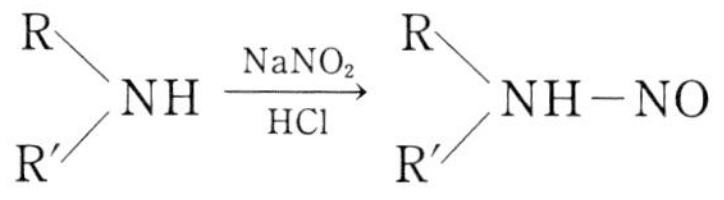

$$\underset{\text{塩基性}}{\overset{R}{\underset{R'}{>}}NH} \xrightarrow[\text{HCl}]{\text{NaNO}_2} \underset{\text{中性(析出)}}{\overset{R}{\underset{R'}{>}}NH-NO}$$

4.2.6 アミノ酸・イミノ酸の検出
・ニンヒドリン反応

α-アミノ酸はニンヒドリンと反応して青色～紫色（Ruhemann's purple）をプロリンやヒドロキシプロリンのようなイミノ酸では黄色に呈する．

（例）α-アミノ酸（ほぼ紫色），イミノ酸（黄色），カイニン酸（黄色）

4.2.7 フェノール類の検出反応
a. 塩化鉄(Ⅲ)による呈色（赤紫色～緑青色）

ベンゼン環に水酸基を有するものばかりではなく，複素環上に水酸基を有するものも呈色する．

（例）フェノール（青紫色），サリチル酸（紫紅色），エピネフリン（緑色 → 赤色），フェニレフリン（紫色），ピリドキシン（橙褐色），イソプロピルアンチピリン（淡赤色）

b. 加水分解してフェノール性水酸基を生じるもの

（例）クロルゾキサゾン，アスピリン

c. ジアゾカップリング反応

アンモニア存在下，2,6-ジブロムキノンクロルイミドを作用させると，o-またはp-位にカップリングし，青色のキノイド型色素を生じる．

（例）ブプラノロール（確），ピリドキシン塩酸塩（純）

4-ニトロベンゼンジアゾニウムフルオロボレート試液とカップリングし，赤色のアゾ色素を生じる．

（例）メフェナム酸（確），タルチレリン水和物（確）

d. ブロム化

フェノールのo-，p-位に臭素が置換反応し，白色～淡黄色沈殿を生じる．

（例）（確）確認試験，（純）純度試験．

e. 4-アミノアンチピリンとの反応

ピロカテコールは，4-アミノアンチピリンと酸化縮合して赤色のキノイド型色素を生じる．

レボドパ（確），テルブタリン硫酸塩（確）

4.2.8 チオール（メルカプタン）の検出

アルカリ性でペンタシアノニトロシル鉄(Ⅲ)酸ナトリウム（ニトロプルシドナトリウム，$Na_2[Fe(CN)_5(NO)\cdot 2H_2O]$）を作用させると，酸化されて紫色を呈する．

（例）ナプロキセン（確）

4 章 定 性 分 析　　　　　　　　　89

4.2.9　カルボン酸の検出

ヒドロキシルアミン過塩素酸塩・無水エタノール試液および N, N-ジシクロヘキシルカルボジイミド（DCC）でヒドロキサム酸（R−CONHOH）とし，これに過塩素酸鉄(Ⅲ)試液を加えると紫色の鉄キレート錯体を生成する.

4.2.10　カルボニル化合物の反応
a.　シッフ塩基の形成

$$\underset{R'}{\overset{R}{>}}C=O + R''-NH_2 \rightleftharpoons \underset{R'}{\overset{R}{>}}C=N-R''$$

（第一級アミン　　　　　　　シッフ塩基）

第一級アミンの代わりにヒドロキシルアミンを用いると，オキシムを形成する.

$$\underset{R'}{\overset{R}{>}}C=O + HONH_2 \rightleftharpoons \underset{R'}{\overset{R}{>}}C=N-OH$$

第一級アミンの代わりにフェニルヒドラジンを用いると，フェニルヒドラゾンを形成する.

$$\underset{R'}{\overset{R}{>}}C=O + C_6H_5-NHNH_2 \rightleftharpoons \underset{R'}{\overset{R}{>}}C=N-NH-C_6H_5$$

ヒドラゾンの形成を利用したヒドラジド基の検出（カルボニル化合物を用いてヒドラジド基の検出が可能）.

（例）ヒドララジン

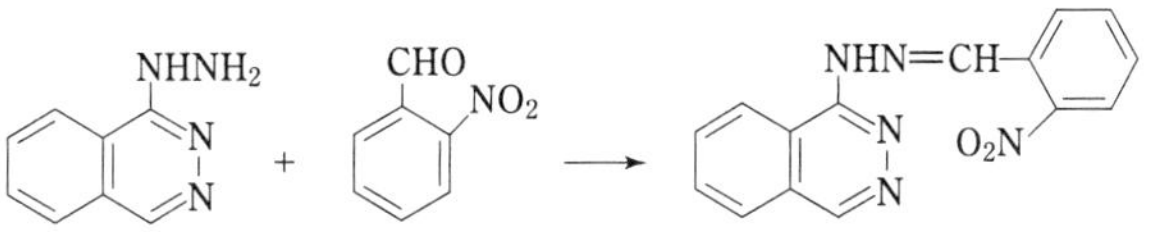

o−ニトロベンズアルデヒド　　　橙色の沈殿

b.　銀鏡反応とフェーリング反応

$$R-CHO + AgNO_3 \xrightarrow{アンモニアアルカリ性} Ag$$

$$R-CHO + CuSO_4 \xrightarrow{アルカリ性酒石酸K\cdot Na} Cu_2O$$

アルデヒド，還元糖は，塩基性条件下でトレンス試液（Ag^+）またはフェーリング試液（Cu^{2+}）を還元する.前者は銀鏡を，後者は酸化第一銅の赤色沈殿を生成する.

4.2.11　イソニトリル反応とヨードホルム反応
a.　イソニトリル反応（カルビラミン反応）

「クロロホルム＋第一級アミン」を NaOH 存在下で反応させると，R−NC（不快臭）を生成する.アルカリによりクロロホルムを生成するものは検出される.

（例）抱水クロラール，クロロブタノール，トリクロル酢酸

b. ヨードホルム反応（R−COCH₃：メチルケトンの検出反応）

$$R-COCH_3 \xrightarrow[I_2]{NaOH} R-COONa + CHI_3 （ヨードホルム, 黄色沈殿）$$

1) メチルカルビノールの検出　I₂(+NaOH) は酸化剤なので，この試薬によってメチルケトンに変化する化合物は，ヨードホルム反応陽性となる（メタノールは陰性，エタノールは陽性）.

（例）イソプロパノール（確）

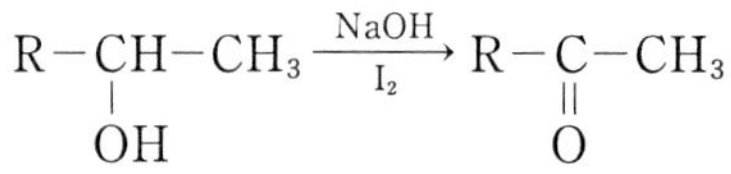

$$R-\underset{\underset{OH}{|}}{C}H-CH_3 \xrightarrow[I_2]{NaOH} R-\underset{\underset{O}{\|}}{C}-CH_3$$

4.2.12　有機酸塩類の定性反応

1) 安息香酸塩

①安息香酸塩の濃溶液に希塩酸を加えるとき，白色の結晶性の沈殿を生じる．沈殿を分取し，冷水でよく洗い，乾燥するとき，その融点は120〜124℃である.

②安息香酸塩の中性溶液に塩化鉄（Ⅲ）試液を滴加するとき，淡黄赤色の沈殿を生じ，希塩酸を追加するとき，白色の沈殿に変わる.

2) クエン酸塩

①クエン酸塩の溶液に過量の硫酸第二水銀試液を加え，沸騰するまで加熱し，過マンガン酸カリウム試液を加えるとき，脱色し，白色の沈殿を生じる．沈殿を分取し，これに塩化ナトリウム試液を加えるとき，溶ける.

②クエン酸塩の中性溶液に等容量の希硫酸を加え，その2/3容量の過マンガン酸カリウム試液を加え，試液の色が消えるまで加熱した後，全量の1/10容量の臭素試液を滴下するとき，白色の沈殿を生じる.

③クエン酸塩の中性溶液に過量の塩化カルシウム試液を加えて煮沸するとき，白色の結晶性の沈殿を生じる．沈殿を分取し，この一部に水酸化ナトリウム試液を加えても溶けない．また，他の一部に希塩酸を加えるとき，溶ける.

3) グリセロリン酸塩

①グリセロリン酸塩の溶液に塩化カルシウム試液を加えるとき，変化しないが，煮沸するとき，沈殿を生じる.

②グリセロリン酸塩の溶液にモリブデン酸アンモニウム試液を加えるとき，冷時沈殿を生じないが，長く煮沸するとき，黄色の沈殿を生じる.

③グリセロリン酸塩に等量の硫酸水素カリウムの粉末を混ぜ，直火でおだやかに加熱するとき，アクロレインの刺激臭を発する.

4) 酢酸塩

①酢酸塩に薄めた硫酸（1→2）を加えて加温するとき，酢酸のにおいを発する.

②酢酸塩に硫酸および少量のエタノールを加えて加熱するとき，酢酸エチルのにおいを発する.

③酢酸の中性溶液に塩化鉄（Ⅲ）試液を加えるとき，液は赤褐色を呈し，煮沸するとき，赤褐色の沈殿を生じる．これに塩酸を追加するとき，沈殿は溶け，液の色は黄色に変わる.

4 章 定 性 分 析

5） サリチル酸塩

①サリチル酸塩を過量のソーダ石灰と混ぜて加熱するとき，フェノールのにおいを発する.

$$C_6H_4(OH)COOH + NaOH(CaO) \rightarrow C_6H_5OH + CO_2$$

②サリチル酸塩の濃溶液に希塩酸を加えるとき，白色の結晶性の沈殿を生じる. 沈殿を分取し，冷水でよく洗い，乾燥するとき，その融点は約159℃である.

③サリチル酸塩の中性溶液に希塩化鉄（Ⅲ）試液5〜6滴を加えるとき，液は赤色を呈し，希塩酸を滴加していくとき，サリチル酸と Fe^{3+} とのキレート錯体を形成し，液の色ははじめ紫色に変わり，次に消える.

6） シュウ酸塩

①シュウ酸塩の硫酸酸性溶液に温時過マンガン酸カリウム試液を滴加するとき，試液の色は消える.

②シュウ酸塩の溶液に塩化カルシウム試液を加えるとき，白色の沈殿を生じる. 沈殿を分取し，これに希酢酸を加えても溶けないが，希塩酸を追加するとき，溶ける.

7） 酒石酸塩

①酒石酸塩の中性溶液に硝酸銀試液を加えるとき，白色の沈殿を生じる. 沈殿を分取し，この一部に硝酸を加えるとき溶ける. また，他の一部にアンモニア試液を加えて加温するとき溶け，徐々に器壁に銀鏡を生じる.

②酒石酸の溶液に酢酸2滴，硫酸鉄（Ⅱ）試液1滴および過酸化水素試液2〜3滴を加え，さらに過量の水酸化ナトリウム試液を加えるとき，赤紫色〜紫色を呈する.

③酒石酸の溶液2〜3滴に，あらかじめ硫酸5mLにレソルシノール溶液（1→50）2〜3滴および臭化カリウム試液（1→10）2〜3滴を加えた液を加え，水浴上で5〜10分間加熱するとき，濃青色を呈する. これを冷却して水3mLに加えるとき，液は赤色〜赤橙色を呈する.

8） 乳酸塩

乳酸塩の硫酸酸性溶液に過マンガン酸カリウム試液を加えて加熱するとき，アセトアルデヒドのにおいを発する.

4.2.13 主な骨格の検出反応

①ピリジン：1-クロロ-2,4-ジニトロベンゼンと加熱溶融すると N-ジニトロフェニルピリジニウム塩を生じ，アルカリ性にするとピリジン環が開いて赤色のグルタコン酸誘導体になる（フォンゲリヒテン反応）.

②インドール：（エールリッヒ反応）希硫酸存在下で，4-ジメチルアミノベンズアルデヒド・塩化鉄（Ⅲ）試液を加えて加熱すると，ピリジン環が開いて赤色のグルタコン酸誘導体になる.

（例）エルゴタミン酸石酸塩（確）青色，エルゴメトリン，マレイン酸塩（確）深青色.

③キサンチン：過酸化水素試液と塩酸を加えて蒸発乾固すると黄赤色のアマリン酸を生じ，アンモニア蒸気に触れると赤紫〜紫色のムレキシドを生成する（ムレキシド反応）.

④フェノチアジン：塩化鉄（Ⅲ）試液で酸化されて赤〜赤紫色を呈する.

4.2.14 試薬から見た検出反応

試薬から見た検出反応を次の表にまとめる.

試薬名	対象化合物	例	反応と色
亜硝酸ナトリウム	芳香族第一級アミン 脂肪族第一級アミン 第二級アミン 芳香族第三級アミン アンチピリン		ジアゾカップリング　赤色 ジアゾニウム塩の分解　N_2 発砲 N-ニトロソ化　析出 C-ニトロソ化 C4-ニトロソ化　緑色
硫酸銅	α-ケトール基 βアミノアルコール スルファニルアミド基 バルビタール類 エフェドリン	トリアムシノロンアセトアニド スルファキサゾール，スルチアム バルビタール，アモバルビタール	フェーリング反応　還元反応 　赤色（Cu_2O） n-ブチルアミンに溶かしクロロホルム層に転溶　銅緑色錯塩 ピリジンと反応　赤紫銅錯塩 長井反応　NaOH　青紫銅　（その他の確認試験）
塩化鉄（III）	フェノール カテコール ピラゾロン フェノチアジン 安息香酸塩	サリチル酸 エピネフリン アミノピリン クロルプロマジン	紫〜紫紅色 緑色 紫〜赤色 赤色 淡黄赤色沈殿 + HCl → 白色沈殿
ニトロプルシドナトリウム	—SH		アルカリ性　赤紫色
臭素	脂肪族不飽和二重結合 フェノール	カイニン酸，アルプレノロール塩酸塩	付加反応　臭素の褐色が脱色 o-, P-位に置換反応　白〜淡黄色の沈殿

演習問題

問 4.1　日本薬局方一般試験法の定性反応とその対象物の組合せとして正しいのはどれか．2つ選べ．
（第 101 回薬剤師国家試験より）

	対象物	定　性　反　応
1	過マンガン酸塩	本品の硫酸酸性溶液に過量の過酸化水素試液を加えるとき，泡立って脱色する．
2	塩化物	本品の溶液に硝酸銀試液を加えるとき，黄色の沈殿を生じる．沈殿を分取し，この一部に希硝酸を，また，他の一部に過量のアンモニア試液を追加してもいずれも沈殿は溶けない．
3	チオ硫酸塩	本品に硫酸およびメタノールを混ぜて点火するとき，緑色の炎をあげて燃える．
4	炭酸塩	本品の冷溶液にフェノールフタレイン試液 1 滴を加えるとき，液は赤色を呈しないか，または赤色を呈してもきわめてうすい．
5	リン酸塩	本品の希硝酸酸性溶液に七モリブデン酸六アンモニウム試液を加えて加温するとき，黄色の沈殿を生じ，水酸化ナトリウム試液またはアンモニア試液を追加するとき，沈殿は溶ける

問 4.2　「溶液は赤紫色を呈し，その硫酸酸性溶液に過酸化水素試液を加えるとき，泡だって脱色する」ことによって確認される化合物はどれか．1つ選べ．　　　　　（第 98 回薬剤師国家試験より）
　　　1　過マンガン酸塩　　2　臭素酸塩　　3　第一鉄塩　　4　第二銅塩　　5　ヨウ化物

問 4.3　以下の記述は，日本薬局方に収載されているアスピリンの確認試験である．　□　に入れるべき化合物の名称はどれか．1つ選べ．　　　　　　　　　　　（第 97 回薬剤師国家試験より）
　　　本品 0.5 g に炭酸ナトリウム試液 10 mL を加えて 5 分間煮沸し，希硫酸 10 mL を加えるとき，酢

4 章 定 性 分 析　　　　　　　　　　　　　　　　　93

酸のにおいを発し，白色の沈殿を生じる．また，この沈殿をろ過して除き，ろ液にエタノール(95)
3 mL および硫酸 3 mL を加えて加熱するとき，　□　のにおいを発する．

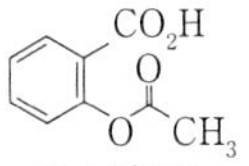

　　　　　　　　　　　1　酢酸　　2　酢酸エチル　　3　ギ酸　　4　メタノール　　5　フェノール

アスピリン

問 4.4　日本薬局方医薬品サラゾスルファピリジンの確認試験に関する記述のうち，正しいものはどれか．

（第 95 回薬剤師国家試験より）

　　　本品 0.1 g を希水酸化ナトリウム試液 20 mL に溶かした液は赤褐色を呈し，これに亜ジチオン酸
ナトリウム 0.5 g を振り混ぜながら徐々に加えるとき，液の赤褐色は徐々に退色する．

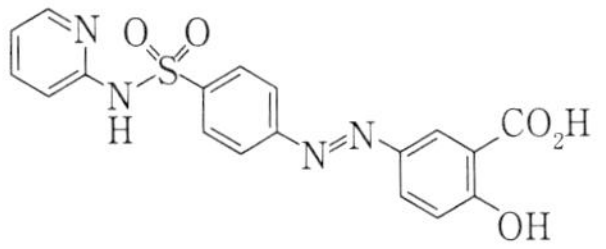

サラゾスルファピリジン

1　希水酸化ナトリウム試液に溶かすと，スルホンアミド結合が加水分解され赤褐色を呈する．
2　亜ジチオン酸ナトリウムによる還元反応で赤褐色が退色する．
3　この試験で 4-アミノサリチル酸が生成する．
4　この試験の反応液は芳香族第 1 級アミンの定性反応を呈する．

問 4.5　次の日本薬局方一般試験法定性反応に関する記述の正誤について，正しい組合せはどれか．
a　アルミニウム塩の溶液に水酸化ナトリウム試液を加えるとき，白色のゲル状の沈殿を生じ，過量の
　水酸化ナトリウム試液を追加しても，沈殿は溶けない．
b　第二銅塩の溶液に少量のアンモニウム試液を加えるとき，淡青色の沈殿を生じ，過量のアンモニ
　ア試液を追加するとき，沈殿は溶け，液は濃青色を呈する．
c　第二鉄塩の弱酸性溶液にヘキサシアノ鉄（Ⅱ）酸カリウム試液を加えるとき，青色の沈殿を生じ，
　希塩酸を追加しても沈殿は溶けない．

	a	b	c
1	正	正	正
2	正	誤	誤
3	誤	誤	正
4	正	正	誤
5	誤	正	正

問 4.6　日本薬局方一般試験法定性反応として記載されている物質ア〜ウの確認法に関するものである．正
しい組合せはどれか．
　ア　チオ硫酸塩　イ　リン酸塩（正リン酸塩）　ウ　硫酸塩
a　試料の硝酸酸性溶液に亜硝酸ナトリウム試液 5〜6 滴を加えるとき，液は黄色〜赤褐色を呈し，こ
　れにクロロホルム 1 mL を加えて振り混ぜるとき，クロロホルム層は黄色〜赤褐色を呈する．
b　試料の酢酸溶液にヨウ素試液を滴加するとき，試液の色は消える．
c　試料の中性または希硝酸酸性溶液に七モリブデン酸六アンモニウム試液を加えて加温するとき，
　黄色の沈殿を生じ，水酸化ナトリウム試液またはアンモニア試液を追加するとき，沈殿は溶ける．
d　試料の溶液に塩化バリウム試液を加えるとき，白色の沈殿を生じ，希硝酸を追加しても沈殿は溶
　けない．

	ア	イ	ウ
1	d	c	b
2	c	d	a
3	b	a	c
4	a	b	d
5	b	c	d

問 4.7 日本薬局方定性反応の有機酸塩の記述について，正しい組合せはどれか.
a 固体試料を過量のソーダ石灰と混ぜて加熱するとき，フェノールのにおいを発する.
b 硫酸酸性溶液に温時，過マンガン酸カリウム試液を滴加するとき，試液の色は消える.
c 硫酸酸性溶液に過マンガン酸カリウム試液を加えて加熱するとき，アセトアルデヒドのにおいを発する.

	a	b	c
1	安息香酸塩	酒石酸塩	酢酸塩
2	ルチル酸塩	酢酸塩	乳酸塩
3	サルチル酸塩	シュウ酸塩	乳酸塩
4	安息香酸塩	サルチル酸塩	酢酸塩
5	サルチル酸塩	シュウ酸塩	クエン酸塩水和物

問 4.8 （ヨードホルム反応）日本薬局方イソプロパノールの確認試験のうち，正しい組合せはどれか.
　　本品 1 mL にヨウ素試液 2 mL および水酸化ナトリウム試液 2 mL を加えて振り混ぜるとき，淡黄色の沈殿を生じる.
a 淡黄色の沈殿はヨウ化ナトリウムである.
b 淡黄色の沈殿はヨードホルムである.
c メタノールはこの確認試験に陽性である.
d エタノールはこの確認試験に陽性である.
e アセトンはこの確認試験に陽性である.
1 （a, c, d）　　2 （a, c, e）　　3 （b, c, d）　　4 （b, c, e）　　5 （b, d, e）

問 4.9 次の記述は，ある薬品の日本薬局方確認試験の一部である. 1〜5 の薬品名を答えよ. これによって試験される医薬品はどれか.　　　　　　　　　　　　　　　　（第 90 回国家試験問題より）
(1) 本品の水溶液（1 → 1000）5 mL にニンヒドリン試液 1 mL を加え，水浴中で 3 分間加熱するとき，液は赤色を呈する.
(2) 本品の水溶液（1 → 5000）2 mL に 4-アミノアンチピリン試液 10 mL を加えて振り混ぜるとき，液は赤色を呈する.

問 4.10 日本薬局方確認試験に関する記述 a～c に含まれる反応の正しい組合せはどれか.

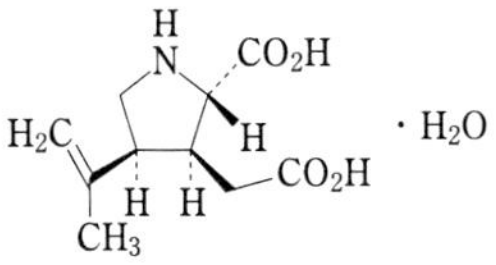

カイニン酸水和物

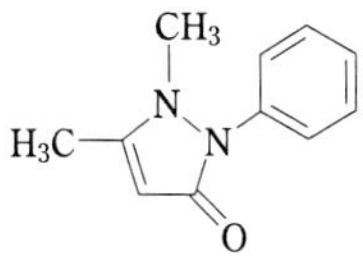

アンチピリン

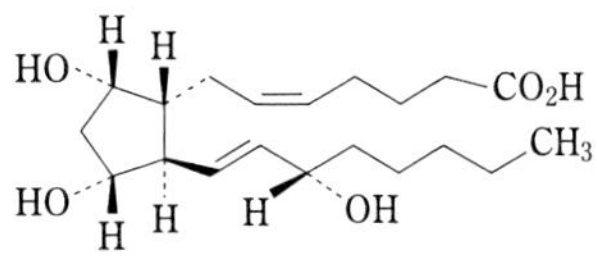

ジノプロスト

a カイニン酸水和物 0.05 g を酢酸 (100) 5 mL に溶かし，臭素試液 0.5 mL を加えるとき，試液の色はただちに消える.

b アンチピリンの水溶液 (1 → 100) 5 mL に亜硝酸ナトリウム試液 2 滴および希硫酸 1 mL を加えるとき，液は濃緑色を呈する.

c ジノプロスト 5 mg に硫酸 2 mL を加え，5 分間振り混ぜて溶かすとき，液は暗赤色を呈する. この液に硫酸 30 mL を追加するとき，液は橙黄色を呈し，緑色の蛍光を発する.

	置換反応	付加反応	脱離反応
1	a	b	c
2	a	c	b
3	b	a	c
4	b	c	a
5	c	a	b
6	c	b	a

問 4.11 (酸触媒存在下におけるアミド結合とイミド結合の加水分解)
次の記述は，日本薬局方医薬品ニトラゼパムの確認試験の一部である. (1) および (2) の試験で呈色する物質を a～f から選びなさい.

ニトラゼパム

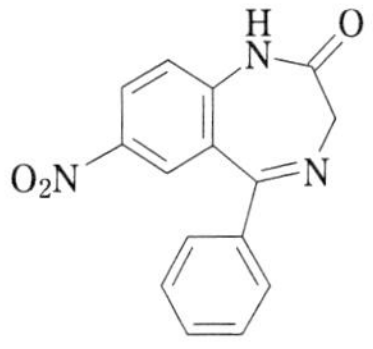

(1) 本品 0.02 g に希塩酸 15 mL を加え，5 分間煮沸し，冷後，ろ過する. ろ液は芳香族第一級アミンの定性反応を呈する.

(2) (1) のろ液 0.5 mL に水酸化ナトリウム試液を加えて中和し，ニンヒドリン試液 2 mL を加えて水浴上で加熱するとき，液は赤紫色を呈する.

a

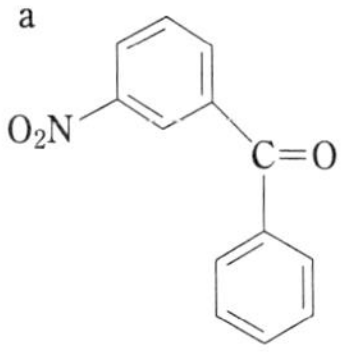

b

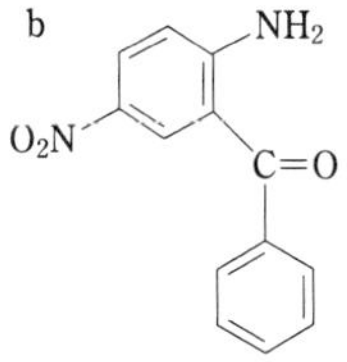

c

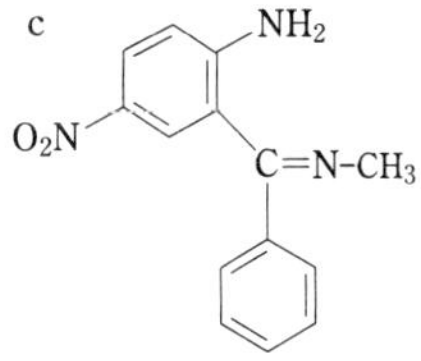

d

$H_3CCHCOOH$
　　|
　NH_2

e

H_2NCH_2COOH

f

$H_2NCOCH_2NH_2$

問 4.12 (酸加水分解とベンジジン転位) 日本薬局方フェニルブタゾンの確認試験に関する次の記述を読み，以下の問に答えよ.

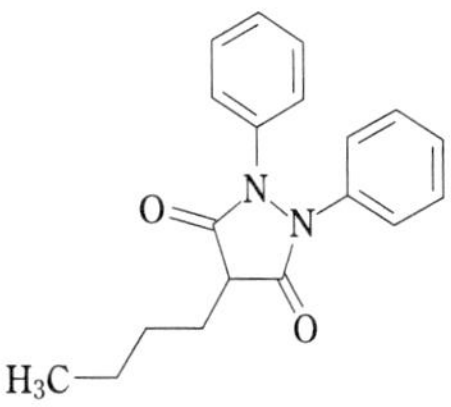

本品 0.1 g に酢酸 (100) 1 mL 及び塩酸 1 mL を加え，還流冷却器を付け，水浴上で 30 分間加熱した後，水 10 mL を加え，氷冷する. この液をろ過し，ろ液に亜硝酸ナトリウム試液 3～4 滴を加える. この液 1 mL に 2-ナフトール試液 1 mL 及びクロロホルム 3 mL を加えて振り混ぜるとき，クロロホルム層は濃赤色を呈する.

次の記述の（　　）の中に入れるべき字句の正しい組合せはどれか.

本反応においては最初に加水分解反応が起こり，（ ア ）が生成する. 次いで，これが

96 　3部　化学物質の定性分析・定量分析

（　イ　）により，（　ウ　）となる．（　ウ　）のジアゾ反応による呈色により確認する．

	ア	イ	ウ
1	ヒドラゾベンゼン	Beckmann 転移	4,4′-ジアミノビフェニル
2	アニリン	ベンジジン転移	フェニルアラニン
3	アセトアミド	Beckmann 転移	フェニルアラニン
4	ヒドラゾベンゼン	ベンジジン転移	4,4′-ジアミノビフェニル
5	アニリン	Beckmann 転移	フェニルアラニン
6	アセトアミド	ベンジジン転移	4,4′-ジアミノビフェニル

問 4.13　（においによる確認反応）日本薬局方ニトログリセリン錠の確認試験法に関して（　　）の中に入れるべき化合物の名称はどれか．

本品を粉末とし，表示量に従いニトログリセリン（$C_3H_5N_3O_9$）6mg に対応する量をとり，ジエチルエーテル 12mL を加え，よく振り混ぜた後，ろ過し，ろ液を試料溶液とする．

試料溶液 5mL をとり，ジエチルエーテルを蒸発させ，残留物に水酸化ナトリウム試液 5 滴を加え，小さい炎の上で加熱し，約 0.1mL に濃縮する．冷後，残留物に硫酸水素カリウム 0.02g を加えて，加熱するとき，（　　）のにおいを発する．

1　アンモニア　　　　　2　アセトアルデヒド　　3　アクロレイン
4　ホルムアルデヒド　　5　一酸化二窒素

問 4.14　日本薬局方ベンザルコニウム塩化物は $[C_6H_5CH_2N(CH_3)_2R]Cl$ で示され，R は C_8H_{17}〜$C_{18}H_{37}$ で，主として $C_{12}H_{25}$ および $C_{14}H_{29}$ からなる．この化合物を確認する試験は芳香族第一級アミンの定性反応を利用している．

この確認試験に関する記述の空欄（A）から（E）に入れるべき操作順序を 1〜5 から選びなさい．

本品を水に溶かす．→（A）→（B）→（C）→（D）→（E）

液は赤色を呈する．

1　アミド硫酸アンモニウム試液を加えてよく振り混ぜ，1 分間放置する．
2　N-(1-ナフチル)-N'-ジエチルエチレンジアミンシュウ酸試液を加える．
3　硝酸ナトリウムを加えて水浴上で 5 分間加熱し，放冷する．
4　水および亜鉛末を加え，5 分間加熱し，冷後，ろ過し，ろ液を用いる．
5　氷冷しながら亜硝酸ナトリウム試液を加えて振り混ぜ，2 分間放置する．

【解答と解説】

4.1　1, 5

4.2　1

4.3　2

4.4　2, 4

［解説］希水酸化ナトリウム試液に溶かすだけで加水分解されない．亜ジチオン酸ナトリウムによりアゾ基が還元的に開裂して 2 個の芳香族第一級であるアミンスルファピリジンと 5-アミノサリチル酸が生成する．

4.5　5

［解説］a：アルミニウム塩の溶液に NaOH 試液を加えるとき，白色ゲル状の水酸化物の沈殿を生じ，過量の NaOH 試液でメタアルミン酸ナトリウム（$NaAlO_2$）の沈殿は溶ける．両性水酸化物の沈殿と溶解である．また，塩化アンモニウム試液とアンモニア試液では沈殿を生じるが，過量のアンモニア試液を加えても沈殿は溶解しない．

b：銅（II）の水酸化物の沈殿からアンミン錯イオン $[Cu(NH_3)_4]^{2+}$ が生成する反応．

4.6 5
［解説］ア：ヨウ素の色が消える．イ：七モリブデン酸六アンモニウム試液・黄色沈殿．
4.7 3
4.8 5
［解説］d：エタノールはヨウ素の酸化でアセトアルデヒドとなり陽性となる．

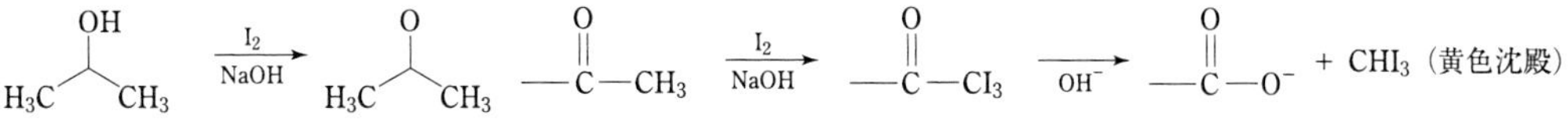

$$\underset{H_3C\ \ CH_3}{OH} \xrightarrow[NaOH]{I_2} \underset{H_3C\ \ CH_3}{O} \longrightarrow -\underset{}{C}-CH_3 \xrightarrow[NaOH]{I_2} -\underset{}{C}-CI_3 \xrightarrow{OH^-} -\underset{}{C}-O^- + CHI_3\ (黄色沈殿)$$

4.9 4
［解説］1はグアヤコールスルホン酸，2はメフェナム酸，3はトラネキサム酸，4はレボドパ，5はバクロフェンであり，3,4,5はニンヒドリン試薬で呈色する．4-アミノアンチピリンはパラ位のあいているフェノール性水酸基を有する化合物と酸化剤の存在下で縮合し，インドフェノールを生成する．

4.10 3
［解説］a：カイニン酸は4位のプロペニル基に対する臭素の付加反応．
b：ピラゾロン環の4位におけるニトロソ化反応（置換反応）であり，芳香族ニトロソ化合物の多くは緑色を呈する．
c：9,11,15位の水酸基が硫酸により脱水されると，オレフィンが生じ共役系が長くなるので黄色となり，また紫外線を吸収して蛍光を発する．

4.11 (1) b (2) e
［解説］7員環内のアミドとイミンは，希塩酸中で加熱することによって加水分解を受け，bの2-アミノ-5-ニトロベンゾフェノンとeのアミノ酢酸（グリシン）が生成する．bは芳香族第一級アミンとして反応し，eはアミノ酸なのでニンヒドリン試液により呈色する．

4.12 4
［解説］

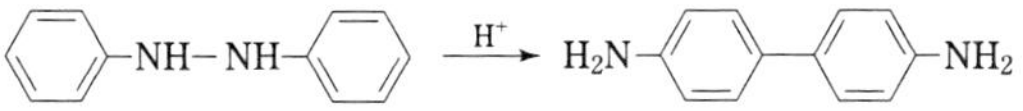

～NH-NH～ →(H+) H₂N-～-～-NH₂
ヒドラゾベンゼン　　　4,4′-ジアミノビフェニル

4.13 3
［解説］

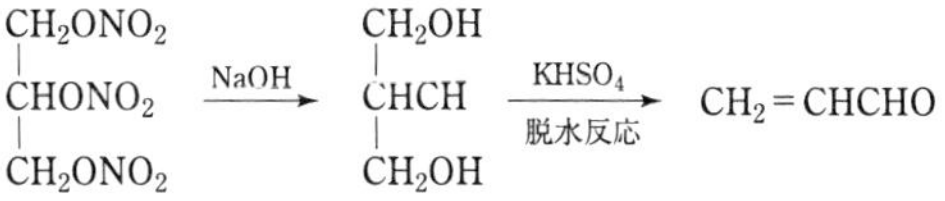

CH₂ONO₂　　　CH₂OH
CHONO₂ ─(NaOH)→ CHOH ─(KHSO₄ 脱水反応)→ CH₂=CHCHO
CH₂ONO₂　　　CH₂OH
ニトログリセリン　　グリセリン　　　アクロレイン

4.14 A 3 B 4 C 5 D 1 E 2
［解説］塩化ベンザルコニウムのベンゼン環をcニトロ化し，還元して芳香族第一級アミンとし(4)，ジアゾ化し(5)，過剰の亜硝酸をアミド硫酸アンモニア試液で分解，除去する(1)．津田試薬とカップリングさせ，アゾ色素を生成させる(2)．

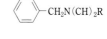

5 定量分析（容量分析）

●キーワード

標定/重量比法/直接法/間接法/希釈法/貯法/標準液/定量/含量%/酸塩基滴定/キレート滴定/沈殿滴定/酸化還元滴定/滴定曲線/中和点（当量点）/終点/酸・塩基指示薬/pH 飛躍（pH-jump）/直接滴定/逆滴定/非水滴定/非水溶媒/水の水平化効果/塩基性窒素原子/溶媒和プロトン/溶媒陰イオン/配位子/EDTA/キレート生成定数/2 価以上の金属/キレート効果/キレート指示薬/エリオクロムブラックT（EBT）指示薬/NN 指示薬/ジチゾン/緩衝液/溶解度積/モール法/ファヤンス法/ホルハルト法/リービッヒ・ドニージェ法/硝酸銀液/チオシアン酸アンモニウム液/水酸化ナトリウム試液/亜鉛末/無機ハロゲン化合物/有機ハロゲン化合物/酸化還元反応/酸化剤/還元剤/電極電位/酸化還元指示薬/ヨウ素滴定/デンプン試液/臭素滴定/ヨウ化カリウム試液/亜硝酸塩滴定/芳香族第 1 級アミン/過マンガン酸滴定/滴定終点検出法/電位差滴定/電流滴定法/電気伝導度滴定法/電量滴定法/指示電極/参照電極/銀-塩化銀電極/電気伝導度

　容量分析とは，ある物質と過不足なく反応する濃度既知の標準液の体積（容量）を測定する滴定操作により，目的物質の定量を行う方法である．容量分析で用いられる化学反応は，反応が定量的に単一方向に進行し，反応速度が大きく，その目的物質と標準液とが過不足なく反応したことを検出できる滴定終点検出法が必要である．滴定は，中和滴定，非水滴定，キレート滴定，沈殿滴定，酸化還元滴定，電気滴定に大きく分けられる．

　容量分析法は，比較的簡便であり，必要とされる機材も安価である．また，機器分析法に比べると，微量試料の取り扱いや簡便さについては劣るが，精密性や正確性において利点を持っており，有効数字 4 桁まで測定することが可能である．日本薬局方の医薬品の定量法として広く用いられている．

5.1　定　量　分　析　法

　医薬品の組成，成分の含量などは化学的，物理的または生物的方法によって測定されるが，その中で化学的分析法（容量分析法）で正確な定量値を求めるためには，正確な濃度の標準液を，化学反応量論に基づいて医薬品と反応させる必要がある．

　すなわちその操作は，容量分析用標準液を調製し，正確な濃度を求めるために標定を行い，濃度が既知となった標準液を用いて医薬品を滴定して，対応量から含量%を求める．

　本節では，酸塩基反応，酸化還元反応，キレート反応，沈殿反応を利用した化学的分析法における定量計算の理論・方法を解説する．

5.1.1　滴　定　と　は

反応が完了するまでに加えた標準液（濃度既知の溶液）の体積を測定する操作を示し，滴定の終

点は，指示薬の色または電位や電流などの物理化学的性質の変化から決定する．通常はビュレットに入れた標準液を，ビーカーに入れた試料溶液に加えて反応させる．この操作を**滴定**(titration)といい，標準液をビュレットに入れて，試料溶液に滴下する方法を常法という．また逆に，試料溶液をビュレットに入れて，標準液に滴下する方法は倒法という．滴定には**直接滴定**と**逆（間接）滴定**がある．その際に行われる空試験とは，測定すべき試料を入れずに本試験と同様に操作する方法である．

a. 滴定の方式

①**直接滴定**：目的物質と速やかに化学反応を行う標準液を試料溶液の中へ滴下し，終点までに消費した標準液の体積から目的物質の量を算出する方法（図5.1）．

図5.1 直接滴定の原理

この場合の標準液の消費量（滴定量）は，（本試験値－空試験値）となる．直接滴定の空試験は，標準液と反応する不純物など滴定への影響を補正するために行う．

（例） 0.1 mol/L チオ硫酸ナトリウム液の標定（酸化還元滴定）

②**逆滴定**：本試験と空試験を行う．本試験は，試料と反応する第1標準液をホールピペットで一定量加えて放置または加熱し，反応完了後，反応せずに残った第1標準液に対して，ビュレットから第2標準液（f既知）を滴下して，終点までに消費した体積を求める（本試験値）．空試験は，試料を入れずに，同様の操作を行って得られた消費量である（図5.2）．医薬品などの目的物質が消費した第2標準液の消費量は，（空試験値－本試験値）で得られる．

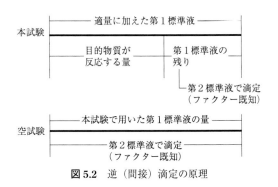

図5.2 逆（間接）滴定の原理

逆滴定の空試験は，第2標準液（f既知）を用いて第1標準液の濃度を正確に求めるために行う．

（例） アスピリンの定量（酸塩基滴定）フェニレフリンの定量（酸化還元滴定）

医薬品を定量するためには，調製した標準液の標定（濃度を正確に求める，4つの方法がある）を行う必要がある．次に標定された標準液を基準として，目的物質の濃度を測定する（定量という）．

100　　　　　　3 部　化学物質の定性分析・定量分析

容量分析における計算は，化学反応式から標準液と目的物質の反応量比に基づいて対応量をあらかじめ求め，それにより実験値から反応量を出し，含量 % を算出する．

操作の流れ　　　　標準液の調製　　⇨　　標準液の標定　　⇨　　医薬品などの定量
　　　　　　　　　　比重や密度を　　　　　①重量比による方法　　　①直接滴定
　　　　　　　　　　用いた計算　　　　　　②直接法（1 次標準法）　②逆（間接）滴定
　　　　　　　　　　　　　　　　　　　　　③間接法（2 次標準法）
　　　　　　　　　　　　　　　　　　　　　④希釈法

注：対応量とは，標準液 1 mL の消費が目的物質何 mg に相当するのか関係を示したものである．日本薬局
　　方では，対応量は有効数字 4 桁で mg 表示する．

　本章では，標定と定量の一般的操作に引き続いて，中和水溶液，非水，沈殿，キレート，酸化還元滴定（ジアゾ化滴定含む）による医薬品の定量について説明する．

5.1.2　滴定の諸操作

　日本薬局方容量分析用標準液である 0.05 mol/L エチレンジアミン四酢酸二水素二ナトリウム液の標定を例にして通則に関連した下線の基本的な操作や器具については以下に示した．

　亜鉛（標準試薬）を希塩酸で洗い，次に水洗し，さらにアセトンで洗った後，110 ℃で 5 分間乾燥した後，デシケーター（シリカゲル）中で放冷し，その①約 0.8 g を精密に量り，希塩酸 12 mL および臭素試液 5 滴を加え，穏やかに加温して溶かし，煮沸して過量の臭素を追い出した後，水を加えて②正確に 200 mL とする．③この液 20 mL を正確に量り，④水酸化ナトリウム試液（1→50）を加えて中性とし，pH 10.7 のアンモニア・塩化アンモニウム緩衝液 5 mL および EBT・NaCl 指示薬 0.04 g を加え，調製したエチレンジアミン四酢酸二ナトリウム液で，液の赤紫色が青紫色に変わるまで滴定し，ファクターを計算する．

　　　　　　0.05 mol/L エチレンジアミン四酢酸二水素二ナトリウム液 1 mL＝3.271 mg Zn

　　　　　（**注**：ポリエチレン瓶に保存する）

　①約 0.8 g：$0.8 \pm 0.8 \times (10/100) = 0.7200 \sim 0.8800$ g

　②受用の器具：メスフラスコ

　③出用の器具：ホールピペットまたは全量ピペット

　④希釈：NaOH 固体 1 g に，水を加えて 50 mL としたもの．

a. 計量器具について

　受用（To contain：TC）：入れる液が占める容積を目盛った容器，つまり，入った量が正確に計れる容器．メスフラスコ

　出用（To deliver：TD）：出した液の容積を示す目盛りのあるもの，つまり，出した量が正確に計れる容器．ピペット，ビュレット

他に，受用は Internal（In）または Einguss（E），出用は External（Ex）または Ausguss（A）という表記がある．

> 「液を正確にとる」場合には，全量ピペット（ホールピペット）を用いる．
> 「溶液を正確に100 mLとする」場合には，メスフラスコを用いる．ビュレットの読みは，小数点以下2桁まで読む（2桁目は目分量で読む）．

b. メニスカスの見方

体積計に入れた液体の表面は，表面張力のためにメニスカス(meniscus, 曲面)となる．目の位置によっては視差を生じ，読み取り誤差を生じてしまう．計算の結果，桁数の細かい値が得られても，用いた体積計の形によっては読み方（視定）や精度によって大きな誤差が含まれてしまうことに留意する必要がある（図5.3）．

c. 円筒形体積計

ビュレット：目をメニスカスの最下部を通る水平面の約25 cmの距離におき，視線とメニスカス最下部と目盛りの下線とを一致させた点を読む（水平視定）．シェルバッハ型ビュレットのような管の背後に青線が入っている場合には，液面の屈折のために青線がくびれて，最も細く見える位置をメニスカスの最下部として読む．

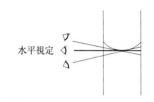

図5.3 メニスカスの合わせ方

ホールピペット：垂直に立てて水平視定する．円筒部が細いので精密である．

メスシリンダー：垂直に立てて水平視定するが，円筒部が太く，公差が大きいので視定はあまり精密でなくてよい．つまり，精密に量る器具ではない．

d. 円錐形体積計

メートルグラス：円錐形の液量計の場合は，最深部から出る水平方向の光線が，ガラス面で屈折し，上方に屈折して目に入る．したがって，上方より少し斜め下にしてメニスカスを読む（図5.4）．公差が大きいので，精密な測定はできない．最近は円錐の度合が小さいメートルグラスが使われ，薬学では調剤の現場でよく使われる．その際，メスシリンダーと同様に保持し，水平視定でメニスカスを合わせることが多くなった．

図5.4 メートルグラスのメニスカスの見方

5.1.3 定量分析に関わる日本薬局方通則

1 この日本薬局方を第十七改正日本薬局方と称し，その略名は「日局十七」，「日局17」，「JP XVII」または「JP17」とする．

2 この日本薬局方の英名を「The Japanease Pharmacopoeia Seventeenth Edition」とする．

6 日本薬局方の医薬品名，又は物質名の次に（ ）で分子式又は組成式を付けたものは，化学的純物質を意味する．日本薬局方において用いる原子量は，1999年国際原子量表による．また分子量は，小数点以下第2位までとし，第3位を四捨五入する．

10 滴数を量るには，20℃において「精製水」20滴を滴加するとき，その質量が0.90〜1.10 gとなるような器具を用いる．

14 医薬品の試験に用いる水は「精製水」とする．

16 溶液の濃度を（1→3），（1→10），（1→100）などで示したものは，固形の薬品は1g，液状の薬品は1mLを溶媒に溶かして全量をそれぞれ3mL，10mL，100mLなどとする割合を示す．また混液を（10：1）又は（5：3：1）などで示したものは，液状薬品の10容量と1容量の混液又は5容量と3容量と1容量の混液などを示す．

18 医薬品の試験において，nけたの数値を得るには，通例，（n+1）けたまで数値を求めた後，（n+1）けた目の数値を四捨五入する．

21 医薬品等の試験に用いる水は，試験を妨害する物質を含まないなど，試験を行うのに適した水とする．

24 質量を「精密に量る」とは，量るべき最小位を考慮し，0.1mg，10μg，1μg又は0.1μgまで量ることを意味し，また，質量を「正確に量る」とは，指示された数値の質量をその桁数まで量ることを意味する．

28 定量法は，医薬品の組成，成分の含量，含有単位などを物理的，化学的又は生物学的方法によって測定する試験法である．

29 定量に供する試料の採取量に「約」をつけたものは，記載された量の±10%の範囲をいう．また，試料について単に「乾燥し」とあるのは，その医薬品各条の乾燥減量の項と同じ条件で乾燥することを示す．

31 医薬品各条の定量法で得られる成分含量の値について，単にある%以上を示し，その上限を示さない場合は101.0%を上限とする．

参考 水の種類（通則21と製剤通則7参照）

常水：通例，水道水および井戸水をさし，水道法第4条に基づく水質基準に適合した水．塩素との反応に注意する．

精製水：常水を蒸留，イオン交換，超ろ過またはそれらの組み合せにより生成した水で，通常，医薬品の試験に用いる水である．

滅菌精製水：精製水を滅菌したものである．本品は注射剤の調製に用いない（発熱性物質を含む可能性があるため）．

注射用水：本品は，「常水」にイオン交換，逆浸透等による適切な前処理を行った水または「精製水」の，蒸留または超ろ過により製したものである．本品を超ろ過法（逆浸透膜，分子量約6000以上の物質を除去できる限外ろ過膜，またはこれらの膜を組み合わせた製造システムにより水を精製する方法）により製する場合，微生物による製造システムの汚染に特に注意し，蒸留法により製したものと同等の水質を持つものとする．

注：薬剤師国家試験の医薬品の化学的分析法は，日本薬局方の標定や定量に基づいて出題されることが多い．問題文の前置きが長く，読んでいるうちに混乱しやすいが，標準液と測定したい物質の反応点との比がわかれば，対応量を計算することができる．さらに試薬を加える意味や工夫している点なども把握することが必要である．滴定は終点判定が重要であるが，その終点指示法には指示薬法と電位差法がある．指示薬法は各滴定法の章で述べる．電位差法の種類については表5.1に簡単に示した．

電位差滴定：電極間の電位差（起電力の変化が最大となる点）を滴定終点の指示に使う方法．参照電極として，通例，銀-塩化銀電極を用いる．指示電極は表5.1による．

5章　定量分析（容量分析）

表5.1　電位差滴定で使われる指示電極と参照電極

滴定の種類	指示電極	参照電極
酸塩基滴定（中和滴定）	ガラス電極	
非水滴定	ガラス電極	
酸化還元滴定	白金電極	銀–塩化銀電極
沈殿滴定	銀電極．参照電極の銀–塩化銀電極を用い，これと試料間に飽和硝酸カリウム溶液の塩橋をつける．	
キレート滴定	水銀–塩化水銀（Ⅱ）電極	

5.1.4　標　　定

　標定とは，濃度未知の標準液の濃度を正確に求める方法である．つまり，ファクター（f，モル濃度係数ともいう）を求めることである．ファクターは，「正確な濃度 ＝ 表示の濃度 × ファクター」で求められる係数である（日局17では0.970～1.030の間に入ることが定められており，小数点以下3桁で表す）．

$$真の濃度＝表示の濃度×ファクター$$
$$例　0.0998\,\mathrm{mol/L}＝0.1\,\mathrm{mol/L}×0.998$$
$$0.1023\,\mathrm{mol/L}＝0.1\,\mathrm{mol/L}×1.023$$

標定の実験方法には，①重量比による方法，②直接法（1次標準法），③間接法（2次標準法），④希釈法の4つがある．

　注：標定の直接法，間接法と滴定方法の直接滴定法，間接滴定法とは区別すること．

a. 重量比による方法

　標準試薬（ヨウ素酸カリウム，二クロム酸カリウム，シュウ酸ナトリウムなど）そのものを標準液として用いる場合に適用する．標準試薬を精密に量り溶媒を加えて溶かして，正確に調製する（図5.5）．「標準試薬の秤量値が正確さの拠りどころ」となり，ファクターは理論値に対する秤量値のずれを表す．次の式で求めることができる．

$$f＝\frac{実際の採取量}{理論値}$$

　（例）　$\dfrac{1}{60}$ mol/L 二クロム酸カリウム液の調製（$K_2Cr_2O_7$の純度は99.98%とする）

　$\dfrac{1}{60}$ mol/L 溶液を1000mL調製するためには，計算値では $K_2Cr_2O_7$ を $\dfrac{294.18}{60}＝4.9030$ g 量ればよい．実際に4.8730gを採取し，メスフラスコを用いて，正確に1000mLとするとファクターは，次式で計算できる．

$$f＝\frac{4.8730×(99.98/100)}{4.9030}＝0.994$$

つまりこのときは，表示濃度よりも薄い標準液を調製したことになる．このように二クロム酸カリウムは，純度99.98%以上の容量分析用標準物質を用いるので，標定操作は必要とせず，計算でファクターを求めることができる．

　注：標準試薬とは，高純度（99.90%以上）であって，化学的に安定な物質である．日本工業規格（JIS）に記載されている．

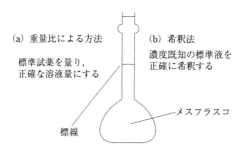

図 5.5 重量比法(a)と希釈法(b)による標定の実験

b. 直接法（1次標準法）

標準試薬を用い，未標定標準液で滴定する方法．「標準試薬の秤量値と正確な滴定値が正確さの拠りどころ」となる．ファクターは以下の式で表される．

$$f = \frac{a(\mathrm{mg})}{\text{対応量}\,(\mathrm{mg}) \times V(\mathrm{mL})}$$

ここで，a：標準試薬の採取量，V：未標定標準液の滴定量．この式は，以下の式から導かれている．

$$f = \frac{a/\text{対応量}}{V(\mathrm{mL})}$$

分母は標準液が実際に消費した量 $V(\mathrm{mL})$，分子は消費するであろう標準液の予想量を示す（標準液 1 mL ＝ 標準試薬の対応量なので，標準試薬の採取量 a を対応量で割ると $f = 1.000$ のときの滴定に要する予想消費量が計算できる）．すなわち，予想消費量が 25.00 mL であるのに実際の消費量 V が 24.50 mL で終点となった場合，この標準液は $f = 1.000$ の標準液よりも濃い標準液であるといえる．

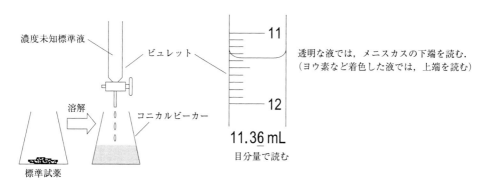

図 5.6 直接法による標定の実験

ビュレットの数値は，小数点以下 2 桁まで読むが，末尾が 0 であっても 12.00 mL のように記録する（図 5.6）．またメニスカスは，背面に青筋が入ったシェルバッハ型ビュレットを用いれば，より容易に目盛りを読むことが可能である．

（例）　0.1 mol/L 塩酸標準液を標定する場合

　　　2HCl（標準液）＋Na$_2$CO$_3$（標準試薬）　→　2NaCl＋H$_2$O＋CO$_2$

標準液と標準試薬のモル数から，標準液を 1 mol としたとき，標準試薬のモル数が対応数となる．この場合炭酸ナトリウムの対応数は 1/2 となる．「1 mol/L HCl 1000 mL ＝ 105.99（Na_2CO_3 の式量）×対応数 g Na_2CO_3」であり，対応数は，左辺と右辺の量的関係を等しくするための補正係数である．したがって，

$$1 \, \text{mol/L} \; \text{HCl} \; 1000 \, \text{mL} = 105.99 \times \frac{1}{2} \, \text{g} \; Na_2CO_3$$

$$0.1 \, \text{mol/L} \; \text{HCl} \; 1 \, \text{mL} = 0.1 \times 105.99 \times \frac{1}{2} \, \text{mg} \; Na_2CO_3 = 5.300 \, \text{mg} \; Na_2CO_3$$

となる．

注：等号は○○ mL ≡ ○○ mg とすべきであるが，日本薬局方では＝としている．

標準液である 0.1 mol/L 塩酸の標定は，採取した標準試薬 [a(mg)] を基準にするので，直接法という種類であり，ファクターは次の式から計算できる．

$$f = \frac{a \, (\text{mg})}{5.300 \, \text{mg} \times V \, (\text{mL})}$$

消費量 V(mL) は，滴定に要した f 未知の標準液量（mL）を示す．

表 5.2 直接法における日局 17 容量分析用標準液と標準試薬の組み合せ

未標定標準液	滴定法	標準試薬	指示薬または電気的方法
1 mol/L HCl or H_2SO_4	酸塩基（水溶液）	Na_2CO_3	MR 試液，電位差滴定
1 mol/L NaOH or KOH	酸塩基（水溶液）	$HOSO_2NH_2$	BTB 試液，電位差滴定
0.1 mol/L $HClO_4$	酸塩基（非水）	$KHC_6H_4 \cdot (COO)_2$	クリスタルバイオレット試液
0.1 mol/L CH_3ONa	酸塩基（非水）	C_6H_5COOH	TB・DMF 試液
0.1 mol/L $(CH_3)_4NOH$	酸塩基（非水）	C_6H_5COOH	TB・DMF 試液
0.05 mol/L EDTA	キレート	金属 Zn	EBT・NaCl 指示薬
0.1 mol/L $AgNO_3$	沈殿	NaCl	フルオレセインナトリウム試液，電位差滴定
0.02 mol/L $KMnO_4$	酸化還元	$Na_2C_2O_4$	特に必要としない
0.1 mol/L $Na_2S_2O_3$	酸化還元	KIO_3	デンプン試液，電位差滴定
0.1 mol/L $NaNO_2$	ジアゾ化	$H_2NC_6H_4 \cdot SO_2NH_2$	電位差滴定法または電流滴定法

指示薬の略称 MR：メチルレッド，BTB：ブロモチモールブルー，TB-DMF：チモールブルー–ジメチルホルムアミド，EBT-NaCl：エリオクロムブラック T-塩化ナトリウム．

・直接法の化学反応式

塩　酸	$2HCl + Na_2CO_3 \rightarrow 2NaCl + H_2O + CO_2$
硫　酸	$H_2SO_4 + Na_2CO_3 \rightarrow Na_2SO_4 + H_2O + CO_2$
水酸化ナトリウム	$NaOH + HOSO_2NH_2 \rightarrow NaOSO_2NH_2 + H_2O$
過塩素酸	$HClO_4 + C_6H_4COOHCOOK \rightarrow C_6H_4(COOH)_2 + KClO_4$
ナトリウムメトキシド	$CH_3ONa + C_6H_5COOH \rightarrow C_6H_5COONa + CH_3OH$
テトラメチルアンモニ ウムヒドロキシド	$(CH_3)_4NOH + C_6H_5COOH \rightarrow C_6H_5COON(CH_3)_4 + H_2O$
過マンガン酸カリウム	$2KMnO_4 + 5Na_2C_2O_4 + 8H_2SO_4 \rightarrow$ $K_2SO_4 + 5Na_2SO_4 + 2MnSO_4 + 10CO_2 + 8H_2O$

チオ硫酸ナトリウム	$KIO_3 + 5KI + 3H_2SO_4 \rightarrow 3K_2SO_4 + 3H_2O + 3I_2$
	$2Na_2S_2O_3 + I_2 \rightarrow 2NaI + Na_2S_4O_6$
亜硝酸ナトリウム	$H_2NC_6H_4SO_2NH_2 + NaNO_2 + 2HCl \rightarrow$
	$^-ClN \equiv N^+C_6H_4SO_2NH_2 + 2H_2O + NaCl$
硝酸銀	$AgNO_3 + NaCl \rightarrow NaNO_3 + AgCl \downarrow$

c. 間接法（2次標準法）

適当な標準試薬がない場合には，すでに標定され f が求められた濃度既知の標準液を用いて標定する．「標準液のファクターと正確な滴定値が正確さの拠りどころ」となる．正確な濃度が未知の M (mol/L) 標準液のファクターを f，容量を V (mL) とし，正確な濃度既知の M' (mol/L) 標準液のファクターを f'，容量を V' (mL) とすると，次式となる．

$$f \times M \times V = f' \times M' \times V' \quad \therefore \quad f = \frac{f' \times M' \times V'}{M \times V}$$

ただしこの式の M と M' は過不足なく反応するように，日本薬局方ではそれらの標準液濃度はあらかじめ定められているので $f \times V = f' \times V'$ の式で未知のファクター f を求めることができる．

（例） 0.05 mol/L ヨウ素液を標定する場合，反応式から用いる標準液の濃度を決定する．

$$I_2 + 2Na_2S_2O_3 \rightarrow 2NaI + Na_2S_4O_6$$

0.05 mol/L ヨウ素液のファクターは，ファクター既知の 0.1 mol/L チオ硫酸ナトリウム液をビュレットに入れて滴定し，消費量から計算する（図 5.7，表 5.3）．

図 5.7 間接法による標定の実験

表 5.3 間接法における未標定標準液と濃度既知標準液の組み合せ

未標定標準液	滴定種類	濃度既知標準液	指 示 薬
0.1 mol/L CH₃COONa	酸塩基（非水）	0.1 mol/L HClO₄	p-ナフトールベンゼイン試液
0.05 mol/L MgCl₂	キレート	0.05 mol/L EDTA	EBT・NaCl 指示薬
0.05 mol/L (CH₃COO)₂Zn	キレート	0.05 mol/L EDTA	EBT・NaCl 指示薬
0.1 mol/L NH₄SCN	沈殿	0.1 mol/L AgNO₃	硫酸アンモニウム鉄（Ⅲ）
0.05 mol/L (COOH)₂	酸化還元	0.02 mol/L KMnO₄	必要としない
0.05 mol/L I₂	酸化還元	0.1 mol/L Na₂S₂O₃	デンプン試液　電位差滴定
1/60 mol/L KBrO₃	酸化還元	0.1 mol/L Na₂S₂O₃	デンプン試液
0.05 mol/L 臭素液	酸化還元	0.1 mol/L Na₂S₂O₃	デンプン試液
0.1 mol/L 硫酸四アンモニウムセリウム（Ⅳ）	酸化還元	0.1 mol/L Na₂S₂O₃	デンプン試液

・間接法の化学反応式

臭素酸カリウム　$KBrO_3 + 6KI + 3H_2SO_4 \rightarrow 3I_2 + KBr + 3K_2SO_4 + 3H_2O$
　　　　　　　　$2Na_2S_2O_3 + I_2 \rightarrow 2NaI + Na_2S_4O_6$

臭　素	$KBrO_3+5KBr+6HCl \rightarrow 6KCl+3H_2O+3Br_2$
	$Br_2+2KI \rightarrow 2KBr+I_2$
	$2Na_2S_2O_3+I_2 \rightarrow 2NaI+Na_2S_4O_6$

d. 希釈法

濃度が正確にわかっている薄い濃度の標準液を調製するときに用いる．濃度既知の標準液を正確に希釈して調製する．「標準液のファクターが正確さの拠りどころ」となる．

（例）　$0.002\,mol/L$ ヨウ素液の調製（標定）：用時，$0.05\,mol/L$ ヨウ素液に水を加えて正確に 25 倍容量とする．間接法で $0.05\,mol/L$ ヨウ素液のファクターを求めたとき 1.026 であった，正確に希釈した $0.002\,mol/L$ ヨウ素液のファクターも 1.026 となる．これを計算式で示すと

$$1.026 \times 0.05 \times 1\,mL = f \times 0.002 \times 25\,mL \quad \therefore \quad f = 1.026$$

5.1.5　標準液の貯法

特別な記載がないときは「無色または，遮光した共栓瓶に入れて保存する」．CO_2 の影響を避けるもの（NaOH 液，KOH 液），ポリエチレン瓶に保存するもの（EDTA 液），還元剤の標準液（$Na_2S_2O_3$液，$(COOH)_2$ 液，$TiCl_3$液），湿気の影響を受けやすい非水滴定の標準液（$HClO_4$，CH_3ONa 液，$(CH_3)_4NOH$液）などに特別な記載がある（日局 17 解説書　容量分析用標準液を参照）．

5.1.6　定　　量

標定された標準液を用いて滴定するには，以下のような手順で行う．
①化学反応式の係数から対応数を考え，対応量を計算する．
②秤量する．
③標準液を用いて滴定する．
④含量（純度）％を求める．
⑤結果から，医薬品の規格に適しているかどうかの判定などを行う．

含量（純度）％とは，試料に含まれる目的成分（薬物など）の量を百分率で表したものである．固体医薬品は w/w％，液体医薬品は w/v％で表示する．日本薬局方の定量では，医薬品各条の最初に書いてある医薬品の濃度表示に，含量％の桁数を合わせ，得られた含量％の日本薬局方への適否を判定する．

・含量％を求めるための式

$$含量\ w/w\% = \frac{含量\,(mg)}{採取量\,(mg)} \times 100 = \frac{対応量 \times 消費量 \times ファクター}{採取量\,(mg)} \times 100$$

$$含量\ w/v\% = \frac{含量\,(g)}{採取量\,(mL)} \times 100 = \frac{対応量 \times 消費量 \times ファクター/1000}{採取量\,(mL)} \times 100$$

ま　と　め

化学的分析法は，標準液の標定によって正確な濃度を求める．その濃度はファクター（モル濃度係数）によって示される．標定には 4 つの方法―重量比法，直接法（1 次標準法），間接法（2 次標準法），希釈法がある．ファクターが求められた標準液は貯法に従って保存される．この標準液で

医薬品を滴定することで，医薬品の含量%を求めることができる．

5.2 酸・塩基滴定

SBO C2(3)②1　中和滴定（非水滴定を含む）の原理，操作法および応用例を説明できる．
SBO C2(3)②5　日本薬局方収載の代表的な医薬品の容量分析を実施できる．(知識・技能)

5.2.1　酸・塩基滴定曲線

酸に少量ずつ塩基を添加し，溶液の pH を塩基の滴加量に対してプロットしていくと，pH が急激に変化して高くなる曲線が得られる．このような曲線を**滴定曲線**という．また，pH が急激に変化する現象を **pH 飛躍**（pH jump）という．pH 飛躍は酸と塩基が過不足なく反応した**当量点**（中和反応では特に**中和点**という）前後で生じる．したがって，濃度未知の酸に濃度既知の塩基を滴加し，その中和点までの消費量から酸の濃度を求めることができる．このような容量分析を**酸・塩基滴定**（**中和滴定**）という．

a.　強酸の強塩基による滴定

例えば，0.10 mol/L 塩酸 HCl 10 mL を 0.10 mol/L 水酸化ナトリウム NaOH 液で滴定する場合を考えてみる．

（1）滴加前　　HCl は強酸であるから水溶液中でほぼ完全に電離しているとみなしてよいので，
$$[\text{H}^+] = 0.10 = 10^{-1}\,\text{mol/L} \qquad \text{pH} = -\log[\text{H}^+] = -\log 10^{-1} = 1.00$$

（2）中和点前　　0.10 mol/L NaOH 液の滴加量を V(mL) とすると，0.10 mol/L HCl も V(mL) 中和されるので，残るのは $(10-V)$ mL となる．しかし，溶液量は $(10+V)$ mL となるので，
$$[\text{H}^+] = \left(0.10 \times \frac{10-V}{1000}\right) \times \frac{1000}{10+V} = 0.10 \times \frac{10-V}{10+V}\,\text{mol/L}$$
$$\text{pH} = -\log\left(0.10 \times \frac{10-V}{10+V}\right) = 1 - \log\frac{10-V}{10+V}$$

（3）中和点　　0.10 mol/L HCl 10 mL と 0.10 mol/L NaOH 液 10 mL が過不足なく反応する．生じた塩である塩化ナトリウム NaCl は中性を示すので，
$$[\text{H}^+] = 10^{-7}\,\text{mol/L} \qquad \text{pH} = 7.00$$

（4）中和点後　　0.10 mol/L NaOH 液 $(V-10)$ mL が過剰に滴加されるので，
$$[\text{OH}^-] = \left(0.10 \times \frac{V-10}{1000}\right) \times \frac{1000}{10+V} = 0.10 \times \frac{V-10}{10+V}\,\text{mol/L}$$
$$\text{pOH} = -\log[\text{OH}^-] = -\log\left(0.10 \times \frac{V-10}{10+V}\right) = 1 - \log\frac{V-10}{10+V}$$

水のイオン積 $[\text{H}^+][\text{OH}^-] = 1.0 \times 10^{-14}\,(\text{mol/L})^2$（25℃）より pH+pOH = 14.00 であるから，
$$\text{pH} = 14.00 - \text{pOH} = 14.00 - \left(1 - \log\frac{V-10}{10+V}\right) = 13.00 + \log\frac{V-10}{10+V}$$

滴定曲線を図 5.8 に示す．

b.　弱酸の強塩基による滴定

例えば，0.10 mol/L 酢酸 CH₃COOH 10 mL を 0.10 mol/L NaOH 液で滴定する場合を考えてみる．

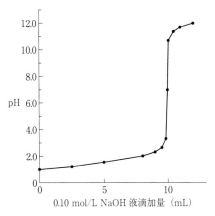

図 5.8 0.10 mol/L HCl の 0.10 mol/L NaOH 液による滴定

(1) 滴加前　CH₃COOH は弱酸であるから水溶液中でその一部が電離する．CH₃COOH の酸解離（電離）定数 $K_a = 1.8 \times 10^{-5}$ mol/L とすると，

$$[H^+] = \sqrt{K_a[CH_3COOH]} = \sqrt{1.8 \times 10^{-5} \times 0.10} = \sqrt{1.8} \times 10^{-3} \text{ mol/L}$$

$$pH = -\log(\sqrt{1.8} \times 10^{-3}) = 3 - \frac{1}{2}\log 1.8 = 3 - \frac{1}{2}\log(18 \times 10^{-1}) = 3 - \frac{1}{2}(2\log 3 + \log 2 - 1) = 2.87$$

(2) 中和点前　0.10 mol/L NaOH 液 V(mL) 滴加すると，式 (5.1) により CH₃COOH は等量の酢酸ナトリウム CH₃COONa となり，水溶液は CH₃COOH と CH₃COONa の緩衝液となる．そのため，滴加量の増加に比べて pH の変化は小さい．

$$CH_3COOH + NaOH \longrightarrow CH_3COONa + H_2O \tag{5.1}$$

したがって，

$$[CH_3COOH] = \left(0.10 \times \frac{10-V}{1000}\right) \times \frac{1000}{10+V} = 0.10 \times \frac{10-V}{10+V} \text{ mol/L}$$

$$[CH_3COONa] = [CH_3COO^-] = \left(0.10 \times \frac{V}{1000}\right) \times \frac{1000}{10+V} = 0.10 \times \frac{V}{10+V} \text{ mol/L}$$

これらの値をヘンダーソン-ハッセルバルヒ（Henderson-Hasselbalch）の式に代入すると，$pK_a = -\log(1.8 \times 10^{-5}) = 5 - 0.26 = 4.74$ より，

$$pH = pK_a + \log\frac{[CH_3COO^-]}{[CH_3COOH]} = 4.74 + \log\frac{V}{10-V}$$

(3) 中和点　式 (5.1) に示すように，CH₃COOH はすべて CH₃COONa となる．CH₃COONa は式 (5.2) および (5.3) により，

$$CH_3COONa \longrightarrow CH_3COO^- + Na^+ \tag{5.2}$$
$$CH_3COO^- + H_2O \longrightarrow CH_3COOH + OH^- \tag{5.3}$$

となり，OH⁻ を生じる．そのため，中和点の液性は塩基性を示す．式 (5.3) において，塩基解離（加水分解）定数 K_b は，$[CH_3COOH] = [OH^-]$ より，

$$K_b = \frac{[CH_3COOH][OH^-]}{[CH_3COO^-]} = \frac{[OH^-]^2}{[CH_3COO^-]}$$

$$[OH^-] = \sqrt{K_b[CH_3COO^-]} = \sqrt{\frac{K_w}{K_a}[CH_3COO^-]} = \sqrt{\frac{10^{-14}}{1.8 \times 10^{-5}} \times \left(0.10 \times \frac{10}{1000}\right) \times \frac{1000}{20}}$$

$$[\text{OH}^-] = \sqrt{\frac{5}{18} \times 10^{-5}}\,\text{mol/L}$$

$$\text{pOH} = -\log\left(\sqrt{\frac{5}{18} \times 10^{-5}}\right) = 5 - \frac{1}{2}(\log 5 - \log 18) = 5.28$$

$$\text{pH} = 14.00 - 5.28 = 8.72$$

(4) 中和点後　0.10 mol/L NaOH 液 $(V-10)$ mL が過剰に滴加されるので，強酸を強塩基で滴定する場合と同様に，

$$\text{pH} = 13.00 + \log\frac{V-10}{10+V}$$

滴定曲線を図 5.9 に示す.

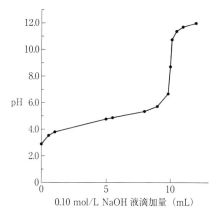

図 5.9　0.10 mol/L CH$_3$COOH の 0.10 mol/L NaOH 液による滴定

c. 弱塩基の強酸による滴定

例えば，0.10 mol/L アンモニア水 NH$_4$OH 10 mL を 0.10 mol/L HCl で滴定する場合を考えてみる.

(1) 滴加前　NH$_4$OH は弱塩基であるから水溶液中でその一部が電離する．NH$_4$OH の塩基解離（電離）定数 $K_b = 1.8 \times 10^{-5}$ mol/L とすると，

$$[\text{OH}^-] = \sqrt{K_b[\text{NH}_4\text{OH}]} = \sqrt{1.8 \times 10^{-5} \times 0.10} = \sqrt{1.8} \times 10^{-3}\,\text{mol/L}$$

$$\text{pOH} = -\log(\sqrt{1.8} \times 10^{-3}) = 2.87$$

$$\text{pH} = 14.00 - 2.87 = 11.13$$

(2) 中和点前　0.10 mol/L HCl V(mL) 滴加すると，式 (5.4) により NH$_4$OH は等量の NH$_4$Cl となり，水溶液は NH$_4$OH と塩化アンモニウム NH$_4$Cl の緩衝液となる.

$$\text{NH}_4\text{OH} + \text{HCl} \longrightarrow \text{NH}_4\text{Cl} + \text{H}_2\text{O} \tag{5.4}$$

したがって，

$$[\text{NH}_4\text{OH}] = \left(0.10 \times \frac{10-V}{1000}\right) \times \frac{1000}{10+V} = 0.10 \times \frac{10-V}{10+V}\,\text{mol/L}$$

$$[\text{NH}_4\text{Cl}] = [\text{NH}_4^+] = \left(0.10 \times \frac{V}{1000}\right) \times \frac{1000}{10+V} = 0.10 \times \frac{V}{10+V}\,\text{mol/L}$$

これらの値をヘンダーソン-ハッセルバルヒの式に代入すると，$pK_b = -\log(1.8 \times 10^{-5}) = 5 - 0.26$

$=4.74=14-4.74=9.26$ より,

$$\mathrm{pH}=\mathrm{p}K_\mathrm{a}+\log\frac{C_\mathrm{b}}{C_\mathrm{a}}=\mathrm{p}K_\mathrm{a}+\log\frac{[\mathrm{NH_4OH}]}{[\mathrm{NH_4^+}]}$$

$$=9.26+\log\frac{10-V}{V}$$

(3) 中和点　式(5.4)に示すように，$\mathrm{NH_4OH}$ はすべて $\mathrm{NH_4Cl}$ となる．$\mathrm{NH_4Cl}$ は式(5.5)および(5.6)により，

$$\mathrm{NH_4Cl} \longrightarrow \mathrm{NH_4^+} + \mathrm{Cl^-} \tag{5.5}$$

$$\mathrm{NH_4^+} + \mathrm{H_2O} \longrightarrow \mathrm{NH_4OH} + \mathrm{H^+} \tag{5.6}$$

となり，$\mathrm{H^+}$ を生じる．そのため，中和点の液性は酸性を示す．式(5.6)において，酸解離（加水分解）定数 K_a は，$[\mathrm{NH_4OH}]=[\mathrm{H^+}]$ より，

$$K_\mathrm{a} = \frac{[\mathrm{NH_4OH}][\mathrm{H^+}]}{[\mathrm{NH_4^+}]} = \frac{[\mathrm{H^+}]^2}{[\mathrm{NH_4^+}]}$$

$$[\mathrm{H^+}] = \sqrt{K_\mathrm{a}[\mathrm{NH_4^+}]} = \sqrt{\frac{K_\mathrm{w}}{K_\mathrm{b}}[\mathrm{NH_4^+}]} = \sqrt{\frac{10^{-14}}{1.8\times10^{-5}}\times\left(0.10\times\frac{10}{1000}\right)\times\frac{1000}{20}} = \sqrt{\frac{5}{18}}\times10^{-5}\,\mathrm{mol/L}$$

$$\mathrm{pH} = 5 - \frac{1}{2}(\log 5 - \log 18) = 5.28$$

(4) 中和点後　$0.10\,\mathrm{mol/L}$ HCl $(V-10)$ mL が過剰に滴加されるので，

$$[\mathrm{H^+}] = \left(0.10\times\frac{V-10}{1000}\right)\times\frac{1000}{10+V} = 0.10\times\frac{V-10}{10+V}\,\mathrm{mol/L}$$

$$\mathrm{pH} = -\log\left(0.10\times\frac{V-10}{10+V}\right) = 1 - \log\frac{V-10}{10+V}$$

滴定曲線を図 5.10 に示す．

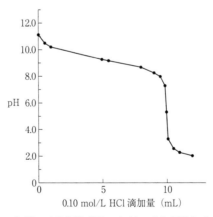

図 5.10　$0.10\,\mathrm{mol/L}$ $\mathrm{NH_4OH}$ の $0.10\,\mathrm{mol/L}$ HCl による滴定

d. 多塩基酸の強塩基による滴定

例えば，$0.10\,\mathrm{mol/L}$ リン酸 $\mathrm{H_3PO_4}$ 10 mL を $0.10\,\mathrm{mol/L}$ NaOH 液で滴定する場合を考えてみる．$\mathrm{H_3PO_4}$ は三塩基酸であるから，式(5.7)〜(5.9)に示すように3段階に解離する．

$$\mathrm{H_3PO_4} + \mathrm{NaOH} \longrightarrow \mathrm{NaH_2PO_4} + \mathrm{H_2O} \qquad K_\mathrm{a1}=7.5\times10^{-3}\,\mathrm{mol/L}\,（第1中和点） \tag{5.7}$$

$$\text{NaH}_2\text{PO}_4 + \text{NaOH} \longrightarrow \text{Na}_2\text{HPO}_4 + \text{H}_2\text{O} \qquad K_{a2} = 6.2 \times 10^{-8}\,\text{mol/L} \text{（第2中和点）} \qquad (5.8)$$

$$\text{Na}_2\text{HPO}_4 + \text{NaOH} \longrightarrow \text{Na}_3\text{PO}_4 + \text{H}_2\text{O} \qquad K_{a3} = 4.8 \times 10^{-13}\,\text{mol/L} \text{（第3中和点）} \qquad (5.9)$$

NaH_2PO_4 と NaH_2PO_4 は弱酸の酸性塩であるから，中和点での pH は，

第1中和点

$$[\text{H}^+] = \sqrt{K_{a1}K_{a2}} = \sqrt{(7.5 \times 10^{-3}) \times (6.2 \times 10^{-8})} = 2.2 \times 10^{-5}\,\text{mol/L} \qquad \text{pH} = 4.66$$

第2中和点

$$[\text{H}^+] = \sqrt{K_{a2}K_{a3}} = \sqrt{(6.2 \times 10^{-8}) \times (4.8 \times 10^{-13})} = 1.7 \times 10^{-10}\,\text{mol/L} \qquad \text{pH} = 9.77$$

となる．一般に，pH 飛躍は2つの酸の酸解離定数の比が 10^4 より大きい場合に見られるため，H_3PO_4 では，$K_{a1}/K_{a2} \fallingdotseq 10^5$，$K_{a2}/K_{a3} \fallingdotseq 10^5$ より第1および第2中和点で pH 飛躍が見られる．しかし，K_{a3} はきわめて小さいので，第3中和点での pH 飛躍は見られない．

5.2.2 日本薬局方への応用

a. 標準液の調製と標定

1）1 mol/L 塩酸 1000 mL 中塩酸（HCl：36.46）36.461 g を含む．

・調製：塩酸 90 mL に水を加えて 1000 mL とし，次の標定を行う．

・標定：炭酸ナトリウム（標準試薬）を 500〜650℃で 40〜50 分間加熱した後，デシケーター（シリカゲル）中で放冷し，その約 0.8 g を精密に量り，水 50 mL に溶かし，調製した塩酸で滴定し，ファクターを計算する（指示薬法：メチルレッド試液3滴，または電位差滴定法）．ただし，指示薬法の滴定の終点は液を注意して煮沸し，緩く栓をして冷却するとき，持続する橙色〜橙赤色を呈するときとする．電位差滴定は，被滴定液を激しくかき混ぜながら行い，煮沸しない．

$$1\,\text{mol/L 塩酸 1 mL} = 53.00\,\text{mg Na}_2\text{CO}_3$$

炭酸ナトリウム Na_2CO_3 の HCl による滴定は，式(5.10)，(5.11)に示すように2段階で行われる．

$$\text{Na}_2\text{CO}_3 + \text{HCl} \longrightarrow \text{NaHCO}_3 + \text{NaCl} \qquad\qquad (5.10)$$

$$\text{NaHCO}_3 + \text{HCl} \longrightarrow \text{H}_2\text{CO}_3 + \text{NaCl} \qquad\qquad (5.11)$$

各中和点での pH は，

・第1中和点：炭酸水素ナトリウム NaHCO_3 は弱酸の酸性塩であるから，炭酸 H_2CO_3 の酸解離定数 $K_{a1} = 4.6 \times 10^{-7}\,\text{mol/L}$，$K_{a2} = 5.6 \times 10^{-11}\,\text{mol/L}$ より，

$$[\text{H}^+] = \sqrt{K_{a1}K_{a2}} = \sqrt{(4.6 \times 10^{-7}) \times (5.6 \times 10^{-11})} = 5.1 \times 10^{-9}\,\text{mol/L} \qquad \text{pH} = 8.30$$

・第2中和点：Na_2CO_3 0.800 g を量りとり，水を加えて全量 50 mL にしたとすると，滴定前の Na_2CO_3 水溶液の濃度は，Na_2CO_3 の分子量 105.99 より，

$$\frac{0.800}{105.99} \times \frac{1000}{50} = 0.15\,\text{mol/L}$$

1 mol/L HCl の第2中和点までの滴加量は，

$$\frac{\text{Na}_2\text{CO}_3 \text{ の物質量 (mol)}}{\text{HCl の物質量 (mol)}} = \frac{1}{2} = \frac{0.15 \times 50/1000}{1 \times x/1000} \qquad x = 15\,\text{mL}$$

H_2CO_3 水溶液の pH は，

$$[\text{H}^+] = \sqrt{K_{a1}C} = \sqrt{(4.6 \times 10^{-7}) \times \left(0.15 \times \frac{50}{1000} \times \frac{1000}{50+15}\right)} = 2.3 \times 10^{-4}\,\text{mol/L} \qquad \text{pH} = 3.64$$

第2中和点の pH はメチルオレンジの変色域 pH3.1〜4.4 に入っているが，水溶液中に空気中の H_2CO_3 が溶け込んでいるため，正確な中和点を求めることができない（炭酸誤差）．そこで，中和点前で水溶液を煮沸すると H_2CO_3 は CO_2 として除去され，わずかに残る $NaHCO_3$ により液性は塩基性側に戻されるので，改めてメチルレッド（変色域：pH4.2〜6.4）を指示薬として滴定を行い，終点を求める．

対応量は，Na_2CO_3 1 mol に対し HCl 2 mol が反応するので，

$$1\,mol/L\ \ HCl\ 1\,mL = \frac{1}{2} \times 105.99 \times 1 \times \frac{1}{1000} \times 1000 = 53.00\,mg\ Na_2CO_3$$

【例題 1】 炭酸ナトリウム 0.800 g を量り，日本薬局方の規定に従って滴定を行うとすると，ファクターの値が 1.000 となるために必要な 1 mol/L 塩酸の消費量（mL）はいくらか．
[解答]

$$f = \frac{0.800 \times 1000}{53.00 \times x} = 1.000 \qquad x = 15.09\,mL$$

2）0.5 mol/L 硫酸 1000 mL 中硫酸（H_2SO_4：98.08）49.04 g を含む．

・**調製**：硫酸 30 mL を水 1000 mL 中にかき混ぜながら徐々に加え，放冷し，次の標定を行う．

・**標定**：炭酸ナトリウム（標準試薬）を 500〜650℃ で 40〜50 分間加熱した後，デシケーター（シリカゲル）中で放冷し，その約 0.8 g を精密に量り，水 50 mL に溶かし，調製した硫酸で滴定し，ファクターを計算する（指示薬法：メチルレッド試液 3 滴，または電位差滴定法）．ただし，指示薬法の滴定の終点は液を注意して煮沸し，緩く栓をして冷却するとき，持続する橙色〜橙赤色を呈するときとする．電位差滴定法は，被滴定液を激しくかき混ぜながら行い，煮沸しない．

$$0.5\,mol/L\ 硫酸\ 1\,mL = 53.00\,mg\ Na_2CO_3$$

Na_2CO_3 と硫酸 H_2SO_4 の反応は，

$$Na_2CO_3 + H_2SO_4 \longrightarrow Na_2SO_4 + H_2CO_3$$
$$\big\lfloor\!\longrightarrow CO_2\uparrow + H_2O$$

である．対応量は，Na_2CO_3 1 mol と H_2SO_4 1 mol が反応するので，

$$0.5\,mol/L\ H_2SO_4\ 1\,mL = 1 \times 105.99 \times 0.5 \times \frac{1}{1000} \times 1000 = 53.00\,mg\ Na_2CO_3$$

ファクターの求め方は 1 mol/L HCl と同様である．

【例題 2】 98.0% 硫酸 30 mL（比重 $d = 1.84$）を水に加え，よくかき混ぜた後，全量を 1000 mL とした．この硫酸の濃度（mol/L）はいくらか．ただし，H_2SO_4 の分子量を 98.08 とする．
[解答]

$$\frac{1000 \times 1.84 \times 0.98}{98.08} \times \frac{30}{1000} = x \times \frac{1000}{1000} \qquad x = 0.552\,mol/L$$

【例題 3】 例題 2 で調製した硫酸 1000 mL のファクターを 1.000 にするのに加える水の量（mL）はいくらか．
[解答] 例題 2 の硫酸のファクターは，

$$f = \frac{0.552}{0.5} = 1.104$$

であるから，加える水の量を $x(\mathrm{mL})$ とすると，

$$0.5 \times 1.104 \times \frac{1000}{1000} = 0.5 \times 1.000 \times \frac{1000+x}{1000} \qquad x = 104\,\mathrm{mL}$$

3）1mol/L 水酸化ナトリウム液　1000mL 中水酸化ナトリウム（NaOH：40.00）39.997g を含む.

　・**調製**：水酸化ナトリウム 42g を水 950mL に溶かし，これに新たに製した水酸化バリウム八水和物飽和溶液を沈殿がもはや生じなくなるまで滴加し，液をよく混ぜて密栓し，24 時間放置した後，上澄液を傾斜するか，またはガラスろ過器（G3 または G4）を用いてろ過し，次の標定を行う.

　・**標定**：アミド硫酸（標準試薬）をデシケーター（減圧，シリカゲル）で約 48 時間乾燥し，その約 1.5g を精密に量り，新たに煮沸して冷却した水 25mL に溶かし，調製した水酸化ナトリウム液で滴定し，ファクターを計算する（指示薬法：ブロモチモールブルー試液 2 滴，または電位差滴定法）. ただし，指示薬法の滴定の終点は緑色を呈するときとする.

$$1\mathrm{mol/L}\ 水酸化ナトリウム液\ 1\mathrm{mL} = 97.09\,\mathrm{mg}\ HOSO_2NH_2$$

水酸化ナトリウム NaOH の表面には空気中の CO_2 と反応して生成した Na_2CO_3 が存在する. そのため，Na_2CO_3 を水酸化バリウム $Ba(OH)_2$ と反応させて NaOH とする. 生成した炭酸バリウム $BaCO_3$ は難溶性塩なので沈殿する. NaOH は炭酸と反応するので，溶存する CO_2 を煮沸により取り除いた水を使用する.

$$Na_2CO_3 + Ba(OH)_2 \longrightarrow 2NaOH + BaCO_3 \downarrow$$

1％アミド硫酸水溶液の pH は 1.18 であるから，強酸-強塩基の反応である. したがって，生成した塩は中性となるので，指示薬にはブロモチモールブルー（変色域：pH6.0～7.6）が用いられる.

$$HOSO_2NH_2 + NaOH \longrightarrow NaOSO_2NH_2 + H_2O$$

対応量は，アミド硫酸 1mol と NaOH 1mol が反応するので，アミド硫酸の分子量 97.09 より，

$$1\mathrm{mol/L}\ NaOH液\ 1\mathrm{mL} = 1 \times 97.09 \times 1 \times \frac{1}{1000} \times 1000 = 97.09\,\mathrm{mg}\ HOSO_2NH_2$$

【例題 4】　アミド硫酸 1.500g を量り，調製した 1mol/L NaOH 液で滴定したところ，その消費量は 15.08mL であった. この 1mol/L NaOH 液のファクター（f）はいくらか.

［解答］

$$f = \frac{1.500 \times 1000}{97.09 \times 15.08} = 1.025$$

b．応用例

1）直接滴定

　①**水酸化ナトリウムの定量**：本品は定量するとき，水酸化ナトリウム（NaOH：40.00）95.0％以上を含む.

　・**純度試験**：炭酸ナトリウム. 定量法で得た $B(\mathrm{mL})$ から次の式によって計算するとき，炭酸ナトリウム（Na_2CO_3：105.99）の量は 2.0％以下である.

$$炭酸ナトリウムの量(\mathrm{mg}) = 105.99 \times B$$

　・**定量法**：本品約 1.5g を精密に量り，新たに煮沸して冷却した水 40mL を加えて溶かし，15℃に冷却した後，フェノールフタレイン試液 2 滴を加え，0.5mol/L 硫酸で滴定し，液の赤色が消えたと

きの 0.5 mol/L 硫酸の量を A(mL) とする．さらにこの液にメチルオレンジ試液 2 滴を加え，再び 0.5 mol/L 硫酸で滴定し，液が持続する淡赤色を呈したときの 0.5 mol/L 硫酸の量を B(mL) とする．$(A-B)$ mL から水酸化ナトリウム（NaOH）の量を計算する．

$$0.5\,\text{mol/L 硫酸}\,1\,\text{mL} = 40.00\,\text{mg NaOH}$$

NaOH は，1 mol/L NaOH 液の標定で述べたように，CO_2 を吸収して Na_2CO_3 を含む場合が多い．NaOH と Na_2CO_3 の分別定量には**ワルダー（Warder）法**と**ウインクラー（Winkler）法**が知られているが，日局 17 ではワルダー法が採用されている．図 5.11 にワルダー法の原理の模式図を示す．NaOH と Na_2CO_3 が共存する場合，NaOH の方が Na_2CO_3 より強い塩基であるため，H_2SO_4 は NaOH と反応し終わった後，Na_2CO_3 と反応する．

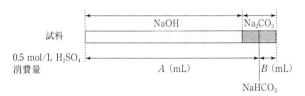

図 5.11 ワルダー法の原理

したがって，第 1 中和点までには式(5.12)，(5.13)に示すように NaOH 全量と Na_2CO_3 が $NaHCO_3$ に変化したところまで H_2SO_4 と反応する．このときの 0.5 mol/L H_2SO_4 の消費量が A(mL) である．

$$2NaOH + H_2SO_4 \longrightarrow Na_2SO_4 + 2H_2O \tag{5.12}$$

$$2Na_2CO_3 + H_2SO_4 \longrightarrow 2NaHCO_3 + Na_2SO_4 \tag{5.13}$$

第 1 中和点では $NaHCO_3$ が生成し，その水溶液の pH は 8.3 となるので，指示薬としてフェノールフタレイン（変色域：pH 8.3〜10.0）が用いられる．被滴定液は赤色から無色に変化するため，メチルオレンジの呈色を妨害しない．その後，第 2 中和点までには式(5.14)に示すように $NaHCO_3$ が H_2CO_3 に変化する．このときの 0.5 mol/L H_2SO_4 の消費量が B(mL) である．

$$2NaHCO_3 + H_2SO_4 \longrightarrow 2H_2CO_3 + Na_2SO_4 \tag{5.14}$$

第 2 中和点では H_2CO_3 が生成するので，指示薬としてメチルオレンジ（変色域：pH 3.1〜4.4）が用いられる．式(5.13)，(5.14)に示すように，Na_2CO_3 が $NaHCO_3$ に，$NaHCO_3$ が H_2CO_3 に変化するのに必要な H_2SO_4 はともに 1 mol であるため，Na_2CO_3 が $NaHCO_3$ に変化するのに必要な 0.5 mol/L H_2SO_4 の消費量も B(mL) となる．したがって，NaOH の中和に要した 0.5 mol/L H_2SO_4 の量は $(A-B)$ mL となる．また，Na_2CO_3 の中和に要した 0.5 mol/L H_2SO_4 の量は $B+B=2B$(mL) となる．

対応量は，H_2SO_4 1 mol に対し NaOH 2 mol が反応するので，

$$0.5\,\text{mol/L}\,H_2SO_4\,1\,\text{mL} = 2 \times 40.00 \times 0.5 \times \frac{1}{1000} \times 1000 = 40.00\,\text{mg NaOH}$$

一方，Na_2CO_3 の対応量は，式(5.13)，(5.14)を加えると，

$$Na_2CO_3 + H_2SO_4 \longrightarrow H_2CO_3 + Na_2SO_4 \tag{5.15}$$

となり，結果的に H_2SO_4 1 mol と Na_2CO_3 1 mol が反応することになるので，

$$0.5\,\text{mol/L}\,H_2SO_4\,1\,\text{mL} = 1 \times 105.99 \times 0.5 \times \frac{1}{1000} \times 1000 = 53.00\,\text{mg Na}_2\text{CO}_3$$

116 　　　　　　　　3部　化学物質の定性分析・定量分析

【例題5】　日本薬局方水酸化ナトリウム 1.500 g を量り，規定に従って定量したところ，0.5 mol/L H$_2$SO$_4$ (f = 1.000) の消費量は A (mL) = 35.90，B (mL) = 0.28 であった．本品中の NaOH と Na$_2$CO$_3$ の含量%はそれぞれいくらか．

[解答]

$$NaOH \quad \frac{40.00 \times 1.000 \times (35.90 - 0.28)}{1.500 \times 1000} \times 100 = 95.0\%$$

$$Na_2CO_3 \quad \frac{53.00 \times 1.000 \times 2 \times 0.28}{1.500 \times 1000} \times 100 = 2.0\%$$

　次に，**ウインクラー法**を紹介しよう．NaOH と Na$_2$CO$_3$ を含む試料溶液の一定量にメチルオレンジを加え，0.5 mol/L H$_2$SO$_4$ で滴定し，その消費量を a (mL) とする．別に試料溶液を同量取り，塩化バリウム BaCl$_2$ 溶液を加えた後，フェノールフタレインを加え，0.5 mol/L H$_2$SO$_4$ で滴定し，その消費量を b (mL) とする．

　まず，メチルオレンジを指示薬とする滴定で NaOH と Na$_2$CO$_3$ の総量が定量される．次に BaCl$_2$ 溶液を加えると Na$_2$CO$_3$ が BaCO$_3$ として沈殿するので，フェノールフタレインを指示薬として滴定すると NaOH だけが定量される．

$$Na_2CO_3 + BaCl_2 \longrightarrow BaCO_3\downarrow + 2NaCl$$

対応量を用いて，NaOH と Na$_2$CO$_3$ の含量 (mg) は次式から計算できる．f は 0.5 mol/L H$_2$SO$_4$ のファクターである．

　NaOH：$40.00 \times f \times b$

　Na$_2$CO$_3$：$53.00 \times f \times (a - b)$

　ワルダー法が指示薬の性質を利用しているのに対し，ウインクラー法は CO$_3^{2-}$ がバリウム Ba 塩を生成すると難溶性塩になる性質を利用している．

　②ホウ酸の定量：本品を乾燥したものは定量するとき，ホウ酸 (H$_3$BO$_3$：61.83) 99.5%以上を含む．

　・定量法：本品を乾燥し，その約 1.5 g を精密に量り，D-ソルビトール 15 g および水 50 mL を加え，加温して溶かし，冷後，1 mol/L 水酸化ナトリウム液で滴定する (指示薬：フェノールフタレイン試液2滴)．

$$1 \text{ mol/L 水酸化ナトリウム液 } 1\text{ mL} = 61.83\text{ mg H}_3\text{BO}_3$$

　ホウ酸 H$_3$BO$_3$ はきわめて弱い酸で，式 (5.16) に示すように，一部が電離してメタホウ酸イオン BO$_2^-$ を生じる．

$$H_3BO_3 \longrightarrow H^+ + BO_2^- + H_2O \tag{5.16}$$

NaOH 液で滴定すると，メタホウ酸ナトリウム NaBO$_2$ を生成する (式 (5.17)) が，NaBO$_2$ は加水分解してアルカリ性を呈するので，中和点を求めることができない．

$$HBO_2 + NaOH \longrightarrow NaBO_2 + H_2O \tag{5.17}$$

そこで，H$_3$BO$_3$ にグリセリン，マンニトール，ソルビトール，果糖などの多価アルコールを加えると，式 (5.18) に示すように錯体を生成する．そのため，H$_3$BO$_3$ は一塩基酸として NaOH による滴定が可能となる．

$$BO_2^- + 2 \begin{array}{c} H-C-OH \\ | \\ H-C-OH \end{array} \longrightarrow \left[\begin{array}{c} H-C-O \\ | \\ H-C-O \end{array} B \begin{array}{c} O-C-H \\ | \\ O-C-H \end{array} \right]^- + 2H_2O \tag{5.18}$$

対応量は，H_3BO_3 1 mol と NaOH 1 mol が反応するので，

$$1\,mol/L\ NaOH\ 液\ 1\,mL = 1 \times 61.83 \times 1 \times \frac{1}{1000} \times 1000 = 61.83\,mg\ H_3BO_3$$

③**アセトヘキサミドの定量**：本品を乾燥したものは定量するとき，アセトヘキサミド（$C_{15}H_{20}N_2O_4S$：324.40）98.0〜101.0%を含む.

・**定量法**：本品を乾燥し，その約 0.3 g を精密に量り，N,N-ジメチルホルムアミド 30 mL に溶かし，水 10 mL を加えた後，0.1 mol/L 水酸化ナトリウム液で滴定する（電位差滴定法）．別に N,N-ジメチルホルムアミド 30 mL に水 19 mL を加えた液につき，同様の方法で空試験を行い，補正する.

$$0.1\,mol/L\ 水酸化ナトリウム液\ 1\,mL = 32.44\,mg\ C_{15}H_{20}N_2O_4S$$

アセトヘキサミドのスルホンアミド基は酸性を示すので，式(5.19)に示すように NaOH と反応する.

$$(5.19)$$

対応量は，アセトヘキサミド 1 mol と NaOH 1 mol が反応するので，

$$0.1\,mol/L\ NaOH\ 液\ 1\,mL = 1 \times 324.40 \times 0.1 \times \frac{1}{1000} \times 1000 = 32.44\,mg\ C_{15}H_{20}N_2O_4S$$

④**スルフイソキサゾールの定量**：本品を乾燥したものは定量するとき，スルフイソキサゾール（$C_{11}H_{13}N_3O_3S$：267.30）99.0%以上を含む.

・**定量法**：本品を乾燥し，その約 1 g を精密に量り，メタノール 50 mL を加え，加温して溶かし，冷後，0.2 mol/L 水酸化ナトリウム液で滴定する（指示薬：フェノールフタレイン試液 3 滴）．別にメタノール 50 mL に水 18 mL を加えた液につき，同様の方法で空試験を行い，補正する.

$$0.2\,mol/L\ 水酸化ナトリウム液\ 1\,mL = 53.46\,mg\ C_{11}H_{13}N_3O_3S$$

スルフイソキサゾールは芳香族第一級アミンであるが，ジアゾ化滴定ではイソキサゾール環が分解するため，中和滴定により定量する.

$$(5.20)$$

対応量は，スルフイソキサゾール 1 mol と NaOH 1 mol が反応するので，

$$0.2\,mol/L\ NaOH\ 液\ 1\,mL = 1 \times 267.30 \times 0.2 \times \frac{1}{1000} \times 1000 = 53.46\,mg\ C_{11}H_{13}N_3O_3S$$

⑤**エチニルエストラジオールの定量**：本品を乾燥したものは定量するとき，エチニルエストラジオール（$C_{20}H_{24}O_2$：296.40）98.0%以上を含む.

・**定量法**：本品を乾燥し，その約 0.2 g を精密に量り，テトラヒドロフラン 40 mL に溶かし，硝酸銀溶液（1 → 20）10 mL を加え，0.1 mol/L 水酸化ナトリウム液で滴定する（電位差滴定法）.

$$0.1\,mol/L\ 水酸化ナトリウム液\ 1\,mL = 29.64\,mg\ C_{20}H_{24}O_2$$

エチニルエストラジオールのエチニル基（$-C \equiv CH$）と硝酸銀 $AgNO_3$ が反応すると，その銀塩

(−C≡CAg) と硝酸 HNO₃ が生成するので，HNO₃ を NaOH で滴定する．

$$\text{エチニルエストラジオール}\text{-}C\equiv CH + AgNO_3 \longrightarrow -C\equiv CAg + HNO_3 \tag{5.21}$$

対応量は，エチニルエストラジオール 1 mol から HNO₃ 1 mol が生成し，HNO₃ 1 mol と NaOH 1 mol が反応するので，

$$0.1\,\text{mol/L NaOH 液 1 mL} = 1 \times 296.40 \times 0.1 \times \frac{1}{1000} \times 1000 = 29.64\,\text{mg C}_{20}\text{H}_{24}\text{O}_2$$

2) 逆滴定

①アスピリンの定量：本品を乾燥したものは定量するとき，アスピリン（$C_9H_8O_4$：180.16）99.5% 以上を含む．

・**定量法**：本品を乾燥し，その約 1.5 g を精密に量り，0.5 mol/L 水酸化ナトリウム液 50 mL を正確に加え，二酸化炭素吸収管（ソーダ石灰）を付けた還流冷却器を用いて 10 分間穏やかに煮沸する．冷後，直ちに過量の水酸化ナトリウムを 0.25 mol/L 硫酸で滴定する（指示薬：フェノールフタレイン試液 3 滴）．同様の方法で空試験を行う．

$$0.5\,\text{mol/L 水酸化ナトリウム液 1 mL} = 45.04\,\text{mg C}_9\text{H}_8\text{O}_4$$

アスピリンに一定過剰量の 0.5 mol/L NaOH 液を加えると，まずカルボキシ基が中和され，次に煮沸するとエステルがけん化され，遊離した CH₃COOH が中和される．

$$\text{アスピリン} + 2\text{NaOH} \longrightarrow \text{サリチル酸ナトリウム} + CH_3COONa + H_2O \tag{5.22}$$

対応量は，式 (5.22) より，アスピリン 1 mol と NaOH 2 mol が反応するので，

$$0.5\,\text{mol/L NaOH 液 1 mL} = \frac{1}{2} \times 180.16 \times 0.5 \times \frac{1}{1000} \times 1000 = 45.04\,\text{mg C}_9\text{H}_8\text{O}_4$$

0.25 mol/L H₂SO₄ の空試験の消費量から本試験の消費量を差し引くと，アスピリンと反応した 0.5 mol/L NaOH 液の量に相当する 0.25 mol/L H₂SO₄ の量が得られる．アスピリン量は本来 0.5 mol/L NaOH 液量を用いて求められるべきであるが，0.25 mol/L H₂SO₄ 量を用いて差し支えない．図 5.12 に原理の模式図を示す．

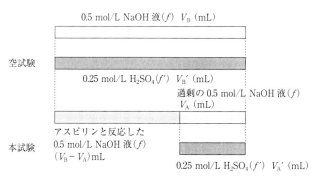

図 5.12 逆滴定によるアスピリンの定量の原理

いま，$0.5\,mol/L\ NaOH$ 液のファクターを f，$0.25\,mol/L\ H_2SO_4$ のファクターを f' とし，本試験での消費量を順に $V_A(mL)$，$V_A{}'(mL)$，空試験での消費量を順に $V_B(mL)$，$V_B{}'(mL)$ とすると，$NaOH$ と H_2SO_4 の反応は，

$$2NaOH + H_2SO_4 \longrightarrow Na_2SO_4 + 2H_2O$$

であるから，本試験で $0.25\,mol/L\ H_2SO_4$ と反応した $0.5\,mol/L\ NaOH$ 液量は，

$$\frac{NaOH\ の物質量(mol)}{H_2SO_4\ の物質量(mol)} = \frac{2}{1} = \frac{0.5 \times f \times V_A/1000}{0.25 \times f' \times V_A{}'/1000} \qquad V_A = \frac{f'}{f} V_A{}'\ (mL)$$

同様に，空試験で $0.25\,mol/L\ H_2SO_4$ と反応した $0.5\,mol/L\ NaOH$ 液量は，

$$V_B = \frac{f'}{f} V_B{}'(mL)$$

である．したがって，アスピリン量(mg)は，

$$45.04 \times f \times (V_B - V_A) = 45.04 \times f \times \frac{f'}{f}(V_B{}' - V_A{}') = 45.04 \times f' \times (V_B{}' - V_A{}')$$

となり，$0.25\,mol/L\ H_2SO_4$ の消費量を用いて求めることができる．

【例題 6】 日本薬局方アスピリン $1.500\,g$ を量り，規定に従って定量したところ，$0.25\,mol/L\ H_2SO_4$（$f = 1.000$）の消費量は，本試験で $16.96\,mL$，空試験で $50.10\,mL$ であった．本品中のアスピリンの含量 % はいくらか．

[解答]

$$\frac{45.04 \times 1.000 \times (50.10 - 16.96)}{1.500 \times 1000} \times 100 = 99.51\%$$

5.2.3 非水滴定

弱酸，弱塩基の中には解離定数が 10^{-7} 以下で小さく，水溶液で中和滴定できない場合がある．そこで，水以外の溶媒に溶解し，酸性や塩基性を高めて滴定を行う．水以外の溶媒を**非水溶媒**，非水溶媒を用いる滴定を**非水滴定**という．

a. 原 理

1）水の水平化効果　過塩素酸 $HClO_4$，H_2SO_4，HCl，HNO_3 の酸性度は，$HClO_4 > H_2SO_4 > HCl > HNO_3$ であるが，水溶液中ではいずれも水と反応し，

$$HClO_4 + H_2O \longrightarrow H_3O^+ + ClO_4^-$$

$$H_2SO_4 + H_2O \longrightarrow H_3O^+ + HSO_4^-$$

$$HCl + H_2O \longrightarrow H_3O^+ + Cl^-$$

$$HNO_3 + H_2O \longrightarrow H_3O^+ + NO_3^-$$

となる．このように，水溶液の酸性度が H_3O^+ に統一されてしまうことを水の**水平化効果**という．しかし，例えば CH_3COOH 中では，

$$HClO_4 + CH_3COOH \rightleftharpoons CH_3COOH_2^+ + ClO_4^-$$

$$HNO_3 + CH_3COOH \rightleftharpoons CH_3COOH_2^+ + NO_3^-$$

となり，反応の割合が異なるので $HClO_4$ や HNO_3 の酸性度の違いを明らかにすることができる．非水滴定では酸性度の大きい $HClO_4$ が標準液として多く利用されている．

2) 非水溶媒中での酸・塩基反応　　非水溶媒には CH_3COOH のように解離して共役の酸・塩基間で H^+ の授受を行う**プロトン溶媒**とベンゼンやクロロホルムのように H^+ の授受をほとんど行わない**非プロトン溶媒**がある．プロトン溶媒を用いる酸・塩基反応を $0.1\,mol/L\ HClO_4$ の標定（後述）を例として考えてみよう．この標定では，標準液の $HClO_4$ と標準物質のフタル酸水素カリウム $KHC_6H_4(COO)_2$ が見かけ上式(5.23)に示すように反応する．

$$HClO_4 + \underset{\text{塩基}}{KHC_6H_4(COO)_2} \underset{\text{酸}}{\rightleftharpoons} C_6H_4(COOH)_2 + KClO_4 \tag{5.23}$$

しかし，実際の反応では溶媒である CH_3COOH が関与する．CH_3COOH は $HClO_4$ との反応では塩基として働き，$KHC_6H_4(COO)_2$ との反応では酸として働く．

$$HClO_4 + CH_3COOH \rightleftharpoons CH_3COOH_2^+ + ClO_4^-$$

$$KHC_6H_4(COO)_2 + CH_3COOH \rightleftharpoons CH_3COO^- + C_6H_4(COOH)_2 + K^+$$

結局，溶媒中で一番強い酸である $CH_3COOH_2^+$ と一番強い塩基である CH_3COO^- が反応しているに過ぎない．

$$CH_3COOH_2^+ + CH_3COO^- \rightleftharpoons 2CH_3COOH$$

いま，プロトン溶媒を SH で表すとすると，SH どうしが一方は酸，他方は塩基として H^+ の授受を行う．この反応を**自己解離**または**自己プロトリシス**という．

$$\underset{\text{酸}}{SH} + \underset{\text{塩基}}{SH} \rightleftharpoons \underset{\text{溶媒和プロトン}}{SH_2^+} + \underset{\text{溶媒陰イオン}}{S^-}$$

非水溶媒中での酸・塩基反応は，実際には SH_2^+ と S^- の反応であり，SH_2^+ が一番強い酸，S^- が一番強い塩基となる．この場合，SH_2^+ を**溶媒和プロトン**，S^- を**溶媒陰イオン**という．非プロトン溶媒を用いる酸・塩基反応は，溶媒の H^+ の授受が関与しないため，反応の対象となる酸，塩基の酸性度，塩基性度に依存する．プロトン溶媒の水平化効果を抑えるため，プロトン溶媒に加えて用いられる場合も多い．

b. 日本薬局方への応用

1) 標準液の調製と標定

① **0.1 mol/L 過塩素酸**：1000 mL 中過塩素酸（$HClO_4$：100.46）10.046 g を含む．

・**調製**：過塩素酸 8.7 mL を酢酸(100) 1000 mL 中に約 20℃ に保ちながら徐々に加える．約 1 時間放置後，この液 3.0 mL をとり，別途，水分(g/dL)を速やかに測定する（廃棄処理時には水を加える）．この液を約 20℃ に保ちながら，無水酢酸 [{水分(g/dL)−0.03}×52.2] mL を振り混ぜながら徐々に加え，24 時間放置した後，次の標定を行う．

・**標定**：フタル酸水素カリウム（標準試薬）を 105℃ で 4 時間乾燥した後，デシケーター（シリカゲル）中で放冷し，その約 0.3 g を精密に量り，酢酸(100) 50 mL に溶かし，調製した過塩素酸で滴定する（指示薬法：クリスタルバイオレット試液 3 滴，または電位差滴定法）．ただし，指示薬法の終点は青色を呈するときとする．同様の方法で空試験を行い，補正し，ファクターを計算する．

$$0.1\,mol/L\ 過塩素酸\ 1\,mL = 20.42\,mg\ KHC_6H_4(COO)_2$$

対応量は，式(5.23)に示すように，$HClO_4$ 1 mol と $KHC_6H_4(COO)_2$ 1 mol が反応するので，$KHC_6H_4(COO)_2$ の分子量 204.22 より，

$$0.1\,mol/L\ HClO_4\ 1\,mL = 1 \times 204.22 \times 0.1 \times \frac{1}{1000} \times 1000 = 20.42\,mg\ KHC_6H_4(COO)_2$$

② 0.1 mol/L ナトリウムメトキシド液：1000 mL 中ナトリウムメトキシド（CH_3ONa：54.02）5.402 g を含む.

・**調製**：ナトリウムの新しい切片 2.5 g を氷冷したメタノール 150 mL 中に少量ずつ加えて溶かした後，ベンゼンを加えて 1000 mL とし，次の標定を行う.

・**標定**：安息香酸をデシケーター（シリカゲル）で 24 時間乾燥し，その約 0.3 g を精密に量り，N,N-ジメチルホルムアミド 80 mL に溶かし，チモールブルー・N,N-ジメチルホルムアミド試液 3 滴を加え，調製したナトリウムメトキシド液で青色を呈するまで滴定する. 同様の方法で空試験を行い，補正し，ファクターを計算する.

$$0.1\,mol/L\ \text{ナトリウムメトキシド液}\ 1\,mL = 12.21\,mg\ C_6H_5COOH$$

金属ナトリウム Na と無水メタノール CH_3OH を反応させるとナトリウムメトキシド CH_3ONa が生成する.

$$2Na + 2CH_3OH \longrightarrow 2CH_3ONa + H_2$$

N,N-ジメチルホルムアミド中で CH_3ONa は強い塩基性を示し，安息香酸 C_6H_5COOH も酸性を強めるので，中和滴定が可能となる.

$$CH_3ONa + C_6H_5COOH \longrightarrow CH_3OH + C_6H_5COONa$$

対応量は，CH_3ONa 1 mol と C_6H_5COOH 1 mol が反応するので，C_6H_5COOH の分子量 122.12 より，

$$0.1\,mol/L\ CH_3ONa\ \text{液}\ 1\,mL = 1 \times 122.12 \times 0.1 \times \frac{1}{1000} \times 1000 = 12.21\,mg\ C_6H_5COOH$$

③ 0.1 mol/L テトラメチルアンモニウムヒドロキシド液：1000 mL 中テトラメチルアンモニウムヒドロキシド（$(CH_3)_4NOH$：91.15）9.115 g を含む.

・**調製**：用時，テトラメチルアンモニウムヒドロキシド 9.2 g に対応する量のテトラメチルアンモニウムヒドロキシド・メタノール試液をとり，水を加えて 1000 mL とし，次の標定を行う.

・**標定**：安息香酸をデシケーター（シリカゲル）で 24 時間乾燥し，その約 0.2 g を精密に量り，N,N-ジメチルホルムアミド 60 mL に溶かし，調製した 0.1 mol/L テトラメチルアンモニウムヒドロキシド液で滴定する（指示薬法：チモールブルー・N,N-ジメチルホルムアミド試液 3 滴，または電位差滴定法）. ただし，指示薬法の滴定の終点は青色を呈するときとする. 同様の方法で空試験を行い，補正し，ファクターを計算する.

$$0.1\,mol/L\ \text{テトラメチルアンモニウムヒドロキシド液}\ 1\,mL = 12.21\,mg\ C_6H_5COOH$$

テトラメチルアンモニウムヒドロキシド $(CH_3)_4NOH$ は有機塩基のうちで最も強い塩基性を示す.

$$(CH_3)_4NOH + C_6H_5COOH \longrightarrow C_6H_5COON(CH_3)_4 + H_2O$$

対応量は，$(CH_3)_4NOH$ 1 mol と C_6H_5COOH 1 mol が反応するので，

$$0.1\,mol/L(CH_3)_4NOH\ \text{液}\ 1\,mL = 1 \times 122.12 \times 0.1 \times \frac{1}{1000} \times 1000 = 12.21\,mg\ C_6H_5COOH$$

2）応用例

①輸血用クエン酸ナトリウム注射液の定量：本品は定量するとき，クエン酸ナトリウム水和物（$C_6H_5Na_3O_7 \cdot 2H_2O$：294.10）9.5～10.5 w/v% を含む.

・**定量法**：本品 5 mL を正確に量り，水を加えて正確に 25 mL とする. この液 10 mL を正確に量

り，水浴上で蒸発乾固する．残留物を180℃で2時間乾燥した後，これに酢酸(100) 30 mLを加え，加温して溶かす．冷後，0.1 mol/L 過塩素酸で滴定する（指示薬：クリスタルバイオレット試液3滴）．同様の方法で空試験を行い，補正する．

$$0.1\,\text{mol/L 過塩素酸}\ 1\,\text{mL} = 9.803\,\text{mg}\ C_6H_5Na_3O_7 \cdot 2H_2O$$

クエン酸ナトリウムと $HClO_4$ の反応を式 (5.24) に示す．

$$\underset{\substack{| \\ CH_2COONa}}{\overset{\substack{CH_2COONa \\ |}}{HO-C-COONa}} + 3HClO_4 \longrightarrow \underset{\substack{| \\ CH_2COOH}}{\overset{\substack{CH_2COOH \\ |}}{HO-C-COOH}} + 3NaClO_4 \qquad (5.24)$$

対応量は，クエン酸ナトリウム 1 mol に対し $HClO_4$ 3 mol が反応するから，

$$0.1\,\text{mol/L}\ HClO_4\ 1\,\text{mL} = \frac{1}{3} \times 294.10 \times 0.1 \times \frac{1}{1000} \times 1000 = 9.803\,\text{mg}\ C_6H_5Na_3O_7 \cdot 2H_2O$$

【例題7】 日本薬局方輸血用クエン酸ナトリウム注射液 5 mL を量り，規定に従って定量したところ，0.1 mol/L $HClO_4$ ($f = 1.000$) の消費量は空試験での補正後 21.42 mL であった．本品中のクエン酸ナトリウム水和物の含量 w/v% はいくらか．

[解答] w/v% は溶液 100 mL 中の g 量を表すので，

$$\frac{9.803 \times 1.000 \times 21.42 \times (1/1000)}{5 \times (10/25)} \times 100 = 10.5\,\text{w/v\%}$$

②ブロムヘキシン塩酸塩の定量：本品を乾燥したものは定量するとき，ブロムヘキシン塩酸塩 ($C_{14}H_{20}Br_2N_2 \cdot HCl$：412.59) 98.5% 以上を含む．

・定量法：本品を乾燥し，その約 0.5 g を精密に量り，ギ酸 2 mL に溶かし，無水酢酸 60 mL を加え，50℃の水浴中で 15 分間加温し，冷後，0.1 mol/L 過塩素酸で滴定する（指示薬：クリスタルバイオレット試液2滴）．ただし，滴定の終点は液の紫色が青緑色を経て黄緑色に変わるときとする．同様の方法で空試験を行い，補正する．

$$0.1\,\text{mol/L 過塩素酸}\ 1\,\text{mL} = 41.26\,\text{mg}\ C_{14}H_{20}Br_2N_2 \cdot HCl$$

無水酢酸 $(CH_3CO)_2O$ を加えて加温すると芳香族第一級アミンのアミノ基がアセチル化されるため，$HClO_4$ の H^+ は第三級アミンの塩基性窒素原子と反応する．したがって，対応量は，ブロムヘキシン塩酸塩 1 mol と $HClO_4$ 1 mol が反応するので，

$$0.1\,\text{mol/L}\ HClO_4\ 1\,\text{mL} = 1 \times 412.59 \times 0.1 \times \frac{1}{1000} \times 1000 = 41.26\,\text{mg}\ C_{14}H_{20}Br_2N_2 \cdot HCl$$

③フルオロウラシルの定量：本品を乾燥したものは定量するとき，フルオロウラシル ($C_4H_3FN_2O_2$：130.08) 98.5% 以上を含む．

・定量法：本品を乾燥し，その約 0.2 g を精密に量り，N, N-ジメチルホルムアミド 20 mL に溶かし，0.1 mol/L テトラメチルアンモニウムヒドロキシド液で滴定する（指示薬：チモールブルー・N, N-ジメチルホルムアミド試液3滴）．ただし，滴定の終点は液の黄色が青緑色を経て青色に変

5章　定量分析（容量分析）

Tea Break

　滴定は簡便な分析法で，ビュレット1本で含量を求めることができる．ほとんどの機器分析は目的成分の標準品を必要とするが，滴定では標準品を必要としない利点がある．学生に「高校時代で行った化学実験の中で印象に残っているのは何か」と尋ねると，中和滴定をあげる者が比較的多い．指示薬の鮮やかな色調の変化が感動的であるためであろう．しかし，滴定曲線を実際に描いたことのある学生は見当たらない．学生実習では容量分析とともに電位差滴定も行っているが，15分も辛抱すれば滴定曲線が得られるとあって，あまり驚くこともない．かつてはビュレットから1滴ずつ落としながらpHメータで得られたpHの値をグラフ用紙にプロットしていったのでかなりの時間を要した．「昔は大変だったのですね．」という同情にも似た"共感的態度"で実習は終わりとなる．

わるときとする．同様の方法で空試験を行い，補正する．

$$0.1\,mol/L\ テトラメチルアンモニウムヒドロキシド液\,1\,mL = 13.01\,mg\ C_4H_3FN_2O_2$$

フルオロウラシルの環状イミド（$-CO-NH-CO-$）は酸性を示し，H^+ を放出するため，塩基の $(CH_3)_4NOH$ を標準液として定量する．対応量は，フルオロウラシル1molに対し $(CH_3)_4NOH\ 1$ molが反応するので，

$$0.1\,mol/L\ (CH_3)_4NOH\ 液\,1\,mL = 1 \times 130.08 \times 0.1 \times \frac{1}{1000} \times 1000 = 13.01\,mg\ C_4H_3FN_2O_2$$

④ **L-リシン塩酸塩の定量**：本品を乾燥したものは定量するとき，L-リシン塩酸塩（$C_6H_{14}N_2O_2 \cdot$ HCl：182.65）98.5%以上を含む．

・**定量法**：本品を乾燥し，その約0.1gを精密に量り，ギ酸2mLに溶かし，0.1mol/L 過塩素酸15 mLを正確に加え，水浴上で30分間加熱する．冷後，酢酸(100) 45mLを加え，過量の過塩素酸を0.1mol/L 酢酸ナトリウム液で滴定する（電位差滴定法）．同様の方法で空試験を行う．

$$0.1\,mol/L\,過塩素酸1\,mL = 9.132\,mg\,C_6H_{14}N_2O_2 \cdot HCl$$

$(CH_3CO)_2O$ を加えると，L-リシンのアミノ基がアセチル化されてしまうため，ギ酸HCOOHに溶解する．L-リシンと一定過剰量の $HClO_4$ を反応させた後，過量の $HClO_4$ を CH_3COONa 液で逆滴定する．対応量は，L-リシン塩酸塩1molに対し $HClO_4$ 2molが反応するので，L-リシン塩酸塩の分子量182.649より，

$$0.1\,mol/L\ HClO_4\ 1\,mL = \frac{1}{2} \times 182.649 \times 0.1 \times \frac{1}{1000} \times 1000 = 9.132\,mg\ C_6H_{14}N_2O_2 \cdot HCl$$

【**例題8**】　日本薬局方 L-リシン塩酸塩 0.100gを量り，規定に従って定量したところ，0.1mol/L CH_3COONa 液（$f=1.000$）の消費量は，本試験で4.21mL，空試験で15.05mLであった．本品中のL-リシン塩酸塩の含量%はいくらか．

[**解答**]

$$\frac{9.132 \times 1.000 \times (15.05 - 4.21)}{0.100 \times 1000} \times 100 = 99.0\%$$

ま と め

1. 酸・塩基滴定は，目的成分の酸を塩基の標準液で，または目的成分の塩基を酸の標準液で滴定し，終点までの滴定量から目的成分の含量を求める容量分析法である．

2. 終点が明瞭な場合は直接滴定を行うが，酸と塩基の反応が遅い，終点が不明瞭であるなどの場合は逆滴定を行う．

3. 水の水平化効果により酸の酸性度は H_3O^+ の酸性度に低下するため，水溶液での滴定が難しい弱酸，弱塩基の場合は，酢酸など水以外の溶媒（非水溶媒）を用いて非水滴定を行う．

4. 非水溶媒にはプロトン溶媒と非プロトン溶媒があるが，プロトン溶媒を用いた非水滴定はプロトン溶媒の自己解離により生じた酸，塩基間での H^+ の授受による反応に基づく．プロトン溶媒の酸を溶媒和プロトン，塩基を溶媒陰イオンという．

5. 弱塩基性医薬品の塩基性は，分子内の塩基性窒素（N）原子に基づく．しかし，カルボニル基が隣接するなどN原子の電子が非局在化するなどの場合はその塩基性が失われる．

5.3 キレート滴定

> **SBO C2(3)②2** キレート滴定の原理，操作法および応用例を説明できる．
> **SBO C2(3)②5** 日本薬局方収載の代表的な医薬品の容量分析を実施できる．

　キレート滴定（chelatometric titration）とは，エチレンジアミン四酢酸二水素二ナトリウム（disodium dihydrogen ethylenediaminetetraaceticacid：EDTA）などのキレート試薬が2価以上の金属イオンとキレートすることを利用した金属イオンの定量法である．指示薬もキレート剤であり，EDTA および指示薬の金属との錯形成能の違いから色が変化するので，これを利用して終点を決める．

　これらのキレート試薬と金属イオンとの配位結合の強さは，生成定数あるいは安定度定数で比較される．

　（参考）　薬物としての EDTA
・エチレンジアミンは，アミノフィリンの溶解補助剤としても使われる．
・エデト酸ナトリウム水和物（日本薬局方名）は，重金属中毒の解毒剤，高 Ca 血症，ジギタリス中毒時の不整脈などに用いる．
・食品添加物として，酸化防止剤．

　定量にあたっては，金属イオンは pH が高くなると水酸化物の沈殿を生じる．各金属イオンにはキレート滴定が可能な pH 範囲があることに注意しなければならない．

5.3.1 EDTA キレートの生成

　キレート滴定は EDTA や NTA(ニトリロ三酢酸) のようなキレート試薬と結合し，水溶液中で安定な可溶性の金属キレート化合物が生成することを利用した方法である．日本薬局方医薬品の定量には標準液として EDTA 液が用いられているので，EDTA を用いたキレート滴定の原理や方法について説明する．キレート平衡の原理については 2.1 節を参照のこと．

a. EDTA の酸解離平衡

EDTA は図 5.13 に示すように，4 個のカルボキシ基と 2 個のニトリロ基を持つ六座配位子でありアミノ酸と類似した両性物質としての性質を持つ．したがって，緩衝液を用いない水溶液中では図のようなイオン構造をとり，この化学種を H_4Y とする．

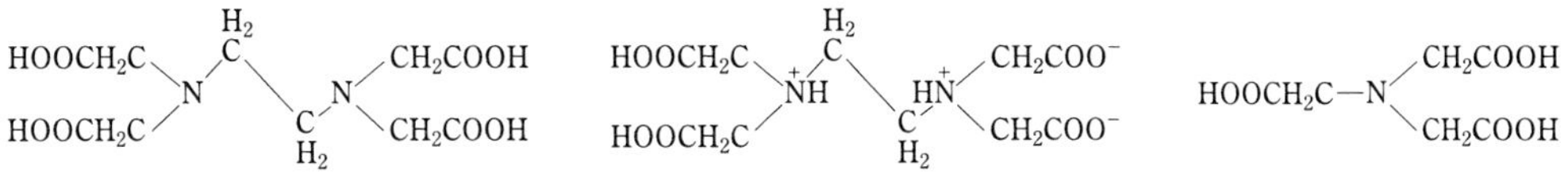

図 5.13 EDTA の化学構造

EDTA は水溶液中でいろいろなイオン種をとるが，EDTA の水素イオンが図 5.14 に示すように逐次解離したときの各化学種の解離平衡の化学構造と酸解離定数 $K_1 - K_4$〔（ ）内は pK 値を表す〕について考える．

溶液中に共存する EDTA の化学種を Y で表すと便利である．5 種類の化学種は H_4Y，H_3Y^-，H_2Y^{2-}，HY^{3-} および Y^{4-} と表せ，それぞれ対応する化学構造式を左側に示した．化学種 H_4Y が主に存在するのは pH2 以下であり，pH＝2 では H_4Y と H_3Y^- の濃度は等しい．また，pH4〜5 では H_2Y^{2-} が pH7〜9 では HY^{3-} が主に溶液中で存在する．HY^{3-} と Y^{4-} の濃度は pH＝10.26 のとき等しく，pH11 以上では主に Y^{4-} が存在し Y^{4-} が最も金属イオンと強く結合する．略号を用いたこの解離平衡を図 5.14 に示した．

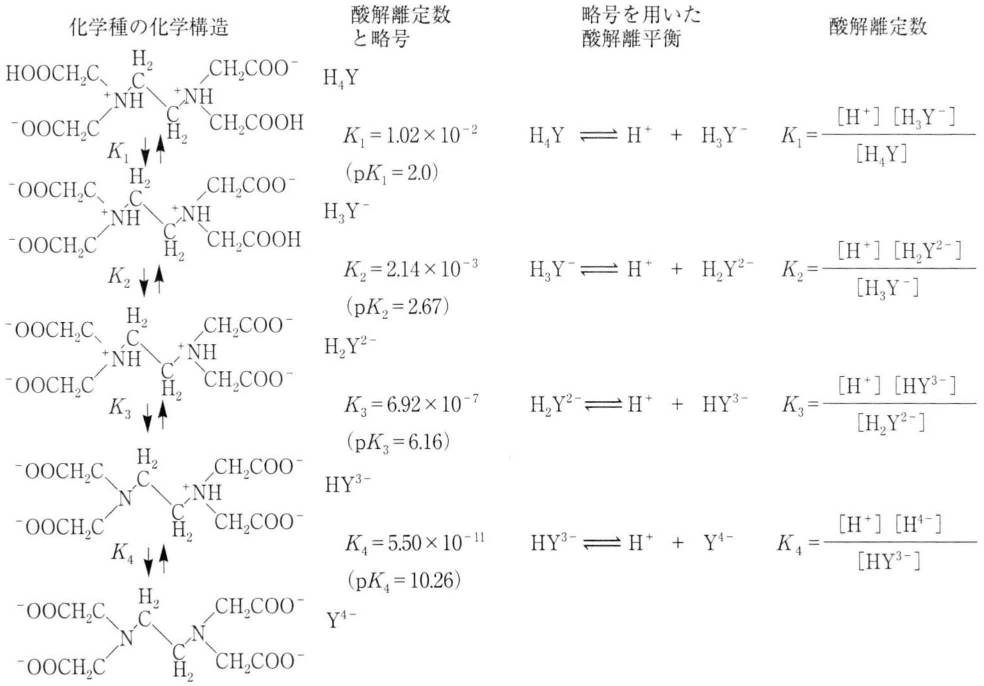

図 5.14 EDTA の解離平衡

b. EDTAキレート生成とpHの影響

EDTAは金属元素の種類や電荷によらず金属イオンと1:1で結合し，最もキレート生成に関係するEDTAの化学種はY^{4-}である．配位数が4と6の場合の金属イオンM^{n+}のEDTAキレートの構造を図5.15に示す．EDTAキレート生成能は金属イオンの種類によっても異なり，いろいろな金属イオンとEDTAのキレート生成定数を表5.4に示した．例えば，Li^+などのアルカリ金属の生成定数は小さく，Fe^{3+}，Mn^{3+}やTi^{3+}のような高原子価金属イオンの方が大きな値を持つ．また，Feのような同じ金属イオンFe^{2+}やFe^{3+}ではFe^{3+}のような高原子価の方が生成定数は大きく，安定なキレートを形成することがわかる．

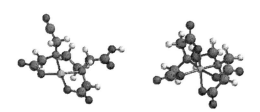

図5.15 4配位Cu^{2+}-EDTA(左)と6配位Fe^{2+}-EDTA(右)キレートの立体構造

表5.4 金属イオン-EDTAキレートの生成定数

金属イオン	$\log K_{MY}$	金属イオン	$\log K_{MY}$	金属イオン	$\log K_{MY}$
Li^+	2.79	Mn^{2+}	13.9	Zn^{2+}	16.5
Na^+	1.66	Mn^{3+}	25.3	Cd^{2+}	16.5
K^+	0.80	Fe^{2+}	14.3	Hg^{2+}	21.7
Mg^{2+}	8.79	Fe^{3+}	25.1	Sn^{2+}	18.3
Ca^{2+}	10.7	Co^{2+}	16.3	Pb^{2+}	18.0
Sr^{2+}	8.73	Co^{3+}	41.4	Al^{3+}	16.3
Ba^{2+}	7.86	Cu^{2+}	18.8	Ag^+	7.32
Sc^{3+}	23.1	Ti^{3+}	21.3	Ce^{3+}	15.9
Y^{3+}	18.1	V^{2+}	12.7	Eu^{3+}	17.4
La^{3+}	15.5	V^{3+}	26.0	U^{4+}	25.8

EDTAの酸解離のpHによる影響について5.3.1.a項で説明したが，EDTAキレート生成も同様にpHによる影響を受ける．どのように影響を受けるか考察する．金属イオンM^{n+}とY^{4-}とのキレート生成平衡は次式で表され，K_{MY}をEDTAキレートの生成定数という．

$$M^{n+} + Y^{4-} \rightleftharpoons MY^{(4-n)-} \qquad K_{MY} = \frac{[MY^{(4-n)-}]}{[M^{n+}][Y^{4-}]}$$

EDTAによるキレート生成にはY^{4-}が関与するが，高いpHではY^{4-}のみが配位子となる．しかしながら，一般的にEDTAの溶液中にはH_4Y，H_3Y^-，H_2Y^{2-}，HY^{3-}およびY^{4-}がいろいろな濃度で存在しており，これらの中には金属イオンと結合しにくい化学種もある．ここで，溶液中のEDTAの総濃度を$[Y']$とおくと，$[Y']$は次のように，

$$[Y'] = [Y^{4-}] + [HY^{3-}] + [H_2Y^{2-}] + [H_3Y^-] + [H_4Y]$$

で表される．先に示した酸解離定数$K_1 \sim K_4$を上式に代入し整理する．まず$[Y^{4-}]$でくくると

$$[Y'] = [Y^{4-}] \left\{ 1 + \frac{[HY^{3-}]}{[Y^{4-}]} + \frac{[H_2Y^{2-}]}{[Y^{4-}]} + \frac{[H_3Y^-]}{[Y^{4-}]} + \frac{[H_4Y^-]}{[Y^{4-}]} \right\}$$

5章　定量分析（容量分析）

が得られ，酸解離定数 $K_1 \sim K_4$ で置き換えると，

$$\frac{[\mathrm{HY}^{3-}]}{[\mathrm{Y}^{4-}]}=\frac{[\mathrm{H}^+]}{K_4}, \quad \frac{[\mathrm{H}_2\mathrm{Y}^{2-}]}{[\mathrm{Y}^{4-}]}=\frac{[\mathrm{H}^+]^2}{K_3K_4}, \quad \frac{[\mathrm{H}_3\mathrm{Y}^-]}{[\mathrm{Y}^{4-}]}=\frac{[\mathrm{H}^+]^3}{K_2K_3K_4}, \quad \frac{[\mathrm{H}_4\mathrm{Y}^-]}{[\mathrm{Y}^{4-}]}=\frac{[\mathrm{H}^+]^4}{K_1K_2K_3K_4}$$

のように変形できるので，

$$[\mathrm{Y}']=[\mathrm{Y}^{4-}]\left\{1+\frac{[\mathrm{H}^+]}{K_4}+\frac{[\mathrm{H}^+]^2}{K_3K_4}+\frac{[\mathrm{H}^+]^3}{K_2K_3K_4}+\frac{[\mathrm{H}^+]^4}{K_1K_2K_3K_4}\right\}$$

となり，溶液の $[\mathrm{H}^+]$ イオン濃度（pH）が定められると｛　｝内は定数となるので，これを $\alpha\mathrm{H}$ とおくと，

$$\alpha\mathrm{H}=1+\frac{[\mathrm{H}^+]}{K_4}+\frac{[\mathrm{H}^+]^2}{K_3K_4}+\frac{[\mathrm{H}^+]^3}{K_2K_3K_4}+\frac{[\mathrm{H}^+]^4}{K_1K_2K_3K_4}$$

Y' は $[\mathrm{Y}^-]=[\mathrm{Y}^{4-}]\,\alpha\mathrm{H}$ となり，Y' を用いて表されるキレート生成平衡は

$$\mathrm{M}^{n+}+\mathrm{Y}' \rightleftharpoons \mathrm{MY}^{(4-n)-}$$

$$K_{\mathrm{MY}'}=\frac{[\mathrm{MY}^{(4-n)-}]}{[\mathrm{M}^{n+}][\mathrm{Y}']}=\frac{[\mathrm{MY}^{(4-n)-}]}{[\mathrm{M}^{n+}][\mathrm{Y}^{4-}]\,\alpha\mathrm{H}}=\frac{K_{\mathrm{MY}}}{\alpha\mathrm{H}} \tag{5.25}$$

さらに，

$$\log K_{\mathrm{MY}'}=\log K_{\mathrm{MY}}-\log\alpha\mathrm{H}$$

が得られる．K_{MY} は溶液の pH の変化に依存しないが，$K_{\mathrm{MY}'}$ は pH の変化に依存し，これを条件生成定数（条件つき生成定数または見かけの生成定数ともいう）という．pH の低下により $\log\alpha\mathrm{H}$ は増大し $K_{\mathrm{MY}'}$ が小さくなりキレート生成が不利になることを示している．したがって，EDTA を用いた容量分析では pH を一定にするために緩衝液を用いることになる．pH と $\alpha\mathrm{H}$ の関係は表 5.5 に示した．

表 5.5　EDTA の $\log\alpha\mathrm{H}$

pH	$\log\alpha\mathrm{H}$	pH	$\log\alpha\mathrm{H}$
1	17.13	7	3.32
2	13.43	8	2.27
3	10.60	9	1.28
4	8.44	10	0.45
5	6.45	11	0.07
6	4.65	12	0.01

c. 副反応の影響

　前項では溶液の pH による配位子，特に，EDTA キレート生成に及ぼす影響についてみてきた．高い pH では Y^{4-} 濃度も増大し K_{MY} も大きくなるので，キレート滴定には有利であった．しかしながら，一般には金属イオンは pH を高くすると水酸化物（$\mathrm{M(OH)}x$）の沈殿が生成しキレート生成に影響を与えることになる．水酸化物を作る M^{n+} の全濃度，K を逐次平衡定数とすると

$$[\mathrm{M}'^{n+}]=[\mathrm{M}^{n+}]+[\mathrm{M(OH)}^{(n-1)+}]+[\mathrm{M(OH)}^{(n-2)+}]+[\mathrm{M(OH)}^{(n-3)+}]+\cdots\cdots$$
$$=[\mathrm{M}^{n+}](1+K_1[\mathrm{OH}^-]+K_1K_2[\mathrm{OH}^-]^2+\cdots\cdots)$$
$$=\gamma_{\mathrm{OH}}\,[\mathrm{M}^{n+}]$$

したがって，pH による配位子と金属イオン（水酸化物（$\mathrm{M(OH)}x$）生成を考慮した）のキレート形成反応に及ぼす効果を表した条件キレート生成定数は

Tea Break

● **EDTA で蛇毒の解毒?**

シャーロック・ホームズの「まだらの紐」は毒蛇を使った古典的なミステリーであり, 読んだことのある人は多いと思われる.

毒蛇であるハブに咬まれた場合, 一刻も早くワクチンを注射することが最良の治療法である. 沢井芳男博士らの研究によると, EDTA を注射すると一定の治療効果があったそうである. ハブ毒のタンパク質中から, EDTA が金属イオンを奪ってしまい, その結果, ハブ毒タンパク質が変性し無毒化するとか. 完全な無毒化は無理で 60〜70% の効果しかなかったそうだ. EDTA も意外なところで一役買っていた.

$$K_{MY'} = \frac{[MY^{(4-n)-}]}{[M'][Y']} = \frac{[MY^{(4-n)-}]}{\gamma_{OH}[M^{n+}][Y^{4-}]\alpha_H} = \frac{[MY^{(4-n)-}]}{[M^{n+}][Y^{4-}]\gamma_{OH}\alpha_H} = \frac{K_{MY}}{\gamma_{OH}\alpha_H}$$

したがって, 各金属イオンにはキレート滴定可能な pH の範囲がある. 水酸化物の沈殿生成を防ぐために, Zn^{2+}, Cu^{2+}, Co^{2+}, Ni^{2+} などをアルカリ性で滴定するとき, 一般的に水酸化ナトリウムを用いた緩衝液を使わずに pH10.7 のアンモニア-塩化アンモニウム緩衝液を用いる.

5.3.2 EDTA によるキレート滴定

金属イオンと金属指示薬(エリオクロムブラック T・塩化ナトリウム指示薬や NN 指示薬がある)との環状化合物(キレート)に対して, EDTA を滴加すると 2 価以上の金属イオンと 1 対 1 の結合比で生成定数の大きなキレートを形成する. 終点付近で pM(金属イオン濃度の負の対数)の変化が大きいので, 金属イオンの金属指示薬への脱着により明瞭な終点が得られる. これはキレート結合定数が大きい順にキレートを形成するためである.

a. キレート滴定の条件と滴定曲線

キレート滴定では, 金属イオンと EDTA が定量的に反応しなければならない. 通常, 容量分析では約 0.1% の誤差を伴うので, 当量付近で 99.9% の反応が進行していれば定量的といえ滴定条件を満たすことになる. キレート滴定において, 条件生成定数 $K_{MY'}$ がどれくらいの数値であれば, 当量点で 99.9% 以上のキレート生成が行われるか考察する.

0.01 mol/L 金属イオン(M^{n+}) 20 mL に 0.01 mol/L EDTA(Y') 20 mL を滴加したとき, キレートを形成していない M^{n+} と Y' が 0.1% 以下であるには

$$[M^{n+}] = [Y'] = 0.01 \times \frac{20}{40} \times \frac{0.1}{100} = 5 \times 10^{-6} \, mol/L$$

$$[MY^{(4-n)-}] = 0.01 \times \frac{20}{40} \times \frac{99.9}{100} = 5 \times 10^{-3} \, mol/L$$

となり, これを式(5.25)に代入すると $K_{MY'} = 5 \times 10^{-3}/(5 \times 10^{-6})^2 = 2 \times 10^8$ となることから, キレート滴定可能な条件生成定数は少なくとも〜10^8 は必要と考えられる.

このようなキレート滴定における金属イオン濃度 $[M^{n+}]$ 変化を滴定曲線で表すと, 酸塩基滴定の終点付近での pH 飛躍(pH-jump)と同じように, キレート滴定では EDTA の滴加によるキレート生成により終点付近で金属イオン濃度が大きく変化する. この $[M^{n+}]$ の対数が金属イオン濃度指数(pM)であり pM $= -\log[M^{n+}]$ で表される. この pM の変化は溶液の pH に大きく依存することを 5.3.1 項で学んだが, これを滴定曲線で図 5.16(a)に示した. 例えば, Ca^{2+} イオン(表 5.4 よ

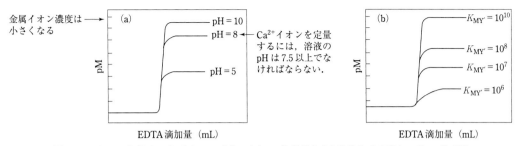

図 5.16 キレート滴定における pM 変化の(a)pH 依存性と(b)条件生成定数 $\log K_{MY'}$ 依存性

り $\log K_{MY} = 10.7$）を定量する場合では，条件生成定数が $\log K_{MY'} = \log 10^8 = 8$ となるための溶液の pH を求めると，$8 = \log K_{MY} - \log \alpha H = 10.7 - \log \alpha H$ より $\log \alpha H = 2.7$ が得られる．ここで，表 5.5 より $\log \alpha H = 2.7$ であるには約 pH7.5 となり，これが Ca^{2+} イオンを定量可能とする最低の pH に対応する．そのときの pM ジャンプは図 5.16(a)の pH8.0 付近のグラフになることが示される．

また，pM ジャンプは EDTA キレート化合物の条件生成定数 $K_{MY'}$ の大きさにも依存しており，当量点付近における大きな pM ジャンプを得るためには図 5.16(b)に示すように $\log K_{MY'}$ の値は 8 以上必要である．

b. 金属指示薬

キレート滴定の終点検出方法として，金属指示薬，電位差滴定，電気化学的滴定などがあるが，ここでは金属指示薬の原理について解説する．金属イオンを含む溶液に，EDTA と同じくキレート試薬である金属指示薬を微量添加すると特有の色（結合型）を示す．この溶液に EDTA を滴加し，当量点に達すると金属指示薬から金属イオンが外れた状態（遊離型）となり変色する．

滴定開始時には金属イオン M^{n+} が大量に存在するので金属指示薬（In）は定量的に金属-指示薬キレート，結合型の MIn を生成し，溶液は指示薬のキレート生成型の色を呈している．そのキレート平衡と生成定数 K_{MIn} は次のように表される．

$$M + In \rightleftharpoons MIn \qquad K_{MIn} = \frac{[MIn]}{[M][In]} \tag{5.26}$$

EDTA（Y で示す）の滴加とともに，MY のキレートが増加し，当量点付近では M^{n+} イオン濃度が急激に小さくなり，溶液の色は<u>指示薬の遊離型 In の色</u>に変化し，滴定終点を決定できる．この当量点付近での反応は

$$MIn + Y \rightleftharpoons MY + In$$

のように，配位子置換反応として見ることもできる．指示薬の変色は式(5.26)の両辺の対数をとると

$$pM = \log K_{MIn} + \log \frac{[In]}{[MIn]} \tag{5.27}$$

を得る．当量点付近で指示薬の半量が変色すると，$[In] = [MIn]$ なので，$pM = \log K_{MIn}$ が得られる．したがって，EDTA 液で滴定するときは当量点における pM 値と同じ値の $\log K_{MIn}$ を持つ指示薬を選択する必要がある．また，$K_{MY} \gg K_{MIn}$ であることが必要である．

図 5.17 には NN 指示薬や PAN 指示薬の構造とエリオクロムブラック T（EBT）の変色と構造変化の関係を示した．

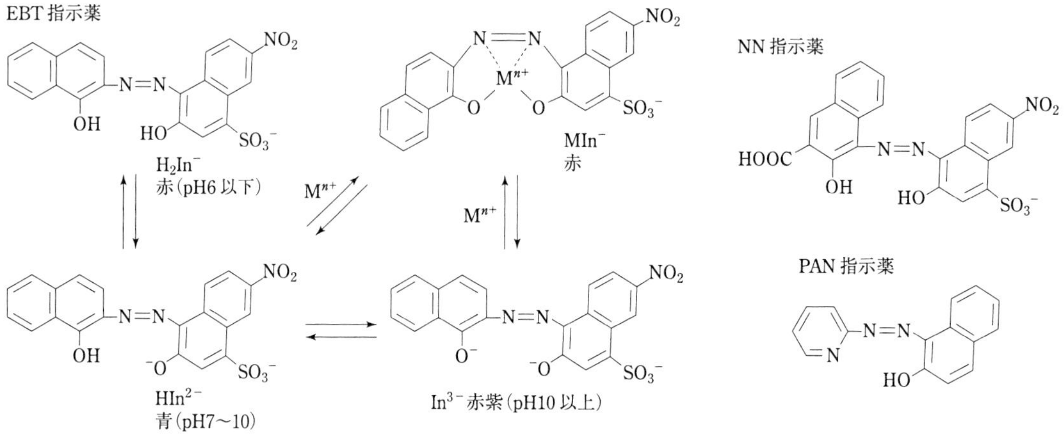

130 3部 化学物質の定性分析・定量分析

図5.17 主な金属指示薬の構造とエリオクロムブラックT（EBT）指示薬の酸解離とキレート生成における色の変化

　実際に，亜鉛イオンをEDTAで滴定するときは，以下のようにそれぞれの容器に入れて反応を進行させて終点を決める．

$$\text{EBT-Zn} \quad + \quad \text{EDTA} \quad \rightarrow \quad \text{EBT} \quad + \quad \text{EDTA-Zn}$$

　　　ビーカー　　　　　ビュレット　　　ビーカー

　　亜鉛-指示薬キレート　　　　　　　脱キレート

　　（結合型，赤紫色）　　　　　　（遊離型，青紫色）

5.3.3　キレート滴定で用いる標準液の標定と定量例

a. 0.05 mol/L エチレンジアミン四酢酸二水素ニナトリウム液の標定（直接法，1次標準法）

【**例題**】　日本薬局方容量分析用標準液0.05 mol/L EDTA・2Na液の標定に関して以下の問に答えなさい．

　　☐①☐（標準試薬）を②希塩酸で洗い，次に水洗し，さらにアセトンで洗った後，110℃で5分間乾燥した後，デシケーター（シリカゲル）中で放冷し，③約0.8gを精密に量り，希塩酸12mLおよび臭素試液5滴を加え，穏やかに加温して溶かし，煮沸して過量の臭素を追い出した後，④水を加えて正確に200mLとする．この液20mLを正確に量り，水酸化ナトリウム溶液（1→50）を加えて中性とし，pH10.7のアンモニア・塩化アンモニウム緩衝液5mLおよびエリオクロムブラックT・塩化ナトリウム指示薬0.04gを加え，調製したエチレンジアミン四酢酸二水素ニナトリウム液で，液の赤紫色が青紫色に変わるまで滴定し，ファクターを計算する．

　注意：⑤ポリエチレン瓶に保存する．

$$0.05\,\text{mol/L EDTA・2Na 液 1 mL} = (\ ⑥\ )\text{mgZn}$$

① ☐　☐にあてはまる標準試薬は何か（5.1.2項も参照）．

② 洗浄の目的は何か．

[**解答**]　表面に付着しているZnOやAl$_2$O$_3$などを除去する．

③ 秤量の範囲を計算しなさい．

④ 標準試薬0.8012gを採取したとき，滴定は何mgの標準試薬に対して行うか．

⑤ ポリエチレン瓶に保存する理由を書きなさい．

5章　定量分析（容量分析）　　131

[解答]　ガラス瓶の表面には金属が露出しているので EDTA が結合し，EDTA 液の濃度が減少
してしまうので，ガラス瓶ではなくポリエチレン瓶に保存する．

⑥　対応量を計算せよ（Zn の原子量を 65.38 とする）．

[解答]　原則として金属イオンと EDTA は 1：1 で反応する．したがって，

$$0.05\,mol/L\ EDTA\ 液\ 1\,mL = 0.05 \times 65.38\,mg\ Zn = 3.269\,mg\ Zn$$

となる．日本薬局方では有効数字 4 桁で対応量を示す．

b.　0.05 mol/L 塩化マグネシウム液の標定（間接法，2 次標準法）

【例題】　日本薬局方容量分析用標準液 0.05 mol/L 塩化マグネシウム液の調製と標定に関して，以
下の問に答えなさい．

1000 mL 中塩化マグネシウム（$MgCl_2 \cdot 6H_2O$：203.30）（ A ）g を含む．

・調製：塩化マグネシウム 10.2 g を新たに煮沸し冷却した水を加えて溶かし，1000 mL とし，次
の標定を行う．

・標定：調製した塩化マグネシウム液 25 mL を正確に量り，水 50 mL，pH 10.7 のアンモニア・塩
化アンモニウム緩衝液 3 mL およびエリオクロムブラック T・塩化ナトリウム指示薬 0.04 g を加
え，0.05 mol/L エチレンジアミン四酢酸二水素二ナトリウム液で滴定し，ファクターを計算する．
ただし，滴定の終点は，終点近くでゆっくり滴定し（Mg^{2+} は，EDTA キレートと EBT キレートの
生成定数の差が小さいので，キレート形成反応が遅くなる），液の赤紫色が，青紫色に変わるときと
する．

①　（A）に入る数値を計算しなさい．

②　0.05 mol/L EDTA 液（$f = 1.010$）を用い，上記操作法に従って操作したところ，0.05 mol/L
EDTA 液 24.62 mL を要した．この 0.05 mol/L 塩化マグネシウム液のファクターを計算しなさい．

[解答]　①　（A）は結晶水付き M.W. で計算する．$0.05 \times 203.30 = 10.165\,g$

②　$1.010 \times 24.62 = f \times 25.00$　∴　$f = 0.995$

c.　乾燥水酸化アルミニウムゲルの定量

【例題】　日本薬局方乾燥水酸化アルミニウムゲルの定量法に関して，以下の問に答えなさい．

本品は定量するとき，酸化アルミニウム（Al_2O_3：101.96）50.0 % 以上を含む．

本品 2 g を精密に量り，塩酸 15 mL を加え，水浴上で振り混ぜながら 30 分間加熱し，冷後，水を
加えて，正確に 500 mL とする．この液 20 mL を正確に量り，0.05 mol/L エチレンジアミン四酢酸
二水素二ナトリウム液 30 mL を正確に加え，pH 4.8 の酢酸・酢酸アンモニウム緩衝液 20 mL を加え
た後，5 分間煮沸し，冷後，エタノール（95）55 mL を加え，0.05 mol/L 酢酸亜鉛液で滴定する（指
示薬：ジチゾン試液 2 mL）．ただし，滴定の終点は液の淡暗緑色が淡赤色に変わるときとする．同
様の方法で空試験を行う．

本品 2.000 g を量りとって定量するとき，空試験で要した 0.05 mol/L 液（$f = 1.002$）の量は 29.80
mL，本試験に要した量は 14.10 mL であった．本品中の酸化アルミニウム（Al_2O_3）の対応量と含量
% を計算しなさい．

[解答]　対応量 $= 0.05 \times 101.96 \times 1/2 = 2.549\,mg\ Al_2O_3$

$$含量\% = \frac{2.549 \times (29.80 - 14.10) \times 1.002}{0.0800 \times 1000} \times 100 = 50.1\%$$

d. リンゲル液中の塩化カルシウム水和物の定量

【例題】 日本薬局方リンゲル液中の塩化カルシウム水和物の定量法に関して，以下の問に答えなさい.

本品は定量するとき，塩素（Cl：35.45として）0.53〜0.58 w/v％ および塩化カルシウム水和物（$CaCl_2 \cdot 2H_2O$：147.01）0.030〜0.036 w/v％を含む.

・定量法(2)塩化カルシウム水和物：本品50 mL を正確に量り，8 mol/L 水酸化カリウム試液2 mL および NN 指示薬 0.05 g を加え，直ちに 0.01 mol/L エチレンジアミン四酢酸二水素二ナトリウム液で滴定する. ただし，滴定の終点は液の赤紫色が青色に変わるときとする.

① 0.01 mol/L エチレンジアミン四酢酸二水素二ナトリウム液 1 mL は何 mg $CaCl_2 \cdot 2H_2O$ か.

② 0.01 mol/L エチレンジアミン四酢酸二水素二ナトリウム液（$f = 0.995$）を 12.35 mL 消費したとき，塩化カルシウム水和物の含量％（w/v）を計算しなさい. また塩化カルシウム水和物の含量％（w/v）は日局に適合するか.

[解答]　① 1.470 mg.

　　　　② $CaCl_2 \cdot 2H_2O = 147.0$

　　　　　0.01 mol/L EDTA液 1 mL = 1.470 mg $CaCl_2 \cdot 2H_2O$

$$\frac{0.995 \times 12.35 \times 1.470}{50 \times 1000} \times 100 = 0.036 \, \text{w/v}\%$$

　　　　　適合する.

注：定量法(1)塩素：沈殿滴定で測定する（沈殿滴定はハロゲンイオンが測定対象）.
　0.1 mol/L 硝酸銀液 1 mL = 3.545 mg Cl　指示薬フルオレセインナトリウム試液.

ま と め

1. 配位数の大きな EDTA はキレート生成定数が大きいので，2価以上の金属イオンと優先的に反応する.

2. 通常の直接滴定では最初に測定する金属イオン（M とする）溶液にキレート指示薬を加えてキレート結合させ呈色させる.

3. ビュレットから EDTA を滴下すると，キレート指示薬は EDTA よりもキレート生成定数が小さいために，キレート指示薬から金属イオンが外れて EDTA とキレート結合する.

4. 直接滴定では，キレート指示薬は金属が外れて遊離型となり色が変わり終点を示す.

　　　キレート指示薬−M　＋　EDTA　→　EDTA−M　＋　キレート指示薬
　　　　　　（結合型）　　　　　　　　　　　　　　　　　　　（遊離型）

5. 逆滴定では，金属イオンに EDTA を過剰に加えてキレートを形成させる. 残余の EDTA に金属塩の第2標準液で滴定する. すべての EDTA が第2標準液の金属イオンとキレート結合すると等量点となり，これを越えて滴加された第2標準液の金属イオンと指示薬がキレート結合することで変色して終点を示す. つまり，

　　M ＋ EDTA 過剰 → キレート指示薬 ＋ 残余の EDTA ＋ 酢酸亜鉛液で滴定 → EDTA すべてを
　　第1標準液　　　　　（遊離型）　　　　　　　　　　　　　　　第2標準液

　消費した瞬間 → キレート指示薬−M となる.

　　　　　　　（結合型の出現）

5章 定量分析（容量分析）　133

5.4　沈　澱　滴　定

SBO C2(3)②3　沈澱滴定の原理，操作法および応用例を説明できる．
SBO C2(3)②5　日本薬局方収載の代表的な医薬品の容量分析を実施できる．

5.4.1　沈殿滴定の原理

　沈殿滴定（precipitation titration）は，ハロゲンイオン（フッ素以外）またはシアンイオンを含む医薬品に硝酸銀液を加えて，溶解度積[†1]の小さいハロゲン化銀が沈殿することを利用して分析する方法である．別名，銀滴定ともいわれる．第17改正日本薬局方においては，生理食塩液，アミノフィリン，臭化カリウム，ブロモバレリル尿素などの定量に沈殿滴定が用いられている．

　注：フッ素は酸素フラスコ燃焼法などで測定する．

5.4.2　滴　定　曲　線

　イオンの濃度を計算して，滴定終点を計算し，過不足なく反応する等量点を定める．滴定終点は，指示薬，あるいは電極で定める．まず，$0.1\,mol/L\,NaCl$ 水溶液 $100\,mL$ に対して $0.1\,mol/L\,AgNO_3$ 水溶液の滴加について，酸塩基滴定における pH に対応するのが pCl^- である．

・滴定開始前：$[Cl^-] = 0.1\,(mol/L)$ であるので，$pCl^- = 1.0$

・等量点前：$AgNO_3$ を $V\,(mL)$ 加えていくと，$Cl^- + Ag^+ \rightleftharpoons AgCl$ の平衡が生じる．沈殿が生じ始めるのは，

$$[Ag^+] = \frac{K_{SP}}{[Cl^-]} = \frac{1.0 \times 10^{-10}}{0.1} = 1.0 \times 10^{-9}\,mol/L$$

のときであり，以降は

$$[Cl^-] = \frac{K_{SP}}{[Ag^+]} = \frac{1.0 \times 10^{-10}}{\dfrac{0.1 \times 100 - 0.1 \times V}{100 + V}}$$

の関係が成り立つ．等量点では，$[Ag^+] = [Cl^-]$ であるので，$[Cl^-] = 1.0 \times 10^{-5}\,mol/L$，等量点後は，$[Cl^-]$ は徐々に減少し，一方で $[Ag^+]$ が増加する．

5.4.3　沈殿滴定で用いられる標準液の標定

a.　0.1 mol/L 硝酸銀液

・調製：硝酸銀（$AgNO_3$：169.87）$17.0\,g$ を水に溶かし，$1,000\,mL$ とする．

・標定：標準試薬である塩化ナトリウム（NaCl：58.44）を乾燥した後，その約 $0.08\,g$ を精密に量り，水 $50\,mL$ に溶かし，強くかき混ぜながら調製した硝酸銀液で滴定し，ファクターを計算する（指示薬：フルオレセインナトリウム試液3滴，または電位差滴定法，銀電極）．標定後は，褐色瓶に保存する．

b.　0.1 mol/L チオシアン酸アンモニウム液の標定：ホルハルト（Volhard）法（2次標準法）

【例題】　日本薬局方容量分析用標準液 $0.1\,mol/L$ チオシアン酸アンモニウム液の標定に関して，以

[†1] 溶解度積：溶解度積の小さい塩ほど，溶液中に存在しうるイオン濃度が小さい．溶解平衡 $MX \rightleftharpoons M^+ + X^-$ は大きく左に片寄っており，その塩は沈殿しやすいことを示す（2.2.2項参照）．

下の問に答えなさい.

・**標定**：0.1mol/L 硝酸銀液 25mL を正確に量り，水 50mL，硝酸 2mL および（　）試液 2mL を加え，振り混ぜながら，調製したチオシアン酸アンモニウム液で持続する赤褐色を呈するまで滴定し，ファクターを計算する．滴定終点は，持続する赤褐色を呈する時点とし，標定後は褐色瓶に保存する．

①（　）に入るべき指示薬はどれか.

　　1　フェノールフタレイン，2　クリスタルバイオレット，3　硫酸アンモニウム鉄（Ⅲ），
　　4　デンプン，5　エリオクロムブラックT・塩化ナトリウム

[答] 3

②直接法によって標定した 0.1mol/L 硝酸銀液 25.00mL（ファクター＝1.020）を用いて，調製した 0.1mol/L チオシアン酸アンモニウム液を持続する赤褐色を呈するまで滴定したところ 26.00mL を消費した．0.1mol/L チオシアン酸アンモニウムのファクターは次のどれに最も近いか．

　　1　0.981，2　0.996，3　1.000，4　1.012，5　1.020

[答] 1

$$1.020 \times 25.00 = f \times 26.00$$
$$NH_4SCN \ + \ AgNO_3 \ \rightarrow \ AgSCN\downarrow \ + \ NH_4NO_3$$
$$3NH_4SCN \ + \ Fe^{3+} \ \rightarrow \ Fe(SCN)_3 \ + \ 3NH_4^+$$
（赤褐色）

5.4.4　滴定終点検出法

a. モール（Mohr）法

　クロム酸カリウム（K_2CrO_4）試液を指示薬として，試料のハロゲンを**硝酸銀液**で直接滴定する．
【例題】　1L 中に 0.10mol の Cl^- と 0.010mol の CrO_4^{2-} を含む混合溶液に硝酸銀液を滴加するとき，最初に沈殿するのは AgCl である．理由を計算で示せ．ただし，溶液の体積に変化はないものとし，AgCl の溶解度積 Ksp は 1.0×10^{-10} $(mol/L)^2$，Ag_2CrO_4 の Ksp は 2.0×10^{-12} $(mol/L)^3$ とする．
[解答]　AgCl，Ag_2CrO_4 が沈殿し始めるときの $[Ag^+]$ を，それぞれ x(mol/L)，y(mol/L) として比較すると，

$$[Ag^+][Cl^-] = x \times 1.0 \times 10^{-1} = 1.0 \times 10^{-10} \qquad \therefore \ x = 1.0 \times 10^{-9} mol/L$$
$$[Ag^+]^2[CrO_4^{2-}] = y^2 \times 1.0 \times 10^{-2} = 2.0 \times 10^{-12} \qquad \therefore \ y = 1.4 \times 10^{-5} mol/L$$

x の方がはるかに小さいので AgCl が先に沈殿する．さらに滴加が進み，等量点になると $[Ag^+] = [Cl^-] = 1.0 \times 10^{-5}$ となり，等量点を越えたとき Ag_2CrO_4 の赤褐色の沈殿が生じる．これをもって滴定終点を判断する．これがモール法の原理である．ただし，クロム酸塩には毒性の問題があり，この方法は現在日局 17 には記載されていないが，衛生試験法では採用されている．

b. ファヤンス（Fajans）法

　フルオレセインナトリウムのような吸着指示薬を用い，硝酸銀で滴定する方法．例えば，Cl^- 溶液に Ag^+ 溶液を滴下するときを考える．等量点前に AgCl の沈殿が生じるが，等量点前では，溶液中には Cl^- と Na^+ しか存在していない．ところが，等量点を超えると，溶液中の Ag^+ が AgCl 沈殿の表面に吸着する．陰イオンであるフルオレセインイオン（Flu^-）はこの Ag^+ に吸着すると，黄

色からピンク色にと変化する．この色調の変化で滴定終点が判定できる（図5.18）．ファヤンス法は，モール法よりも終点判定がしやすいが，大量の中性塩の存在またはきわめて薄い試料(0.005 mol/L 程度の濃度）では終末点が認められなくなる．

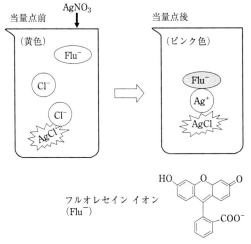

図 5.18 ファヤンス法の原理

c. ホルハルト（Volhard）法

ホルハルト法は，指示薬として硫酸アンモニウム鉄（Ⅲ）試液を用いて，$AgNO_3$ 標準液を過剰に加えて，余剰の Ag^+ をチオシアン酸アンモニウム標準液で逆滴定する方法である．例えば，Br^- に対して，第1標準液の $AgNO_3$ 液を過剰に加えて AgBr を完全に沈殿させる．溶液中には過剰の Ag^+ が存在しているので，第2標準液の NH_4SCN 液で滴定する．指示薬は硫酸アンモニウム鉄（Ⅲ）試液を添加する．これは Fe^{3+} がチオシアン酸イオンと反応し，赤褐色錯イオン $Fe(SCN)_3$ の形成による呈色で滴定終点を判定する．なお AgBr，AgI は AgSCN よりも難溶性であるが，AgCl は AgSCN よりも溶解度が大きく，反応溶液中で $AgCl\downarrow + SCN^- \rightleftharpoons AgSCN\downarrow + Cl^-$ の反応が起きるため，生じた AgCl はろ別するかニトロベンゼンを加えて，沈殿を反応液から分離する必要がある．

5.4.5 沈殿滴定の定量例
a. 生理食塩液の定量（ファヤンス法）

本品は定量するとき，塩化ナトリウム（NaCl：58.44）0.85〜0.95％を含む．

本品 20 mL を正確に量り，水 30 mL を加え，強く振り混ぜながら 0.1 mol/L 硝酸銀液で滴定する（指示薬：フルオレセインナトリウム試液3滴）．

$$0.1 \,\text{mol/L 硝酸銀液 } 1\,\text{mL} = 0.1 \times 58.44\,\text{mg} = 5.844\,\text{mg NaCl}$$

無機ハロゲン化合物（塩化ナトリウムなど）は，水に溶解すればハロゲンイオンとして定量可能になるが，有機ハロゲン化合物（アミドトリゾ酸やブロモバレリル尿素）ではハロゲンイオンとして取り出す必要がある．

①直鎖状の有機ハロゲン化合物は，水酸化ナトリウム試液を加えて加熱する．
②ベンゼン環に結合しているハロゲンは，水酸化ナトリウム試液に亜鉛末を加えて加熱する．

b. アミドトリゾ酸（X線造影剤）の定量（ファヤンス法）

【例題】 日本薬局方アミドトリゾ酸($C_{11}H_9I_3N_2O_4$：613.91)の定量について，以下の問に答えなさい．

本品約0.5gを精密に量り，けん化フラスコに入れ，　A　試液40mLに溶かし，　B　1gを加え，還流冷却器をつけて30分間煮沸し，冷後，ろ過する．フラスコおよびろ紙を水50mLで洗い，洗液は先のろ液に合わせる．この液に酢酸（100）5mLを加え，0.1mol/L 硝酸銀液で滴定する（指示薬：テトラブロモフェノールフタレインエチルエステル試液1mL）．ただし，滴定の終点は沈殿の黄色が緑色に変わるときとする．

$$0.1\text{mol/L 硝酸銀液}\quad 1\text{mL} = \boxed{C}\ \text{mg}\ C_{11}H_9I_3N_2O_4$$

① 　A　，　B　にあてはまる正しい組合せはどれか．

	A	B
1	硫酸	酢酸第二水銀
2	ヨウ素	ヨウ化カリウム
3	水酸化ナトリウム	亜鉛末
4	硝酸銀	亜鉛末
5	硝酸銀	水酸化ナトリウム

② 　C　に入るべき数値はどれか．

ア：1.023，イ：2.046，ウ：6.139，エ：10.23，オ：20.46

[解答] ①3，②オ（$0.1 \times 613.91 \times 1/3 = 20.46$）．

c. ブロモバレリル尿素（$C_6H_{11}BrN_2O_2$：223.07）の定量（ホルハルト法）

本品を乾燥し，その約0.4gを精密に量り，300mLの三角フラスコに入れ，<u>水酸化ナトリウム試液40mLを加え，環流冷却器をつけ，20分間穏やかに煮沸する</u>．冷後，水30mLを用いて環流冷却器の下部および三角フラスコの口部を洗い，洗液を三角フラスコの液と合わせ，硝酸5mLおよび正確に0.1mol/L 硝酸銀液30mLを加え，過量の硝酸銀を0.1mol/L チオシアン酸アンモニウム液で滴定する（指示薬：硫酸アンモニウム鉄(Ⅲ)試液2mL）．同様の方法で空試験を行う．

下線部の操作で，ブロモバレリル尿素から，NaBrを生じる．これに第1標準液である硝酸銀液を過剰に加えてAgBrの沈殿を生成させる．そして過剰なAg^+を第2標準液のチオシアン酸アンモニウム液で滴定する．1molのブロモバレリル尿素から1molのNaBrが生じるので，対応量は

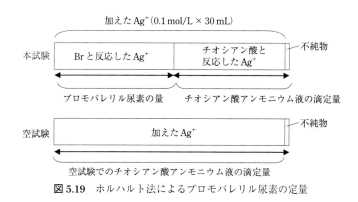

図5.19 ホルハルト法によるブロモバレリル尿素の定量

5章　定量分析（容量分析）　　137

0.1 mol/L 硝酸銀液 1 mL ＝ 22.31 mg $C_6H_{11}BrN_2O_2$ である.

d. シアン化水素の定量（リービッヒ・ドニージェ法）

日本薬局方キョウニン水（鎮咳・去痰薬）の定量法に関して，以下の設問に答えなさい.

本品は定量するとき，シアン化水素（HCN：27.03）0.09～0.11 w/v％を含む.

定量法　本品 25 mL を正確に量り，水 100 mL，ヨウ化カリウム試液 2 mL およびアンモニア試液 1 mL を加え，持続する黄色の混濁を生じるまで 0.1 ml/L 硝酸銀液で滴定する. 滴定の反応次のように進行する.

$$2NH_4CN + AgNO_3 \longrightarrow NH_4Ag(CN)_2 + NH_4NO_3$$

$$0.1\,mol/L\ 硝酸銀液\ 1\,mL\ =\ (\quad)\ mg\ HCN$$

① 　（　　）内に入れるべき数値を求めよ.

［答］　$0.1 \times 27.03 \times 2 = 5.406$

② 　0.1 mol/L （$f = 1.003$）の消費量が 4.50 mL であったとすると，HCN の含量は何 w/v％となるか.

［答］　含量 (mg) ＝ $5.406 \times 4.50\,mL \times 1.003\,mg$ ……25 mL

x (g) ……100 mL

∴　$x = 0.0975\,g/100\,mL \fallingdotseq 0.10\,w/v\%$

［解説］　本品の主成分マンデロニトリルは，元来キョウニンに含まれているのではなく，キョウニン中に 2.5～3.5％含まれるアミグダリンが，水の存在下，酵素エムルシンの作用により，分解して生じるものである. 定量ではアンモニアアルカリ性として，マンデロニトリルをシアン化アンモニウムとして総シアンを測定する.

$$NH_4CN + AgNO_3 \longrightarrow AgCN + NH_4NO_3$$
$$\underline{+)AgCN + NH_4CN \longrightarrow NH_4[Ag(CN)_2]}$$
$$2NH_4CN + AgNO_3 \longrightarrow NH_4[Ag(CN)_2] + NH_4NO_3$$

指示薬としてヨウ化カリウムを加えておくと，CN^- が消費された直後に，AgI（黄色）が生成して終点となる.

ま　と　め

ハロゲン化物イオン（フッ素以外）またはシアンイオンのような陰イオンと $AgNO_3$ 液との沈殿反応を利用した滴定法である. 主な終点判定法は 3 つある. すなわち，クロム酸カリウムを利用する方法，吸着指示薬を用いる方法および標準液に硝酸銀液とチオシアン酸アンモニウム液を用いて 3 価の鉄イオンとチオシアン酸イオンとの反応を利用して終点を決める方法で，それぞれ，モール法，ファヤンス法およびホルハルト法と呼ばれる. 無機ハロゲン化合物は水に溶かせばよいが，有機ハロゲン化合物からハロゲンイオンを切り出すには水酸化ナトリウム試薬との加熱，もしくはベンゼン環上のハロゲンでは水酸化ナトリウム試薬に亜鉛末を加えて加熱する.

5.5 酸化還元滴定

SBO C2(3)②4 酸化還元滴定の原理，操作法および応用例を説明できる．
SBO C2(3)②5 日本薬局方収載の代表的な医薬品の容量分析を実施できる．（知識・技能）

酸化還元滴定（redox titration）は，酸化還元剤と目的成分（医薬品など）の間の電子放出および授受による電子移動により生ずる酸化還元反応を利用した滴定方法であることを理解する．標準液として過マンガン酸カリウム，ヨウ素，チオ硫酸ナトリウム，臭素，ヨウ素酸カリウムや亜硝酸ナトリウムなどのような酸化還元滴定法の操作法や応用についても説明する．

5.5.1 酸化還元反応

酸化と還元が同時に起こる反応で，両者をまとめて酸化還元反応という．中和反応は，電子移動がないイオン反応である．

- **酸化**：酸素を結合または水素を失う反応．電子を失う反応．酸化されると，その元素の酸化数は増加する．
- **還元**：酸素を失うまたは水素を得る反応．電子を得る反応．還元されると，その元素の酸化数は減少する．

酸化剤とは，相手を酸化して自身は還元される物質．酸化数は減少する．

（例）　陰性の強い非金属単体（ハロゲン，オゾン）．酸化数の高い原子を含む化合物（$KMnO_4$，$K_2Cr_2O_7$，HNO_3 など）．相手の物質から電子を奪い取る性質の強い物質．

還元剤とは，相手を還元して自身は酸化される物質．酸化数は増加する．

（例）　陽性の強い金属単体（Na，Zn など）．酸化数の低い原子を含む化合物（H_2S など）．相手の物質に電子を与える性質の強い物質．

［有機物の例］　アスコルビン酸（ビタミンＣ，還元剤）やエリソルビン酸（食品添加物，アスコルビン酸の異性体，酸化防止剤）は，ジュースなどの酸化防止用に加えられている．

- **酸化数**：原子やイオンの酸化の程度を表す尺度．酸化数が大きいと酸化の程度が高い．１個の原子の酸化状態を表した数値．電気的に中性の単体状態にある場合は，0 となる．化合物中で着目した原子が酸化された（電子を n 個失った）状態では，酸化数は $+n$ となり，還元された（電子を n 個受け取った）状態では，酸化数は $-n$ となる．表し方は $+1$，$+2$，-1 などのように書く．

- **酸化数を決める規則**

(1) 単体中の原子の酸化数は 0 とする．

(2) 単原子イオンの酸化数は，イオンの電荷に等しい．

(3) 水素原子の酸化数は $+1$，酸素原子の酸化数は通常 -2 として他原子の酸化数を計算する．電気的に中性な化合物は酸化数の総和が 0 となる．

(4) 他原子イオンでは，酸化数の総和がイオンの電荷に等しいとする．

(5) アルカリ金属イオンの酸化数は $+1$，アルカリ土類金属の酸化数は $+2$ である．

酸化剤または還元剤それぞれの働きを電子 e^- を使って表したイオン反応式を，半反応式という．

5章　定量分析（容量分析）

主な酸化剤と還元剤の半反応式

〈酸化剤〉　　　　　　　　　　　　　　〈水溶液中での反応〉

オゾン　O_3　　　　　　　　　　　　$O_3 + 2H^+ + 2e^- \rightarrow O_2 + H_2O$

過マンガン酸カリウム　$KMnO_4$　　酸　性　$MnO_4^- + 8H^+ + 5e^- \rightarrow Mn^{2+} + 4H_2O$

　　　　　　　　　　　　　　　　　　中性・塩基性　$MnO_4^- + 2H_2O + 3e^- \rightarrow MnO_2 + 4OH^-$

二クロム酸カリウム　$K_2Cr_2O_7$　　$Cr_2O_7^{2-} + 14H^+ + 6e^- \rightarrow 2Cr^{3+} + 7H_2O$

硝　酸　HNO_3　　　　　　　　　　濃硝酸　$HNO_3 + H^+ + e^- \rightarrow NO_2 + H_2O$

　　　　　　　　　　　　　　　　　　希硝酸　$HNO_3 + 3H^+ + 3e^- \rightarrow NO + 2H_2O$

熱濃硫酸　H_2SO_4　　　　　　　　$H_2SO_4 + 2H^+ + 2e^- \rightarrow SO_2 + 2H_2O$

塩　素　Cl_2　　　　　　　　　　　$Cl_2 + 2e^- \rightarrow 2Cl^-$

◎過酸化水素　H_2O_2　　　　　　　酸性　$H_2O_2 + 2H^+ + 2e^- \rightarrow 2H_2O$

　　　　　　　　　　　　　　　　　　中性・塩基性　$H_2O_2 + 2e^- \rightarrow 2OH^-$

◎二酸化硫黄　SO_2　　　　　　　　$SO_2 + 4H^+ + 4e^- \rightarrow S + 2H_2O$

　酸化剤が働くときに必要な水素イオンは，酸化剤の水溶液を酸性にすることで供給される.

〈還元剤〉　　　　　　　　　　　　　　〈水溶液中での反応〉

ナトリウム　Na　　　　　　　　　　$Na \rightarrow Na^+ + e^-$

水　素　H_2　　　　　　　　　　　　$H_2 \rightarrow 2H^+ + 2e^-$

硫化水素　H_2S　　　　　　　　　　$H_2S \rightarrow S + 2H^+ + 2e^-$

シュウ酸　$(COOH)_2$　　　　　　　$(COOH)_2 \rightarrow 2CO_2 + 2H^+ + 2e^-$

◎二酸化硫黄　SO_2　　　　　　　　$SO_2 + 2H_2O \rightarrow SO_4^{2-} + 4H^+ + 2e^-$

塩化スズ（Ⅱ）　$SnCl_2$　　　　　　$Sn^{2+} \rightarrow Sn^{4+} + 2e^-$

硫酸鉄（Ⅱ）　$FeSO_4$　　　　　　　$Fe^{2+} \rightarrow Fe^{3+} + e^-$

ヨウ化カリウム　KI　　　　　　　　$2I^- \rightarrow I_2 + 2e^-$

（重要）酸化剤＋ヨウ化カリウム → ヨウ素生成　$2KI + Cl_2 \rightarrow I_2 + 2KCl$

◎過酸化水素　H_2O_2　　　　　　　$H_2O_2 \rightarrow O_2 \uparrow + 2H^+ + 2e^-$

チオ硫酸ナトリウム　$Na_2S_2O_3$　　$2S_2O_3^{2-} \rightarrow S_4O_6^{2-} + 2e^-$
　　　　　　　　　　　　　　　　　　　　　　　テトラチオン酸

　ここで，◎は反応相手により，酸化剤もしくは還元剤となる物質である.

（関連事項）　電池の原理

　酸化される反応が起こり，電子が導線に流れ出る電極を電池の負極という. 一方，還元される反応が起こり，導線から電子が流れ込む電極を電池の正極という. 電流の向きは，電子の流れと逆向きで，正極から負極へと流れる. 電池の構成は，左側に負極，中央に電解質，右側に正極を記して表される. 両極間に電流が流れていないときの，両極間の電位差（電圧）を電池の起電力という.

　・負極：イオン化傾向の大きい方の金属板. この金属は溶液中に陽イオンとなって溶出しやすいので，電子過剰となり，負極となる.

　・正極：イオン化傾向の小さい方の金属板. この金属は溶液中に溶出しにくい. 溶液中にこの金属イオンが多量に存在すれば，イオンの状態よりも単体の状態の方が安定だから，この金属イオンは電極板から電子を受け取って単体として析出する. このため電子不足となり，正極となる.

　両極を接続して，電流を取り出すことを放電といい，負極では酸化反応，正極では還元反応が起

こる．

5.5.2 酸化還元滴定と滴定曲線：ネルンストの式

2.4節で学んだ酸化還元電位や酸化還元平衡を利用して医薬品や化学物質を定量する酸化還元滴定について説明する．定量用標準液には酸化剤や還元剤を用いる．表5.1と5.2に主な酸化剤と還元剤を示す．

図5.20のような装置を使って，0.05 mol/Lの酸化剤 Ox_1 で 0.05 mol/Lの還元剤 Red_2 の20 mLを滴定することを考えると，

$$Ox_1 + Red_2 \longrightarrow Red_1 + Ox_2 \tag{5.27}$$

のような酸化還元反応が成り立ち，これは次の2つの半電池の組み合せといえる．

反応(1)　$Ox_1 + me^- \to Red_1$　標準酸化還元電位を E_1^0
反応(2)　$Ox_2 + ne^- \to Red_2$　標準酸化還元電位を E_2^0

ただし，$E_1^0 > E_2^0$ である．

・ネルンストの式：電池の起電力，電極電位を示す式（2.4節参照）．

①Ox_1 を 0.2 mL 滴加した：溶液中は $[Red_2]$ で占められているので，溶液の電位は $(Red_2)/(Ox_2)$ で与えられ，ネルンストの式から

$$E_2 = E_2^0 - 0.059 \log \frac{[Red_2]}{[Ox_2]}$$

滴定した濃度比は 20/0.2 から 100 なので，電極電位は $E_2 = E_2^0 - 0.059 \log 10^2 = E_2^0 - 0.12$ V となる．例えば，Fe(Ⅱ)/Fe(Ⅲ) の場合では 0.77−0.12 = 0.65 V である．

②Ox_1 を 10 mL 滴加した：滴加した Ox_1 の半分の量が還元され Red_1 に変化しているので，電極電位はまだ E_2 で表され $E_2 = E_2^0 - 0.059 \log 1 = E_2^0$ (V) となる．例えば，Fe(Ⅱ)/Fe(Ⅲ) の場合では 0.77 V となる．

③Ox_1 を 20 mL 滴加した：当量点に達するので，この酸化還元反応は平衡状態に達したと考えられる．したがって，電極電位は

$$E = E_1^0 - 0.059 \log \frac{[Red_1]}{[Ox_1]} = E_2^0 - 0.059 \log \frac{[Red_2]}{[Ox_2]}$$

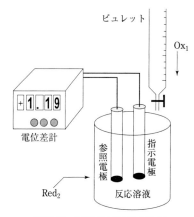

図 5.20 酸化還元滴定の装置
ORP 装置とも略記される．

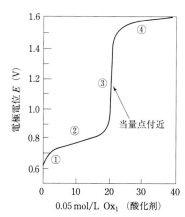

図 5.21 酸化還元反応式 (5.27) における滴定曲線
各滴定ポイント①〜④の説明は本文参照．

となる．さらに平衡状態にあるので近似的に $[Red_1]/[Ox_1]=[Red_2]/[Ox_2]$ となり，$E=1/2(E_1^0+E_2^0)$ が得られる．これが当量点での電極電位となる．

④Ox_1を 30 mL 滴加した：当量点を完全に過ぎているので，溶液の電位は $[Red_2]/[Ox_2]$ ではなく，酸化剤の $[Red_1]/[Ox_1]$ により決まる．したがって，電極電位 E は

$$E = E_1^0 - 0.059 \log \frac{[Red_1]}{[Ox_1]} = E_1^0 - 0.059 \log \left(\frac{20}{30} \right) \fallingdotseq E_1^0$$

となり，さらに Ox_1 を滴加しても濃度比の変化は緩やかなので，図 5.21 のような曲線になる．

5.5.3 酸化還元指示薬

酸化還元滴定における滴定終点検出には，必ずしも電位差滴定を利用するわけではないので，いろいろな工夫が必要となる．

①過マンガン酸滴定では，酸化剤の MnO_4^- イオンの Mn^{2+} への還元による色の退色（またはその逆の呈色）．

②ヨウ素滴定では，デンプン試液を指示薬とし，ヨウ素デンプン反応によるデンプン分子内への I_2 の取込みによる濃青色の呈色（または I^- イオンへの還元による退色）．

③酸化型と還元型の色調の異なる化合物や金属錯体は，酸化還元指示薬（redox indicator）として酸化還元滴定に使用されている．

表 5.6 に主な酸化還元指示薬の色の変化と変色域の電位を示した．

例えば，フェロイン（1,10-フェナントロリン鉄(Ⅱ)）は Fe(Ⅱ)の硫酸セリウム $Ce(SO_4)_2$ 標準液による酸化還元滴定の指示薬として用いられる．このときの等量点における電極電位 E は 1.19 V であり，1.11 V で変色するフェロインの変色電位は等量点の電位に近いことがわかる．酸化還元指

表 5.6 主な酸化還元指示薬の構造と性質

指示薬	化学構造	還元型の色	酸化型の色	変色域電位（V）	使用条件
フェロイン		赤色	青色	1.11	1mol/L H_2SO_4
ニトロフェロイン		赤色	青色	1.25	1mol/L H_2SO_4
インジゴカルミン（インジゴスルホン酸）		無色	青色	0.36	0.5mol/L 強酸
メチレンブルー		無色	青色	0.53	1mol/L 強酸
ジフェニルベンジジン		無色	菫色	0.76	1mol/L H_2SO_4

示薬の変色電位が，酸化還元滴定での等量点の電位に近いことが望ましい．

5.5.4 酸化還元滴定の方法に基づく分類

①ヨージ（オ）メトリー：還元性物質とヨウ素との直接反応によって定量する方法．
②ヨードメトリー：酸化性物質にKIを加え，生じたヨウ素を$Na_2S_2O_3$で滴定する方法．
③臭素滴定法：ヨードメトリーの一種で，フェノール誘導体の測定方法．
④過マンガン酸塩滴定法：オキシドール定量や上水・下水試験法で用いられ，指示薬不要．

● 主な標準液による医薬品の定量例

①ヨウ素液：アスコルビン酸，スルピリン，ジメルカプロール
②ヨウ素酸カリウム液：ヒドララジン塩酸塩，ヨードチンキ中のKI，プロカルバジン塩酸塩
③チオ硫酸ナトリウム液（ヨウ素との反応）

　$Na_2S_2O_3$液を用いた直接滴定：ヨードチンキ中のI_2

　KI試薬を加え，$Na_2S_2O_3$液で滴定：ジスルフィラム

　KIO_4でC-C結合を切断後，KI試薬を加え$Na_2S_2O_3$で滴定：キシリトール，D-ソルビトール，D-マンニトール
④臭素液を作用後，KI試薬を加え$Na_2S_2O_3$液で滴定（フェノール環を有する化合物の定量）：パラアミノサリチル酸カルシウム，フェニレフリン塩酸塩，フェノールスルホフタレイン，チモール，テガフール
⑤亜硝酸ナトリウム液（ジアゾ化滴定，芳香族第1級アミンの反応）：アミノ安息香酸エチル，スルファメチゾール，プロカイン塩酸塩，スルファモノメトキシン
⑥過マンガン酸カリウム液：オキシドール，硫酸鉄

5.5.5 主な酸化還元滴定の調製・標定と定量例

a. ヨウ素滴定（ヨージメトリー）

（1）　0.05mol/L ヨウ素液の調製・標定

調製　ヨウ素（I：126.90）13gをヨウ化カリウム溶液（2→5）100mLに溶かし，希塩酸1mLおよび水を加えて1000mLとする．

標定　調製したヨウ素液15mLを正確に量り，0.1mol/Lチオ硫酸ナトリウム液で滴定し，ファクターを計算する（指示薬法：デンプン試液，または電位差滴定：白金電極）．ただし，指示薬法の終点は，液が終点近くで淡黄色になったとき，デンプン試液3mLを加え，生じた青色が脱色するときとする．

　注意1：遮光して保存する．長く保存したものは再標定する．
　注意2：0.1mol/Lチオ硫酸ナトリウム液による間接法（2次標準法）である．

[解説]　ヨウ素とチオ硫酸ナトリウムのイオン反応式は次のように示される．その標準酸化還元電位（E^o）はそれぞれ+0.53Vと+0.08Vであるので，ヨウ素は酸化剤として，チオ硫酸ナトリウムは還元剤として働いていることがわかる．

$$I_2 + 2e^- \rightleftharpoons 2I^- \qquad E^0 = +0.53\,V$$
$$S_4O_6^{2-} + 2e^- \rightleftharpoons 2S_2O_3^{2-} \qquad E^0 = +0.08\,V$$

Tea Break

●ヒ素とトリカブト

捕物帳などの時代劇ミステリーで毒殺というと，決まってトリカブトかヒ素が登場する（マニアなら うんうんと頷く場面か）.

トリカブトはキンポウゲ科トリカブト属の多年草で，その根は生薬（ぶし）としても用いられる．漢方では「附子」とよばれ，強心，鎮痛作用がある．主成分はアコニチン．東海道四谷怪談でお岩が飲まされたのが附子といわれる.

ヒ素は「石見銀山」ともよばれ，殺鼠剤として広く用いられていた．ヒ素は生体内にごく微量であるが存在していて，人体にとって微量必須元素とされている．ヒ素中毒で有名なのが，「森永ヒ素ミルク事件（1955年）」と「和歌山ヒ素カレー事件（1998年）」であろう．後者の事件はいまだ記憶に新しいが，中でも当時中学3年生だった三好万季さんが書いたレポートが衝撃的だったことを覚えている．筆者など，よくここまで調べ上げたものだと感心したものである．文春文庫から出ているのでお薦めする．三好万季著『『4人はなぜ死んだのか　インターネットで追跡する「毒入りカレー事件」』』.

したがって，同じ電子数の移動で反応するので，

$$I_2 + 2Na_2S_2O_3 \longrightarrow Na_2S_4O_6 + 2NaI$$

である．チオ硫酸ナトリウム液のファクター f_2 は直接法（1次標準法）で求められている．本法は間接法（2次標準法）なので，チオ硫酸ナトリウム液の滴定量を V (mL) とし，求める I_2 液のファクター f_1 とすれば，$f_1 \times 15.00 = f_2 \times V$ から，$f_1 = (V \times f_2)/15.00$ となり，0.05 mol/L ヨウ素液のファクター f_1 が求まる.

(2)　日本薬局方アスコルビン酸の定量：本品を乾燥したものは定量するとき，L-アスコルビン酸（$C_6H_8O_6$：176.13）99.0%以上を含む.

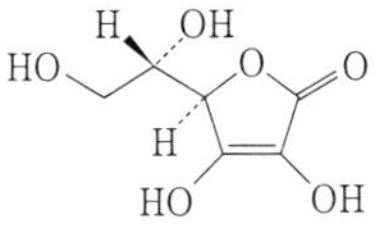

定量　アスコルビン酸を乾燥し，その約 0.2 g を精密に量り，メタリン酸（1→50）50 mL に溶かし，0.05 mol/L ヨウ素液で滴定する（指示薬：デンプン試液 1 mL）.

アスコルビン酸製剤を 0.2093 g 量り，上記に従って測定したところ，0.05 mol/L ヨウ素液（$f = 1.026$）23.68 mL を消費した．この製剤の含量%は，日本薬局方アスコルビン酸として適合するか.

[解説]　アスコルビン酸はビタミンC欠乏症に適用される．分子内にエンジオール基を持つため，還元性が強く，酸化されやすいため，ヨウ素による定量法（ヨージメトリー）が用いられる．その他，アスコルビン酸の測定にはインドフェノール法やジニトロフェニルヒドラジン法などの比色定量法なども知られている.

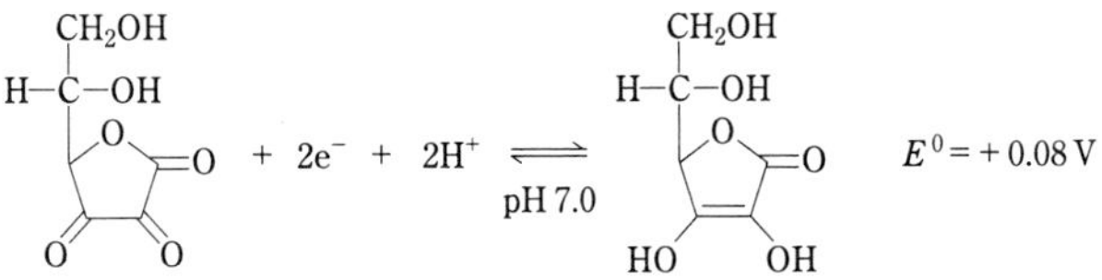

$$I_2 + 2e^- \rightleftharpoons 2I^- \qquad E^0 = +0.53 \text{ V}$$

これらのイオン反応式から,

$$I_2 \quad + \quad \text{アスコルビン酸} \quad \longrightarrow \quad \text{デヒドロアスコルビン酸} \quad +2HI$$

となり,アスコルビン酸とヨウ素は等モルで反応することがわかる.アスコルビン酸(還元剤)はヨウ素(酸化剤)に酸化されてデヒドロアスコルビン酸へと変化する.

　安定剤として添加されるメタリン酸 $(HPO_3)_n$ の市販品は棒状の試薬であり,特に $Fe^{2+/3+}$ イオンなどの重金属を取り込みアスコルビン酸の酸化を防ぐ安定剤として使われる.

$$1\,mol/L \text{ ヨウ素液 } 1\,mL = 176.1\,mg\ C_6H_8O_6$$

$$0.05\,mol/L \text{ ヨウ素液 } 1\,mL = 0.05 \times 176.13\,mg\ C_6H_8O_6 = 8.807\,mg\ C_6H_8O_6$$

$$含量\% = \frac{対応量\,(mg) \times 標準液の消費量\,(mL) \times ファクター}{採取量\,(mg)} \times 100 = 102.2\%$$

∴本製剤は日本薬局方に適合しない(通則 31,上限が示されていないときは 101.0% まで).

(3)　スルピリン水和物の定量(生成する還元剤をヨウ素液で滴定,ヨージメトリー):本品は定量するとき,換算した乾燥物に対し,スルピリン($C_{13}H_{16}N_3NaO_4S$:333.34)98.5% 以上を含む.

定量　本品約 0.25 g を精密に量り,10℃ 以下に冷却した薄めた塩酸(1→20)100 mL を加えて溶かし,5〜10℃ に保ちながら直ちに 0.05 mol/L ヨウ素液で滴定する.ただし,滴定の終点は 0.05 mol/L ヨウ素液を滴加後,1 分間強く振り混ぜても脱色しない青色を呈するときとする(指示薬:デンプン試液 1 mL).

$$0.05\,mol/L \text{ ヨウ素液 } 1\,mL = 0.05 \times 333.34\,mg\ C_{13}H_{16}N_3NaO_4S$$

$$\text{スルピリン} + HCl + H_2O \longrightarrow \text{分解体} + HCHO + H_2SO_3 + NaCl$$

$$H_2SO_3 + I_2 + H_2O \longrightarrow H_2SO_4 + 2\,HI$$

[解説]　スルピリン(ピラゾロン骨格を有する解熱鎮痛薬)を塩酸酸性で分解し,メタンスルホン酸 Na から生成する亜硫酸(SO_3^{2-})をヨウ素液で滴定する.温度を低く保つ理由は,次の①〜③を抑制するためである.

　①温度が高くなると SO_2 となり揮散する.

　②空気酸化でされやすくなる $SO_3^{2-} \rightarrow SO_4^{2-}$.

　③ヨウ素とスルピリンの反応が起こりうる.

b.　臭素滴定

　臭素液は直接臭素から調製するのではなく,臭素酸カリウム $KBrO_3$ と過量の臭化カリウム KBr

から定量的生成する Br₂ を標準液として用いるので臭素滴定と呼ばれる．しかし，滴定の後，過量の臭素をヨウ化カリウム試液で等量のヨウ素に置き換えて，このヨウ素をチオ硫酸ナトリウムで還元滴定するので，ヨウ素滴定（ヨードメトリー）の応用の1つといえる．

(1) 0.05 mol/L 臭素液の調製と標定：1000 mL 中臭素（Br：79.90）7.990 g を含む．

調製 臭素酸カリウム（KBrO₃：167.00）2.8 g および臭化カリウム 15 g を水に溶かし，1000 mL とし，次の標定を行う．

標定 調製した臭素液 25 mL をヨウ素瓶中に正確に量り，水 120 mL，次に塩酸 5 mL を速やかに加え，直ちに密栓して穏やかに振り混ぜる．これにヨウ化カリウム試液 5 mL を加え，直ちに密栓して穏やかに振り混ぜて 5 分間放置した後，遊離したヨウ素を 0.1 mol/L チオ硫酸ナトリウム液で滴定する．ただし，滴定の終点は液が終点近くで淡黄色になったとき，デンプン試液 3 mL を加え，生じた青色が脱色するときとする．同様の方法で空試験を行い，補正し，ファクターを計算する．

注意：0.1 mol/L チオ硫酸ナトリウム液による間接法（2次標準法）である．

[解説] KBrO₃ と KBr から定量的に Br₂ を生成させ，これを臭素液として用いる．反応は 2 段階に分けられる．

第1段階：臭素の生成と等量のヨウ素への置換．

$$KBrO_3 + 5KBr + 6HCl \longrightarrow 6KCl + 3H_2O + 3Br_2$$

$$Br_2 + 2KI \longrightarrow I_2 + 2KBr$$

第2段階：ヨウ素のチオ硫酸ナトリウム液による還元滴定．

$$I_2 + 2Na_2S_2O_3 \longrightarrow Na_2S_4O_6 + 2NaI$$

逆滴定の第1標準液に臭素液を用いるときは，標定は不要である．それは空試験によって第1標準液の濃度は第2標準液の滴定により正確に求められるからである．

(2) 0.1 mol/L チオ硫酸ナトリウム液の調製と標定

調製 チオ硫酸ナトリウム五水和物 25 g および無水炭酸ナトリウム 0.2 g に，新たに煮沸して冷却した水を加えて溶かし，1000 mL とし，24 時間放置する．

標定 ヨウ素酸カリウム（標準試薬）を 120～140℃で 1.5～2 時間乾燥した後，デシケーター（シリカゲル）中で放冷し，その約 0.05 g をヨウ素瓶に精密に量り，水 25 mL に溶かし，ヨウ化カリウム 2 g および希硫酸 10 mL を加え，密栓し，10 分間放置した後，水 100 mL を加え，遊離したヨウ素を調製したチオ硫酸ナトリウムで滴定する（指示薬法，または電位差法：白金電極）．ただし，指示薬法の滴定の終点は，液が終点近くで淡黄色になったとき，デンプン試液 3 mL を加え，生じた青色が脱色するときとする．同様の方法で空試験を行い，補正し，ファクターを計算する．

注意：長く保存したものは標定し直して用いる．

・化学反応式：$KIO_3 + 5KI + 3H_2SO_4 \longrightarrow 3K_2SO_4 + 3H_2O + 3I_2$

図 5.22 直接滴定の原理

$$I_2 + 2Na_2S_2O_3 \longrightarrow 2NaI + Na_2S_4O_6$$

- 直接滴定：原理を図5.22に示す．
- 対応量の計算：0.1 mol/L Na₂S₂O₃ 1 mL = 0.1 × 214.00 × 1/6 = 3.567 mg KIO₃
- ファクターの計算式（直接法）：

$$f = \frac{\text{標準試薬の採取量(mg)}}{3.567\,\text{mg} \times \text{チオ硫酸ナトリウム液の消費量}\ V\,(\text{mL})}$$

[臭素法の定量例]

(1) 日本薬局方フェノールの定量

定量法 本品約1.5gを精密に量り，水に溶かし正確に1000 mLとし，この液25 mLを正確に量り，ヨウ素瓶に入れ，正確に0.05 mol/L臭素液30 mLを加え，さらに塩酸5 mLを加え，直ちに密栓して30分間しばしば振り混ぜ，15分間放置する．次にヨウ化カリウム試液7 mLを加え，直ちに密栓してよく振り混ぜ，クロロホルム1 mLを加え，密栓して激しく振り混ぜ，遊離したヨウ素を0.1 mol/Lチオ硫酸ナトリウム液で滴定する（指示薬：デンプン試液）．同様の方法で空試験を行う．

$$0.05\,\text{mol/L 臭素液}\ 1\,\text{mL} = 1.569\,\text{mg}\ C_6H_6O$$

[解説] フェノール（C_6H_6O：94.11）は特異な臭いを持ち，常温（15～25℃）では固体である．本薬の3～4％溶液が外科用消毒殺菌薬として用いられている．

・臭素の発生：日本薬局方臭素液30 mLを加えても反応は起こらないが，塩酸を加えて強酸性にすると臭素が発生して反応が始まる．

$$KBrO_3 + 5KBr + 6HCl \longrightarrow 6KCl + 3H_2O + 3Br_2$$

ヨウ素瓶のフタの部分にはヨウ化カリウム溶液を加える．これは希散した（フタ部分のすり合せから）臭素をヨウ素に変換するために加える．

・フェノール環への臭素の置換反応：発生した臭素はフェノールと求電子置換反応をして，フェノール1分子に3分子のBr_2が結合し，2,4,6-トリブロモフェノールが生成する．これは難溶性なので終点の色調の変化を見やすくするために，クロロホルムを加えて可溶化している（アルコールは酸化されるため不適当）．

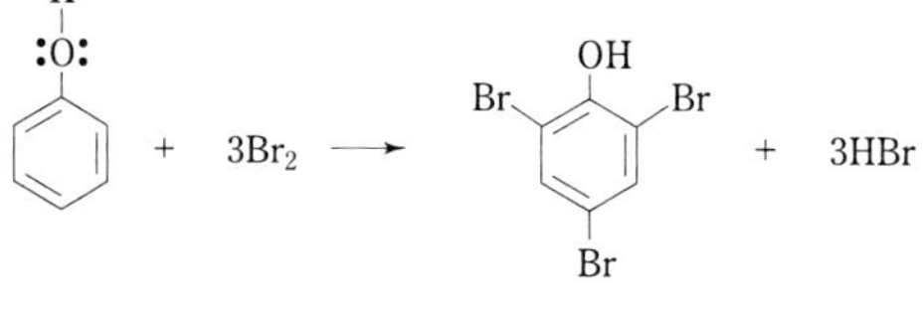

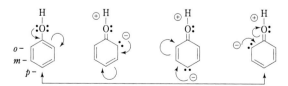

フェノールのπ電子の共鳴によるo-, p-配向性により，図5.23のようにBrが置換反応結合する．

図5.23 フェノールの求電子置換反応におけるo-, p-配向性

・対応量：反応式から$3Br_2 = C_6H_6O$の等モルが成り立ち，臭素の対応数は1/3であり，臭素の1 molはフェノール$C_6H_6O/3$に対応するので，対応量は

5章　定量分析（容量分析）　147

$$0.05\,mol/L\ 臭素液\ 1\,mL = 0.05 \times \frac{94.11}{3}\,mg = 1.569\,mg\ C_6H_6O$$

となる.

・残余の臭素をヨウ素へ変換：未反応の過量の臭素をヨウ化カリウムでヨウ素に変換する.

$$Br_2 + 2KI \longrightarrow I_2 + 2KBr$$

・チオ硫酸ナトリウム液で逆滴定：変換したヨウ素をチオ硫酸ナトリウム液で滴定する.

$$I_2 + 2Na_2S_2O_3 \longrightarrow Na_2S_4O_6 + 2NaI$$

(2)日本薬局方フェニレフリン塩酸塩の定量

本品を乾燥したものは定量するとき，フェニレフリン塩酸塩（$C_9H_{13}NO_2 \cdot HCl$：203.67）98.0〜102.0％を含む.

定量　本品を乾燥し，その約 0.1 g を精密に量り，ヨウ素瓶に入れ，水 40 mL に溶かし，0.05 mol/L 臭素液 50 mL を正確に加える．さらに塩酸 5 mL を加えて直ちに密栓し，振り混ぜた後，15 分間放置する．次にヨウ化カリウム試液 10 mL を注意して加え，直ちに密栓してよく振り混ぜた後，5 分間放置し，遊離したヨウ素を 0.1 mol/L チオ硫酸ナトリウム液で滴定する（指示薬：デンプン試液 1 mL）．同様の方法で空試験を行う.

[解説]　各段階の反応は,

①臭素の発生

②フェノール環のオルト，パラ位への臭素の置換反応

③ヨウ化カリウムを用いて残余の臭素をヨウ素へ変換する反応

④ヨウ素とチオ硫酸ナトリウムの滴定反応

となり，化学反応式を順に記載すると，次のようになる.

$$KBrO_3 + 5\,KBr + 6\,HCl \longrightarrow 3\,Br_2 + 6\,KCl + 3\,H_2O$$

$$Br_2 + 2\,KI \longrightarrow 2\,KBr + I_2$$

$$I_2 + 2\,Na_2S_2O_3 \longrightarrow 2\,NaI + Na_2S_4O_6$$

・対応量の計算：1 mol/L 臭素液 1000 mL $= 203.678 \times 1/3\,g\ C_9H_{13}NO_2 \cdot HCl$

　　　　　　0.05 mol/L 臭素液 1 mL $= 0.05 \times 203.67 \times 1/3\,mg\ C_9H_{13}NO_2 \cdot HCl$

　　　　　　　　　　　　　　　　$= 3.395\,mg\ C_9H_{13}NO_2 \cdot HCl$

本試験と空試験を図 5.24 に示す．フェニレフリンに対応する臭素液の消費量は，0.1 mol/L チオ硫酸ナトリウム液の（空試験値−本試験値）で求めることができる．したがって，含量％は次式で算出する.

$$含量\% = \frac{対応量 \times (空試験 − 本試験) \times f}{採取量(mg)} \times 100$$

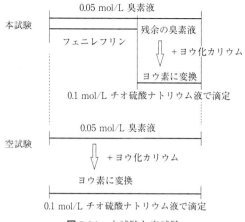

図5.24 本試験と空試験

c. 過マンガン酸塩滴定

　過マンガン酸塩滴定は通常，過マンガン酸カリウム標準液を酸化剤として用いる酸化還元滴定である．強酸性（H_2SO_4）条件下に強力な酸化力を持つこと，指示薬を用いないこと，操作方法が比較的簡便なことなどから医薬品の定量のほか，水質汚濁の指標であるCOD（化学的酸素消費量）の測定などいろいろな領域で応用されている．

　(1) 0.02 mol/L 過マンガン酸カリウム液の調製と標定

　1000 mL 中　過マンガン酸カリウム（$KMnO_4$：158.03）3.1607 g を含む．

調製　過マンガン酸カリウム3.2 g を水に溶かし，1000 mL とし，15分間煮沸して密栓し，48時間以上放置した後，ガラスろ過器（G 3またはG 4）を用いてろ過し，次の標定を行う．

標定　シュウ酸ナトリウム（標準試薬 $Na_2C_2O_4$：134.00）を150〜200℃で1〜1.5時間乾燥した後，デシケーター（シリカゲル）中で放冷し，その約0.3 g を500 mL の三角フラスコに精密に量り，水30 mL に溶かし，薄めた硫酸（1→20）250 mL を加え，液温30〜35℃とし，調製した過マンガン酸カリウム液をビュレットに入れ，おだやかにかき混ぜながら，その40 mL を速やかに加え，液の赤色が消えるまで放置する．次に55〜60℃に加温して滴定を続け，30秒間持続する淡赤色を呈するまで滴定し，ファクターを計算する．ただし，終点前の0.5〜1 mL は注意して滴加し，過マンガン酸カリウム液の色が消えてから次の1滴を加える．

$$0.02\,mol/L\ 過マンガン酸カリウム液\ 1\,mL = 6.700\,mg\ Na_2C_2O_4$$

注意：褐色の試薬びんに調製し冷暗所保存する．長く保存したものは，標定し直して用いる．

[解説]　シュウ酸ナトリウムを標準試薬として過マンガン酸カリウム液のファクターを求める．シュウ酸を酸化するので，イオン反応と異なり反応速度は遅くなる．したがって，酸化反応を進めるために反応容器を55〜60℃に加温して滴定を続ける．また，硫酸酸性条件下で反応を行うが，硫酸の入れ方が少ないとなかなか脱色せずに褐色の沈殿物が析出してくる．過マンガン酸イオンは強酸性条件下でシュウ酸を酸化するが，この反応の過マンガン酸イオンとシュウ酸イオンのイオン反応式は次のように表される．

・H_2SO_4 強酸性条件：$MnO_4^- + 8H^+ + 5e^- \rightleftharpoons Mn^{2+} + 4H_2O$　　　$E^0 = +1.51\,V$

　　　　　　　　　　$2CO_2 + 2e^- \rightleftharpoons C_2O_4^{2-}$　　　$E^0 = -0.49\,V$

5章　定量分析（容量分析）　　149

1 mol の過マンガン酸イオンとシュウ酸イオンの等しく反応するときのモル比は，量数はそれぞれ5と2であるので，反応式は

$$2KMnO_4 + 5Na_2C_2O_4 + 8H_2SO_4 \longrightarrow 2MnSO_4 + K_2SO_4 + 5Na_2SO_4 + 10CO_2 + 8H_2O$$

となる．化学反応式から，$2KMnO_4 = 5Na_2C_2O_4$ で等量となる．したがって，0.02 mol/L KMnO$_4$ 1 mL の対応量は

$$0.02\,\text{mol/L 過マンガン酸カリウム液}\ 1\,\text{mL} = 0.02 \times \frac{134.00}{2/5}\,\text{mg}$$

$$= 0.02 \times \frac{5}{2} \times 134.00\,\text{mg} = 6.700\,\text{mg} = 6.700\,\text{mg Na}_2\text{C}_2\text{O}_4$$

である．

［過マンガン酸塩滴定の定量例］

（1）オキシドールの定量

本品は定量するとき，過酸化水素（H$_2$O$_2$：34.01）2.5〜3.5 w/v% を含む．本品は適当な安定剤を含む．

本品 1.0 mL を正確に量り，水 10 mL および希硫酸 10 mL を入れたフラスコに加え，0.02 mol/L 過マンガン酸カリウム液で滴定する．

$$0.02\,\text{mol/L KMnO}_4\ 1\,\text{mL} = (\quad)\,\text{mg H}_2\text{O}_2$$

$$5H_2O_2 + 2KMnO_4 + 3H_2SO_4 \longrightarrow K_2SO_4 + 2MnSO_4 + 8H_2O + 5O_2$$

A．下線部は次のどの器具で量るか．

　　1　メスピペットで量る，　　2　全量ピペットで量る，　　3　化学はかりで量る，

　　4　メスシリンダーで量る，　　5　メスフラスコで量る

［答］2

B．滴定の進行に伴って発生する気体はどれか．

　　1　SO$_2$，　　2　CO$_2$，　　3　O$_2$，　　4　H$_2$，　　5　N$_2$

［答］3

C．（　）に入るべき数値を計算しなさい．

［答］$0.02 \times 5/2 \times 34.01 = 1.701\,\text{mg}$

D．本品を定量したとき，過酸化水素（H$_2$O$_2$：34.01）2.5〜3.5 w/v% を含むと規定されている．オキシドールが日局医薬品として適合するためには，0.02 mol/L KMnO$_4$ 液（$f = 1.000$）の消費量（mL）がいくつの範囲にあればよいか．

$$1.701 \times V_1 \times 1.000 = 25\,\text{mg} \quad V_1 = 14.70$$

$$1.701 \times V_2 \times 1.000 = 35\,\text{mg} \quad V_2 = 20.58$$

［答］14.70〜20.58 mL

［解説］　本法は，過酸化水素が還元剤となるときの特徴的反応で，O$_2$ が産生する．この特徴は定性反応にも利用されている．

d.　ヨウ素酸塩滴定法

（1）ヨウ化カリウム（KI = 166.00，医薬品）の定量

本品を乾燥し，その約 0.5 g を精密に量り，ヨウ素瓶に入れ，水 10 mL に溶かし，塩酸 35 mL およびクロロホルム 5 mL を加え，激しく振り混ぜながら 0.05 mol/L ヨウ素酸カリウム液でクロロホルム層の赤紫色が消えるまで滴定する．ただし，滴定の終点はクロロホルム層が脱色した後，5分以

内に再び赤紫色が現れないときとする.

$$0.05\,\text{mol/L ヨウ素酸カリウム液}\,1\,\text{mL} = 16.60\,\text{mg KI}$$

[解説] 反応は,酸化剤＋(ヨウ化カリウム)でヨウ素が遊離する性質を利用している.一時的に遊離させたヨウ素をクロロホルム層に捕集した(紫色になる)ときの反応式は,

$$5KI + KIO_3 + 6HCl \rightarrow 3I_2 + 6KCl + 3H_2O$$

塩酸存在下ではヨウ素は再び酸化されて塩化ヨウ素になるので,紫色は直ちに脱色され,

$$2I_2 + KIO_3 + 6HCl \rightarrow 5ICl + KCl + 3H_2O$$

となる.この2つの反応式をまとめると,問題文中の反応式となる.対応量は,ヨウ素酸カリウム標準液1molに対して,ヨウ化カリウムは2molが対応する.

$$1\,\text{mol/L KIO}_3\,1000\,\text{mL} = 166.00 \times 2\,\text{g KI}$$

$$0.05\,\text{mol/L KIO}_3\,1\,\text{mL} = 0.05 \times 166.00 \times 2\,\text{mg KI} = 16.60\,\text{mg KI}$$

e. ジアゾ化滴定

ジアゾ化反応は酸化還元反応の一種である.その滴定法はジアゾ化滴定または亜硝酸塩滴定と称される.芳香族第一アミンに塩酸酸性下に亜硝酸ナトリウムを作用させ,生成するジアゾニウム塩を電位差滴定法などにより定量する方法である.

(1) 0.1 mol/L 亜硝酸ナトリウム液の調製と標定:1000 mL 中亜硝酸ナトリウム($NaNO_2$：69.00) 6.900 g を含む.

調製 亜硝酸ナトリウム 7.2 g を水に溶かし,1000 mL とし,次の標定を行う.

標定 ジアゾ化滴定用スルファニルアミド(標準試薬)を 105℃ で 3 時間乾燥した後,デシケーター(シリカゲル)中で放冷し,その約 0.44 g を精密に量り,塩酸 10 mL,水 40 mL,および臭化カリウム溶液(3→10) 10 mL を加えて溶かし,15℃ 以下に冷却した後,調製した 0.1 mol/L 亜硝酸ナトリウム液で,滴定終点検出法の電位差滴定法または電流滴定法により滴定し,ファクターを計算する.

$$0.1\,\text{mol/L 亜硝酸ナトリウム液}\,1\,\text{mL} = 17.22\,\text{mg H}_2\text{NC}_6\text{H}_4\text{SO}_2\text{NH}_2$$

注意 1：遮光して保存する.長く保存したものは,標定し直して用いる.

注意 2：スルファニルアミドを用いる直接法(1 次標準法)である.

[解説] 標準試薬として芳香族第一アミンのスルファニルアミド($H_2NC_6H_4SO_2NH_2$：172.21)を用い,0.1 mol/L 亜硝酸ナトリウム液のファクターを求める.この反応は塩酸酸性で生成する HNO_2 がスルファニルアミドとのジアゾ化反応により安定な塩化スルファニルアミドジアゾニウム塩を生成させ,終点で過量になった NO_2^- の酸化還元反応により,電気的終点検出法で当量点を求める.

$$H_2N\text{—}\bigcirc\text{—}SO_2NH_2 + NaNO_2 + 2HCl \longrightarrow \overset{\ominus}{Cl}\,\overset{\oplus}{N}\equiv N\text{—}\bigcirc\text{—}SO_2NH_2 + NaCl + 2H_2O$$

スルファニルアミド　　　　　　　　　　　　　　　　ジアゾニウム塩

$NaNO_2$ とスルファニルアミドは等モルで反応するので,$NaNO_2 =$ スルファニルアミドであり,0.1 mol/L 亜硝酸ナトリウム液の対応量は

$$0.1\,\text{mol/L 亜硝酸ナトリウム液}\,1\,\text{mL} = 0.1 \times 172.21\,\text{mg} = 17.22\,\text{mg H}_2\text{NC}_6\text{H}_4\text{SO}_2\text{NH}_2$$

となる.ジアゾニウム塩は熱に不安定なので 15℃ 以下に冷却下に滴定し,ジアゾ化反応促進剤として臭化カリウム溶液を加えている.終点付近で過剰となった NO_2^- が次のような酸化還元反応を受け,電位差あるいは電流が変化するのでこれを終点とする.

5章 定量分析（容量分析）

$$NO_2^- + H_2O \rightleftharpoons NO_3^- + 2H^+ + 2e^-$$

[ジアゾ化滴定の応用例]

（1） スルファメチゾールの定量

本品を乾燥したものは定量するとき，スルファメチゾール（$C_9H_{10}N_4O_2S_2$：270.34）99.0％以上を含む．

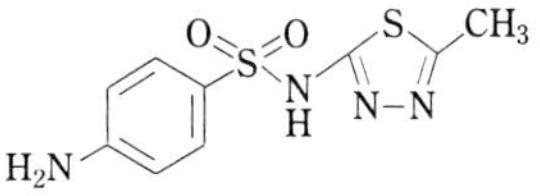

定量法 本品を乾燥し，その約 0.4 g を精密に量り，塩酸 5 mL および水 50 mL を加えて溶かし，さらに臭化カリウム溶液（3→10）10 mL を加え，15℃以下に冷却した後，0.1 mol/L 亜硝酸ナトリウム液で電気滴定法の電位差滴定法または電流滴定法により滴定する．

0.1 mol/L 亜硝酸ナトリウム液 1 mL＝（　　）mg $C_9H_{10}N_4O_2S_2$

[解説] スルファメチゾール（$C_9H_{10}N_4O_2S_2$：270.33）は合成抗菌薬で一般的にサルファ剤と呼ばれ，芳香族第一アミンを持っている．$NaNO_2$ とスルファメチゾールが等モルで反応し，$NaNO_2$＝$C_9H_{10}N_4O_2S_2$ であるので，

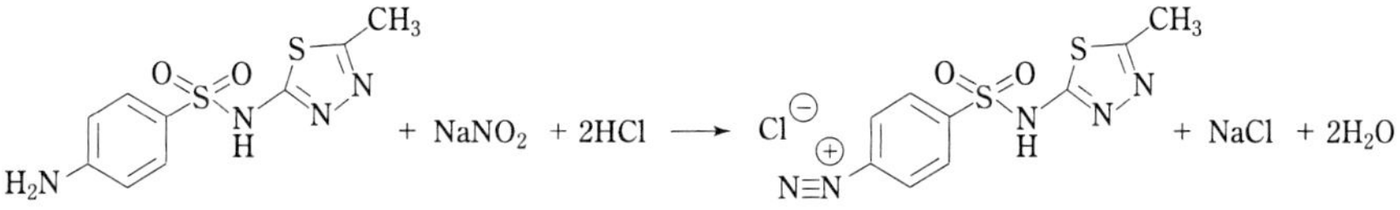

スルファメチゾールの対応数は 1 であり，$NaNO_2$ の対応量は，

0.1 mol/L 亜硝酸ナトリウム液 1 mL＝0.1×270.33 mg＝27.03 mg $C_9H_{10}N_4O_2S_2$

である．臭化カリウムを加える理由は，ジアゾ化反応を促進する触媒として加える．

注意 1：終点判定法．ジアゾ化滴定は酸化還元滴定の一種なので，指示電極には白金電極を使う．
注意 2：電位差滴定法．参照電極 → 銀-塩化銀電極
注意 3：電流滴定法．2 本の同型の白金電極を使用

（2） プロカイン塩酸塩の定量

日本薬局方プロカイン塩酸塩の定量法に関する次の記述の（　　）内に入れるべき数値を計算しなさい．ただし，$C_{13}H_{20}N_2O_2 \cdot HCl$＝272.77 とする．

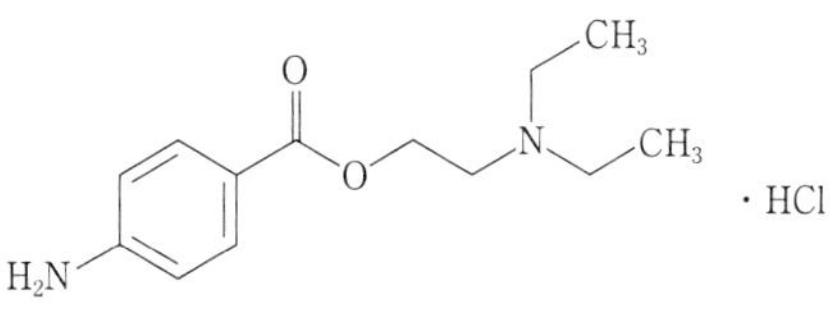

本品を乾燥し，その約 0.4 g を精密に量り，塩酸 5 mL および水 60 mL を加えて溶かし，さらに臭化カリウム溶液（3→10）10 mL を加え，15℃以下に冷却した後，0.1 mol/L 亜硝酸ナトリウム液で滴定終点検出法（電気滴定法）の電位差滴定法または電流滴定法により滴定する．

0.1 mol/L 亜硝酸ナトリウム液 1 ml＝（　　）mg $C_{13}H_{20}N_2O_2 \cdot HCl$

[答] 27.28

まとめ

酸化還元反応を利用した酸化還元滴定は，指示薬が変色した時点が等量点であるため中和滴定などより正確な定量が可能である．酸化剤と還元剤の反応が，ヨウ素液，チオ硫酸ナトリウム液，過マンガン酸カリウム液，ヨウ素カリウム液などの標準液との間で行われる．これらの標準液がどのような医薬品と反応するか，例えば，ヨウ素液による直接酸化反応であるヨージメトリーでアスコルビン酸を定量するなどを提示した．また，酸化剤をヨウ化カリウムでヨウ素に変えてチオ硫酸ナトリウム液で滴定する．ヨードメトリーのような反応や過ヨウ素酸試液による炭素-炭素結合を切断する反応を利用した定量法も酸化還元滴定には存在する．

5.6 電気滴定法（電気的終点検出法）

> **SBO C2(3)②5 日本薬局方収載の代表的な医薬品の容量分析を実施できる．（知識・技能）**

電気滴定法（electrometric titration）には，電位差滴定法（potentiometric titration）と電流滴定法（amperometric titration）があり，日局 17 では滴定終点検出法の項目に分類されている．電位差滴定法は電極間の電位差（起電力）の変化を測定し滴定終点（当量点）を求める．電流滴定法は滴定の進行に伴う微少電流の変化を測定する方法である．また，電気量から定量分析する電量滴定法もある．

5.6.1 電位差滴定法

a. 電位差滴定法の原理

容量分析用標準液を試料溶液に滴加しながら電位差を測定し，その変化が最大になる滴加量を当量点とする．この方法は反応や平衡の種類により酸・塩基滴定，沈殿滴定，キレート滴定，酸化還元滴定あるいは非水滴定などの終点検出に応用される（表 5.7）．参照電極（比較電極）は，通例，銀-塩化銀電極を用いるが，指示電極は滴定の種類により選択する必要がある．滴定溶液中で，指示電極，参照電極および標準液と試料の組み合せから電池を作成し，その起電力を測定しながら滴定の終点を求める．したがって，指示電極と参照電極の組み合せから反応系の電極電位差 E を測定し，ネルンストの式（5.31）を用いて溶液の濃度を知ることができ，当量点を求めることができる．

表 5.7 電位差滴定による滴定終点検出で用いられる電極[1]

滴定の種類	指示電極	参照電極
酸・塩基滴定	ガラス電極	銀-塩化銀電極
非水滴定[2]	ガラス電極	銀-塩化銀電極
沈殿滴定[3]	銀電極	銀-塩化銀電極
キレート滴定	水銀-塩化水銀（Ⅱ）電極	銀-塩化銀電極
酸化還元滴定[4]	白金電極	銀-塩化銀電極

1）複合電極を用いてもよい．2）過塩素塩やテトラメチルアンモニウムヒドロキシド標準液．3）硝酸銀標準液 飽和硝酸によるハロゲンイオンの滴定．参照電極と試料溶液との間にカリウム溶液の塩橋．4）ジアゾ化滴定など．

指示電極（白金などの不活性電極を使う）を浸した試料溶液（電解質溶液）の指示電極における半電池は，水素イオンが関与しない場合，次のようになる．

$$Ox_1{}^{m+} + ne^- \rightleftharpoons Red_1{}^{n+} \qquad E_1 \tag{5.28}$$

$$Ox_2{}^{m+} + ne^- \rightleftharpoons Red_2{}^{n+} \qquad E_2 \tag{5.29}$$

したがって，半電池の和をとると

$$Red_1{}^{n+} + Ox_2{}^{m+} \rightleftharpoons Ox_1{}^{m+} + Red_2{}^{n+} \tag{5.30}$$

であり，滴定中の電極電位 E は式(5.31)で表される（ネルンストの式）．

$$E = (E_1 - E_2) + \frac{0.059}{n} \log \frac{[Ox_1{}^{m+}][Red_2{}^{n+}]}{[Red_1{}^{n+}][Ox_2{}^{m+}]} \tag{5.31}$$

また，水素イオンが関与する場合は式(5.32)のようになり，3.3.6項で説明したpHの酸化還元に与える影響による滴定中の電極電位 E は同様に次式で与えられる．

$$Ox^{m+} + mH^+ + ne^- \rightleftharpoons Red^{n+} + \frac{m}{2} H_2O \tag{5.32}$$

$$E = E^0 - \frac{0.059m}{n} pH + \frac{0.059}{n} \log \frac{[Ox]^a}{[Red]^b}$$

このように，酸化還元滴定の終点検出について説明したが，酸塩基滴定や非水滴定の場合の電極電位も同様に説明でき2.2.2項を参照してほしい．電位差滴定法は適当な指示薬がない場合や目視では終点判定が不正確な場合などに利用される．また，滴定曲線を記録できる便利さもある．電位差滴定曲線と終点を図5.25に示した．終点を正確に求めるため1次微分曲線あるいは2次微分曲線なども記録できるようになっている自動滴定装置も市販されている．

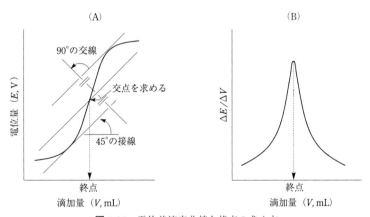

図 5.25 電位差滴定曲線と終点の求め方
(a) 二等分線法による終点，(b) 一次微分法による終点．

b. 電位差滴定法の装置

電位差滴定の装置は反応容器，容量分析用標準液を滴加するビュレット，指示電極と参照（比較）電極，電位差計またはpH計，記録装置および撹拌装置（スターラー）などからなる（図5.26）．また，自動滴定装置も用いられる．指示電極は酸化還元電位を測定するとき，金属電極は溶液の濃度と一定の関係を持ってその電極電位が変化する性能を持っている．指示電極の起電力を測定するために酸化還元剤の濃度とは無関係に一定の電位を持つ参照（比較）電極を用いる．指示電極では白金電極が参照（比較）電極では飽和カロメル電極や銀-塩化銀電極が用いられるが，日局14以降，環境に配慮し**銀-塩化銀電極**の使用が規定されている．また，指示，比較電極や温度センサーなどを

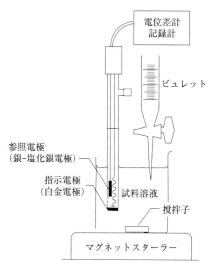

図5.26 電位差滴定装置
酸化還元電位測定用複合電極を用いている．
ビュレットの先端は試料溶液の中に入れる．

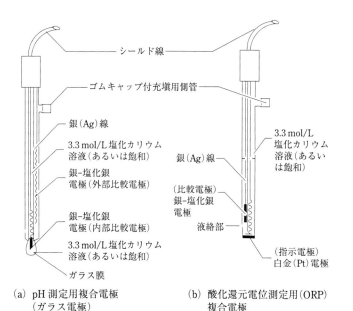

(a) pH測定用複合電極
（ガラス電極）

(b) 酸化還元電位測定用（ORP）複合電極

図5.27 複合電極の略図

表5.8 標準水素電極への補正値(mV)

温度(℃)	銀–塩化銀電極 (3.3mol/L)
15	214
20	210
25	206
30	203
35	199
40	196

一体化した酸化還元測定用（ORP）複合電極や酸塩基滴定にはガラス電極が使われるが，一体化したpH測定用複合電極などもよく使われている（図5.27）．

本書の付録3の標準電極電位（25℃）E°の値は参照電極として水素電極を基準としている．したがって，銀–塩化銀電極を参照電極とした場合には，そのまま値を使ってもいいが，表5.8に示すように，測定値に測定温度の値を足して水素電極の場合の値に補正する必要がある．

5.6.2 電流滴定法
a. 電流滴定法の原理

電流滴定法には定電圧分極電流滴定法とポーラログラフィーの原理を応用した定電位電流滴定法がある．前者の方法は定電位差電流滴定法とも呼ばれる．日局 17 では定電圧分極電流滴定法が用いられている．1 対の白金電極を指示電極とし，10〜200 mV ぐらいの一定直流電圧をかけて分極させ，撹拌下に滴定試薬を滴加（濃度の変化）し，それに伴う微小な電流（電解電流）変化をモニターして滴定終点（当量点）を求める方法である．分極した電極は一方が陽極に他方が陰極になり同時に酸化還元反応が起きるときに電流は流れる．したがって，反応系に可逆的な酸化 - 還元の対がなくてはならない．

【例題】 式(5.28)と(5.29)で次の例をとり，Fe^{2+} を Ce^{4+} で滴定するときの滴定曲線を考えなさい．

$$Fe^{3+} + e^- \rightleftharpoons Fe^{2+} \quad E^0 = +0.77$$
$$Ce^{4+} + e^- \rightleftharpoons Ce^{3+} \quad E^0 = +1.74$$

和をとると，

$$Fe^{2+} + Ce^{4+} \rightleftharpoons Fe^{3+} + Ce^{3+}$$

となる．

[解答]

滴定前：Fe^{2+} はあるが，Fe^{3+} がないので電流は流れない（酸化還元対がない）．

滴定開始：Ce^{4+} を滴加すると Fe^{3+} が生成し，Fe^{2+}/Fe^{3+} の対ができ，陽極では Fe^{2+} が酸化され Fe^{3+} となり，陰極では Fe^{3+} が Fe^{2+} に還元され電流が流れる．$[Fe^{3+}] = [Fe^{2+}]$ のときに電流は最大となる．

当量点：当量点に達したとき，$Fe^{2+} = 0$ となり電流は 0 となり流れなくなる．

当量点過ぎる：酸化還元電位の高い Ce^{4+}/Ce^{3+} 対で再び電流が流れ始める．

したがって，滴定曲線は図 5.28(a)のようになる．また，酸化還元系の種類により滴定曲線は異なるが電流 0 の点が当量点となる（図 5.28(b)）．

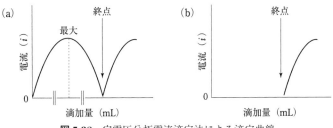

図 5.28 定電圧分極電流滴定法による滴定曲線

b. 電流滴定法の装置

定電圧分極電流滴定法で用いる装置の概略を図 5.29 に示した．1 対の白金電極を指示電極とし，10〜200 mV ぐらいの一定直流電圧をかけて分極させ，滴定する．ビュレットは試料溶液中に少し浸す必要がある．測定精度を上げるため，溶液は一定速度で撹拌し，記録計も必要である．

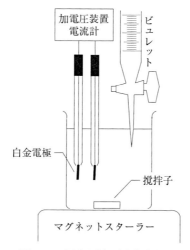

図 5.29　定電圧分極電流滴定装置

5.6.3　電量滴定法

終点検出法とは少し異なるが，定量を目的としている試料と定量的に反応する反応試薬を定電流電解により生成させる．生成した反応試薬は目的試料と反応し，当量点までに用いた反応試薬を発生させるのにかかった時間から電気量（電流×時間）を求める．その電気量から目的試料を定量する方法である．電解により生成した反応試薬が容量分析の滴定用標準液に相応することから，電量分析（coulometric titration）と呼ばれ，日局 17 ではカールフィッシャー法（水分測定法）に使われている．

5.6.4　電気伝導度滴定の原理と装置

電気伝導度滴定（conductometric titration）は，酸・塩基滴定，沈殿滴定あるいはキレート滴定に用いられ，試料溶液が着色，混濁または適当な指示薬がなく滴定終点が目視で判別できないときに有効である．分析用標準液を試料溶液に滴加し，当量点付近で生ずるイオン濃度増減による電気伝導度の急激な変化から終点を決定する方法である．

電解質溶液中で平行に立てた 2 枚の白金電極（面積 $1\,cm^2$）を $1\,cm$ の距離に置いたときの電気の通しやすさを示す電気伝導度（χ）は，抵抗を R とすると，$\chi = 1/R$ で表され，単位は $\Omega^{-1}cm^{-1}$（Ω^{-1}：モー）あるいは $S\,cm^{-1}$（S：ジーメンス）で表される．また，$1\,mol$ の電解質を含む溶液に同電極を入れたときの伝導度はモル電気伝導度と呼ばれ，Λ（$\Omega^{-1}cm^2mol^{-1}$ あるいは $S\,cm^2mol^{-1}$）で定義されている．ただし，c はモル濃度を表す．

$$\Lambda = 1000\chi/c$$

Kohlraush（コールラウシュ）の法則によれば，電解質の無限希釈モル電気伝導度 Λ_0 は溶液中の各イオンのモル電気伝導率 γ の和として表される．

$$\Lambda_0 = \gamma_+ + \gamma_- \tag{5.33}$$

ここで，γ_+ および γ_- はそれぞれ陽イオンと陰イオンのモル電気伝導度である．

電気伝導度滴定の装置の概略を図 5.30 に示した．また，図 5.31 には強酸を強塩基（NaOH）で滴定したときと（a），弱酸を強塩基（NaOH）で滴定したときと（b）の滴定曲線の例を示した．（a）の場合，滴定の進行とともに Λ は減少し，当量点を過ぎると再び Λ は増加するので，その変曲点が

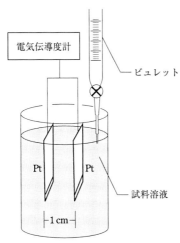

図 5.30 電気伝導度滴定の装置略図

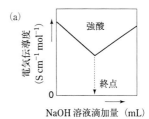

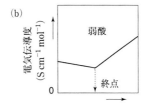

図 5.31 電気伝導度滴定曲線
(a) 強酸を強塩基で滴定．
(b) 弱酸を強塩基で滴定．

表 5.9 イオンのモル伝導度（$S\,cm^2\,mol^{-1}$）

陽イオン γ_+		陰イオン γ_-	
H^+	350	OH^-	198
Na^+	50	Cl^-	76
K^+	74	Br^-	78
NH_4^+	74	I^-	77
Ca^{2+}	60	CO_3^{2-}	69
Fe^{2+}	54	NO_3^-	72
Fe^{3+}	68	HCO_3^-	45
Zn^{2+}	53	SO_4^{2-}	80

終点である．Λ が増加する理由は酸が消費され，Na^+ と OH^- が増加するため，表 5.9 からわかるように OH^- の Λ の値が 198 と大きく，式(5.33)の関係から増加することが示される．

問題 電気伝導度滴定は酸塩基滴定に向いているが，その理由を pH 指示薬を使う酸塩基滴定と比較して向いている理由を述べなさい．

まとめ

適当な指示薬がない場合や試料溶液が着色をしているとき，あるいは混濁しているときなど，電気滴定法により終点を求めることができる．電気滴定法には電位差滴定，電流滴定法や電気伝導度滴定法などがあり，反応の種類や平衡の種類に応じて滴定方法を選ぶことができる．

演習問題

問 5.1 日本薬局方において，容量分析用標準液のファクター f は，通例どの範囲にあるように調整されるか．次から 1 つ選べ．
A　0.850〜1.150　　B　0.900〜1.100　　C　0.950〜1.050
D　0.970〜1.030　　E　0.990〜1.010

問 5.2 日本薬局方容量分析用標準液，標準試薬，指示薬，滴定の種類の組合せとして正しいのはどれか．
2つ選べ．

	容量分析用標準液	標準試薬	指示薬	滴定の種類
1	0.1mol/L エチレンジアミン四酢酸二水素二ナトリウム液	亜鉛	エリオクロムブラックT・塩化ナトリウム指示薬	キレート滴定
2	1mol/L 塩酸	炭酸水素ナトリウム	メチルレッド試液	酸塩基（水溶液）滴定
3	0.1mol/L 過塩素酸	フタル酸水素カリウム	クリスタルバイオレット試液	酸塩基（非水）滴定
4	0.1mol/L 硝酸銀液	塩化ナトリウム	フルオレセインナトリウム試液	酸塩基（水溶液）滴定

問 5.3 次の日本薬局方容量分析用標準液の保存方法（貯法）について答えなさい．
(1) 別に規定されていない標準液
(2) 0.1mol/L 塩化チタン(III)液
(3) 0.1mol/L チオ硫酸ナトリウム液
(4) 1mol/L 水酸化ナトリウム液
(5) 0.02mol/L 過マンガン酸カリウム液
(6) 0.1mol/L エチレンジアミン四酢酸二水素二ナトリウム液

問 5.4 日本薬局方容量分析用標準液：ファクターの計算式（国試問題）
容量分析用標準液に関する次の記述で，ファクター f を求める計算式の正しいものはどれか．

標準試薬の採取量 m (g) を精密に量り，溶媒を加えて溶かし，モル濃度 n の未標定標準液で滴定したところ，その消費量は V (mL) であった．ただし，標準液 1mol に対応する標準試薬の量を M (g) とし，未標定標準液と標準試薬の化学反応式での係数は等しいものとする．

1 $\quad f = \dfrac{1000M}{Vmn}$ 2 $\quad f = \dfrac{1000m}{VMn}$ 3 $\quad f = \dfrac{mV}{1000Mn}$ 4 $\quad f = \dfrac{1000mn}{VM}$ 5 $\quad f = \dfrac{mnV}{1000M}$

問 5.5 ファクターについて（　　）内に適語を入れなさい．

ファクターは「（A）の濃度 ÷（B）の濃度」で表すことができる．したがって，0.1mol/L 標準液のファクターが 1.000 よりも大きいとき，実際の濃度は 0.1mol/L よりも（C）なる．標定は標準液の濃度を（D）に求めるために行うが，通常，ファクターは少数点以下（E）位まで求める．

問 5.6 0.05mol/L ヨウ素酸カリウム液の標定　（重量比による方法）

次は，日本薬局方 0.05mol/L ヨウ素酸カリウム標準液の調製に関するものである．以下の設問に答えなさい．ただし，KIO_3 の純度は 99.95%，式量は 214.00 とする．

調製：ヨウ素酸カリウム（標準試薬）を 120～140℃ で 1.5～2 時間乾燥した後，デシケーター（シリカゲル）中で放冷し，その約 0.7g を精密に量り，水に溶かし，正確に 1000mL とし，ファクターを計算する．

0.05mol/L ヨウ素酸カリウム液を上記に従って 250mL 調製するために，KIO_3 を 2.6811g 採取したとき，調製した標準液のファクターを計算しなさい．

問 5.7 0.05mol/L 塩化マグネシウム液の標定（間接法，キレート滴定）

次の記述は，日本薬局方容量分析用標準液 0.05mol/L 塩化マグネシウム液の標定に関するものである．滴定終点の色を答え，ファクターを求めなさい．

調製した塩化マグネシウム液 25mL を正確に量り，水 50mL，pH 10.7 のアンモニア・塩化アンモニウム緩衝液 3mL およびエリオクロムブラックT・塩化ナトリウム指示薬 0.04g を加え，0.05mol/L エチレンジアミン四酢酸二水素二ナトリウム液（$f = 1.010$）で滴定したところ，24.62mL を要した．この 0.05mol/L 塩化マグネシウム液のファクターは（　　）である．

問 5.8 0.005 mol/L シュウ酸液の標定（希釈法）：次は，日本薬局方 0.005 mol/L シュウ酸標準液の調製に関するものである．この標準液のファクターを求めなさい．

0.05 mol/L シュウ酸液（$f = 0.997$）を正確に 50 mL 量り，正確に 500 mL として，0.005 mol/L シュウ酸液を調製した．

問 5.9 図は 0.2 mol/L の 1 価の弱酸の水溶液 50 mL を，0.2 mol/L 水酸化ナトリウム水溶液で滴定した結果を示している．この酸に関する次の記述のうち，下線の部分が正しいのはどれか．1 つ選べ．

（第 81 回薬剤師国家試験改題）

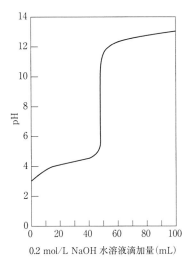

0.2 mol/L NaOH 水溶液滴加量(mL)

A 水酸化ナトリウム水溶液を 0～10 mL 加えたところで，pH がやや大きく変化している．<u>もし，この酸が強酸であれば，この条件下では，pH の変化はほとんどない．</u>

B 水酸化ナトリウム水溶液を約 50 mL 加えたところで，pH が大きく変化している．<u>もし，この酸が強酸であれば，この条件下では，pH の変化はこれほど大きくない．</u>

C 水酸化ナトリウム水溶液を 80～100 mL 加えたところで，pH の変化はほとんどない．<u>もし，この酸が強酸であれば，この条件下では，pH の変化はかなり大きい．</u>

問 5.10 次の 2 つの式は，ある代表的な酸塩基指示薬の変色反応機構を示したものである．次の記述のうち，正しいのはどれか．<u>すべて選べ．</u>

（第 83 回薬剤師国家試験改題）

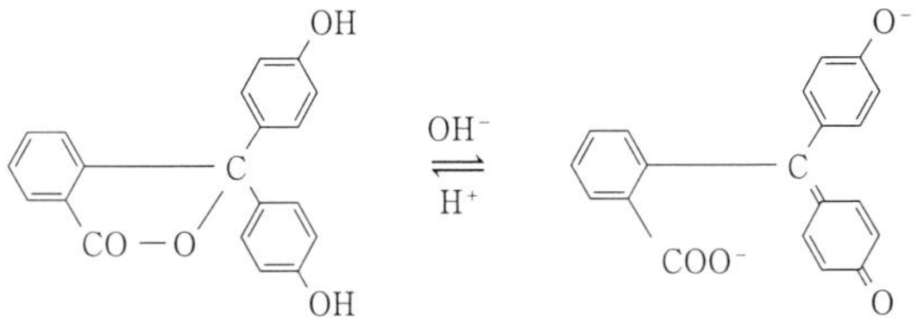

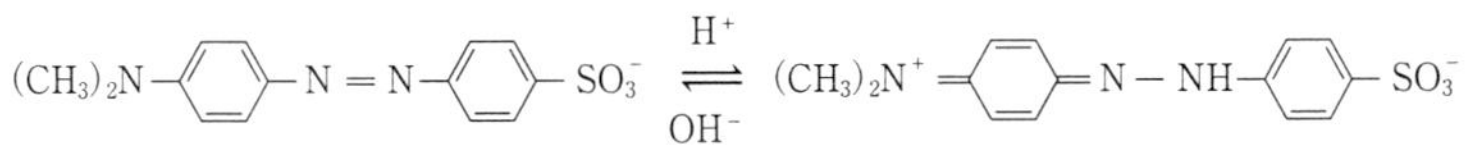

1 A はアルカリ性溶液中で解離し，A′ は赤色（赤紫色）を呈する．
2 B は酸性溶液中でキノン形構造をとり，赤色を呈する．
3 A は弱酸性化合物であり，B は弱塩基性化合物である．
4 B と B′ の濃度が等しい場合には，これらの中間の色調を呈する．

問 5.11 0.10 mol/L アンモニア水 10.0 mL を 0.10 mol/L 塩酸で滴定した．これについて各問に答えよ．

(第 84 回薬剤師国家試験改題)

(1) 予想される滴定曲線と適切な指示薬の正しい組合せはどれか．1 つ選べ．
(2) 中和点の pH はいくらか．ただし，アンモニアの塩基解離定数 $K_b = 1.78 \times 10^{-5}$ mol/L，水のイオン積 $K_w = 1.00 \times 10^{-14}$ (mol/L)^2 とする．

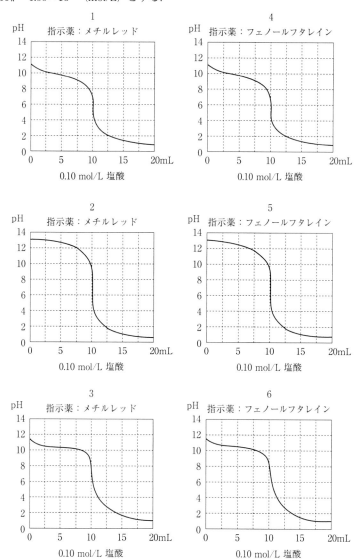

5 章　定量分析（容量分析）　　161

問 5.12　次の記述は，日本薬局方アンモニア水の定量法に関するものである．これについて問に答えよ．

　　本品 5 mL を正確に量り，水 25 mL に加え，0.5 mol/L 硫酸で滴定する（指示薬：メチルレッド試液 2 滴）．

　　本品中に含まれるアンモニア NH_3 の含量が 10.5 w/v% であるとすると，滴定に要する 0.5 mol/L H_2SO_4（$f = 1.000$）の量（mL）はいくらか．ただし，NH_3 の分子量を 17.03 とする．

問 5.13　以下の記述は日本薬局方アスピリンの定量法に関するものである．

　　本品を乾燥し，その約 1.5 g を精密に量り，0.5 mol/L 水酸化ナトリウム液 50 mL を正確に加え，二酸化炭素吸収管（ソーダ石灰）をつけた還流冷却器を用いて<u>10 分間穏やかに煮沸する</u>．冷後，直ちに過量の水酸化ナトリウムを 0.25 mol/L 硫酸で滴定する（指示薬：フェノールフタレイン試液 3 滴）．同様の方法で空試験を行う．

$$0.5 \text{ mol/L 水酸化ナトリウム液 1 mL} = \boxed{\text{ア}} \text{ mg } C_9H_8O_4$$

　　定量法に関する記述のうち，正しいのはどれか．<u>2 つ</u>選べ．ただし，アスピリンの分子量は 180.16 である．　　　　　　　　　　（第 99 回薬剤師国家試験改題）

A　「精密に量る」とは，指示された数値の質量をその桁数まで量ることを意味する．

B　下線部の操作は，アスピリンの加水分解反応（けん化）を促進するために行う．

C　空試験により，空気中の二酸化炭素が 0.5 mol/L 水酸化ナトリウム液に溶け込んだ影響を補正することができる．

D　0.25 mol/L 硫酸の代わりに 0.5 mol/L 塩酸で同様の操作を行うと，$\boxed{\text{ア}}$ に示した対応量は 2 倍になる．

E　$\boxed{\text{ア}}$ に入る数値は 90.08 である．

問 5.14　次の日本薬局方医薬品を規定に従って中和滴定により定量する場合，使用される指示薬の正しい組合せはどれか．1 つ選べ．ただし，指示薬の略号と変色域およびイブプロフェンの構造は次に示す通りである．

略号	指示薬名	変色域（pH）
MO	メチルオレンジ	3.1〜4.4
BCG	ブロモクレゾールグリン	3.8〜5.4
BTB	ブロモチモールブルー	6.0〜7.6
PP	フェノールフタレイン	8.3〜10.0

	イブプロフェンを 0.1 mol/L NaOH 液で滴定	炭酸カリウムを 0.5 mol/L H_2SO_4 で滴定
(1)	MO	BCG
(2)	MO	PP
(3)	BCG	BTB
(4)	PP	BCG
(5)	PP	BTB

問 **5.15** ここに日本薬局方医薬品がある．この医薬品はカルボン酸（ただし，結晶水を含まない）である．その 0.5000 g を量り，中和エタノールを加えて溶かし，$\boxed{\text{A}}$ を指示薬として 0.1 mol/L 水酸化ナトリウム液（$f = 1.000$）で滴定したところ，36.00 mL を要した．これに関連した各問に答えよ．ただし，原子量は C $= 12$，H $= 1$，O $= 16$，Cl $= 35.5$ とする．

（第 44 回薬剤師国家試験改題）

(1) 空欄 $\boxed{\text{A}}$ に入れるべき指示薬はどれか．1 つ選べ．

　1　ヨウ化亜鉛デンプン紙，2　メチルオレンジ試液，3　フェノールフタレイン試液，

　4　NN 指示薬，5　α-ナフトールベンゼイン試液

(2) この医薬品がもし酒石酸（$C_4H_6O_6$）であるとしたら，0.1 mol/L 水酸化ナトリウム液 1 mL は酒石酸何 mg に対応するか．

(3) この医薬品がもし無水クエン酸（$C_6H_8O_7$）であるとしたら，0.1 mol/L 水酸化ナトリウム液 1 mL は無水クエン酸何 mg に対応するか．

(4) この医薬品が含量 100% の純品であり，またカルボキシ基（$-$COOH）1 個を持つ酸であると仮定して，上の実験結果から分子量を求めよ．

(5) この医薬品の純度が実際に 100% に近いものであるとすれば，この医薬品は次のどれであると推定されるか．

　1　安息香酸　2　酢酸　3　トリクロロ酢酸　4　乳酸　5　サリチル酸．

問 **5.16** 次の記述は，下記の構造式で示した日本薬局方医薬品の定量法に関するものである．この操作で生成する物質の正しい構造式はどれか．1 つ選べ．　　（第 83 回薬剤師国家試験改題）

　　本品を乾燥し，その約 0.5 g を精密に量り，中和エタノール 30 mL に溶かし，水 20 mL を加え，0.1 mol/L 水酸化ナトリウム液で滴定する．

$$Cl - \!\langle \text{benzene} \rangle\! - SO_2NHCONHCH_2CH_2CH_3$$

1　$Cl - \!\langle \text{benzene} \rangle\! - SO_2Na + H_2NCONHCH_2CH_2CH_3$

2　$Cl - \!\langle \text{benzene} \rangle\! - SO_2NHCOONa + H_2NCH_2CH_2CH_3$

3　$Cl - \!\langle \text{benzene} \rangle\! - SO_2NH - \underset{\underset{O}{\parallel}}{C} - \overset{Na}{N} - CH_2CH_2CH_3$

4　$Cl - \!\langle \text{benzene} \rangle\! - SO_2 - \overset{Na}{N} - \underset{\underset{O}{\parallel}}{C} - NHCH_2CH_2CH_3$

5　$C_2H_5O - \!\langle \text{benzene} \rangle\! - SO_2NHCONHCH_2CH_2CH_3$

問 5.17 次の医薬品は日本薬局方の定量法においていずれも $HClO_4$ で滴定される．これらのうち，医薬品分子 1 mol が $HClO_4$ 2 mol と反応するのはどれか．2つ選べ．

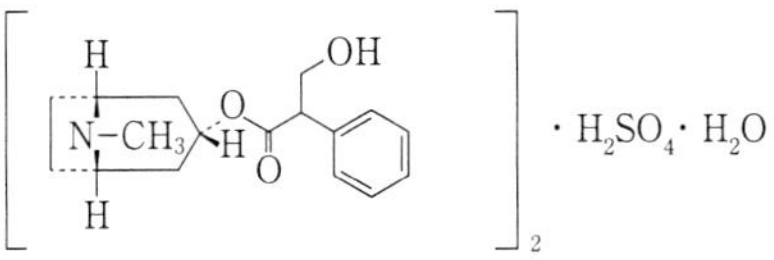

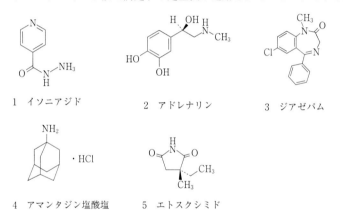

1 アトロピン硫酸塩水和物
2 ジブカイン塩酸塩 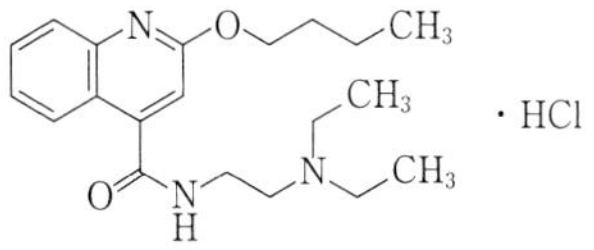
3 ホモクロルシクリジン塩酸塩 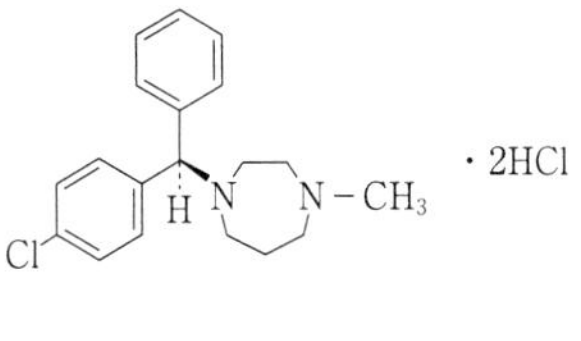
4 チアラミド塩酸塩 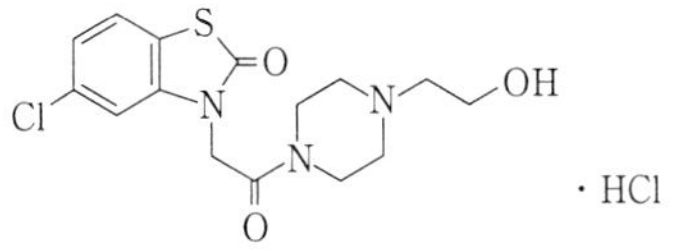
5 L-トリプトファン 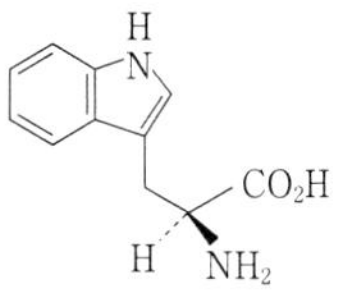

問 5.18 次の医薬品のうち，日本薬局方において，ジメチルホルムアミドに溶かし，テトラメチルアンモニウムヒドロキシド液で滴定する定量法が適用されているのはどれか．1つ選べ．

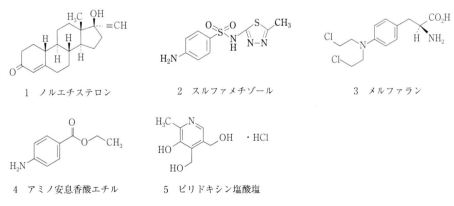

1 イソニアジド
2 アドレナリン
3 ジアゼパム
4 アマンタジン塩酸塩
5 エトスクシミド

問 5.19 次の医薬品の日本薬局方における定量法では終点の決定に電位差滴定法が用いられている．これらのうち，指示電極にガラス電極，参照電極に銀-塩化銀電極が用いられているのはどれか．2つ選べ．

1 ノルエチステロン
2 スルファメチゾール
3 メルファラン
4 アミノ安息香酸エチル
5 ピリドキシン塩酸塩

問 5.20 $H_2N\text{-}CH_2\text{-}CH_2\text{-}NH_2$ の名称を答えなさい．

問 5.21 陰イオンや中性分子が金属イオンや原子と錯体を形成する際に，結合に用いられるものはどれか．1つ選べ．

　　1　孤立電子対　2　共有電子対　3　不対電子　4　最外殻電子　5　光電子

問 5.22 配位子になれないものはどれか．2つ選べ．

　　1　NH_3　2　CH_4　3　$H_2N(CH_2)_2NH_2$　4　NH_4^+　5　Cl^-　6　OH^-

問 5.23 錯体について，正しい記述はどれか．1つ選べ．

　　1　孤立電子対を与える分子を錯体という．
　　2　金属イオンと結合する配位子の数を原子価数という．
　　3　多座配位子が中心金属と結合して形成される環状化合物をキレートという．
　　4　溶液中で錯体がイオン化したものをイオン化元素という．
　　5　溶液中での錯体形成に，水分子は関与しない．

問 5.24 キレート効果とは何か．

問 5.25 EDTA 液を用いたキレート滴定で定量できないのはどれか．1つ選べ．

　　1　塩化マグネシウム　2　塩化ナトリウム　3　次没食子酸ビスマス　4　酸化アルミニウム
　　5　ステアリン酸カルシウム

問 5.26 EDTA の構造式を書きなさい．また何座配位子であるか．

問 5.27 キレート滴定で用いられるエチレンジアミン四酢酸二水素二ナトリウム液（EDTA）とエリオクロムブラックT・塩化ナトリウム指示薬（EBT）を用いて，金属イオンを測定したときの色調変化について簡単な化学反応式で示しなさい．

問 5.28 指示薬の pH，溶媒，測定対象，変色を示しなさい．

指示薬名	pH	溶媒	金属イオン	結合型	遊離型
NN					
EBT-Cl					
Cu-PAN					
ジチゾン					
キシレノールオレンジ					

問 5.29 アスピリンアルミニウム中のアルミニウムの定量：□にあてはまる語句，数値を記入しなさい．

$$\left[\begin{array}{c} CO_2^- \\ \\ O \\ \| \\ O \quad CH_3 \end{array} \right]_2 [Al(OH)]^{2+}$$

　　アルミニウム 本品約 0.4g を精密に量り，水酸化ナトリウム試液 10mL に溶かし，1mol/L 塩酸試液を滴加して pH を約1とし，さらに pH3.0 の酢酸・酢酸アンモニウム緩衝液 20mL および Cu-PAN 試液 0.5mL を加え，煮沸しながら，0.05mol/L エチレンジアミン四酢酸二水素二ナトリウム液で滴定する．ただし，滴定の終点は液の色が赤色から □A□ 色に変わり，1分間以上持続したときとする．同様の方法で空試験を行い，補正する．

　　　0.05mol/L エチレンジアミン四酢酸二水素二ナトリウム液 1mL ＝ □B□ mg Al

5章　定量分析（容量分析）　　　165

問5.30　日本薬局方 エタンブトール塩酸塩の定量：下線部の反応を説明しなさい.

H$_3$C — … N — CH$_2$CH$_2$ — N — … CH$_3$ ・2HCl （エタンブトール塩酸塩の構造式）

本品を乾燥したものは定量するとき，エタンブトール塩酸塩（C$_{10}$H$_{24}$N$_2$O$_2$・2HCl：277.23）98.5％以上を含む.

定量法　本品を乾燥し，その約0.2gを精密に量り，水20mLおよび<u>硫酸銅（Ⅱ）試液1.8mLを加えて溶かし，水酸化ナトリウム試液7mLを振り混ぜながら加えた後，水を加えて正確に50mLとし，遠心分離する.</u>　その上澄み液10mLを正確に量り，pH10.0のアンモニア・塩化アンモニウム緩衝液10mLおよび水100mLを加え，0.01mol/Lエチレンジアミン四酢酸二水素二ナトリウム液で滴定する（指示薬：Cu-PAN試液0.15mL）.　ただし，滴定の終点は液の青紫色が淡赤色を経て淡黄色に変わるときとする.　同様の方法で空試験を行い，補正する.

0.01mol/Lエチレンジアミン四酢酸二水素二ナトリウム液1mL＝2.772mg C$_{10}$H$_{24}$N$_2$O$_2$・2HCl

問5.31　日本薬局方次硝酸ビスマスの定量：指示薬の色調変化と塩酸を用いない理由を説明しなさい.

本品を乾燥したものは定量するとき，ビスマス（Bi：208.98）71.5～74.5％を含む.

定量法　本品を乾燥し，その約0.4gを精密に量り，薄めた硝酸（2→5）5mLを加え，加温して溶かし，水を加えて正確に100mLとする.　この液25mLを正確に量り，水200mLを加え，0.02mol/Lエチレンジアミン四酢酸二水素二ナトリウム液で滴定する（指示薬：キシレノールオレンジ試液5滴）.　ただし，滴定の終点は，液の赤紫色が黄色に変わるときとする.

0.02mol/Lエチレンジアミン四酢酸二水素二ナトリウム液1mL＝4.180mg Bi

問5.32　クロム酸銀のAg$_2$CrO$_4$の水に対する溶解度がs(mol/L)のとき，溶解度積はいくつになるか.

問5.33　沈殿滴定の終点判定法について説明しなさい.

問5.34　次の記述は，日本薬局方生理食塩液の定量法である.

本品20mLを正確に量り，水30mLを加え，強く振り混ぜながら0.1mol/L硝酸銀液で滴定する（指示薬：フルオレセインナトリウム試液3滴）.

0.1mol/L硝酸銀液1mL＝5.844mg NaCl

本品20mLに対して，0.1mol/L硝酸銀（f＝0.998）34.18mLを要したとき，生理食塩液中のNaCl含量％（w/v％）を計算しなさい.

問5.35　沈殿滴定　w/v％の計算

本品は水溶性の注射剤で定量するとき，塩化ナトリウム（NaCl：58.44）0.85～0.95w/v％を含む.

定量法：本品20mLを正確に量り，水30mLを加え，強く振り混ぜながら0.1mol/L硝酸銀液で滴定する（指示薬：　A　試液3滴）.

0.1mol/L硝酸銀液1mL＝　B　mg NaCl

(1)　　A　にあてはまる指示薬名を書きなさい.

(2)　　B　内に入れるべき数値を書きなさい.

(3)　本品20mLを正確に量りとる器具は何か.

(4)　本品20mLを正確に量りとって，0.1mol/L硝酸銀液（f＝1.025）で滴定したとき，この硝酸銀液の消費量（mL）がどのような値の範囲にあれば，日局の生理食塩液として適と判定してよいか.

	a	b	c	d
1	正	正	正	誤
2	正	正	誤	正
3	正	誤	正	誤
4	誤	誤	正	正
5	誤	正	誤	誤

問 5.36　生理食塩液の定量：日本薬局方 生理食塩液の定量に関する記述について，正しい組合せはどれか．

　　本品 20 mL を正確に量り，水 30 mL を加え，強く振り混ぜながら 0.1 mol/L 硝酸銀液で滴定する（指示薬：フルオレセインナトリウム試液 3 滴）．

a　原理的には，指示薬としてクロム酸カリウム試液を用いる滴定も使用可能である．

b　フルオレセインナトリウムのような吸着指示薬を用いる滴定法は，ホルハルト法と呼ばれる．

c　フルオレセインは弱い有機酸であるが，滴定時には陰イオン型として存在する．

d　フルオレセインが滴定終点で呈する色は，緑色である．

問 5.37　ブロモバレリル尿素の定量（沈殿滴定，ホルハルト法）

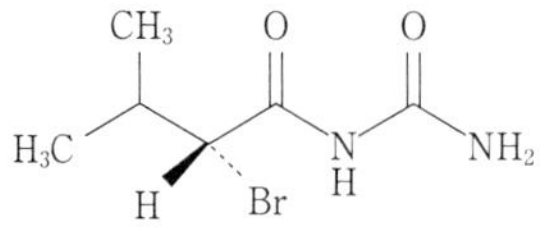

および鏡像異性体

　　本品を乾燥させ，その約 0.4 g を精密に量り，300 mL の三角フラスコに入れ，<u>水酸化ナトリウム試液 40 mL を加え，還流冷却器を付け，20 分間穏やかに煮沸する</u>．冷後，水 30 mL を用いて還流冷却器の下部および三角フラスコの口部を洗い，洗液を三角フラスコの液と合わせ，硝酸 5 mL および正確に 0.1 mol/L 硝酸銀液 30 mL を加え，過量の硝酸銀を 0.1 mol/L チオシアン酸アンモニウム液で滴定する（指示薬：　A　試液 2 mL）．同様の方法で空試験を行う．

　　　　0.1 mol/L 硝酸銀液 1 mL ＝　B　mg $C_6H_{11}BrN_2O_2$

a　　A　に入れるべき指示薬はどれか．

　　1　メチルレッド　　2　フェノールフタレイン　　3　フルオレセインナトリウム，

　　4　硫酸アンモニウム鉄（Ⅲ）　　5　テトラブロモフェノールフタレインエチルエステル

b　　B　に入れるべき数値はどれか．ただし，ブロモバレリル尿素（$C_6H_{11}BrN_2O_2$）の分子量は 223.07 とする．

　　1　22.31　　2　2.307　　3　44.61　　4　4.451　　5　66.92

c　上記定量法の下線部分の操作で生成する物質はどれか．

　　1　酢酸ナトリウム　　2　硫酸ナトリウム　　3　塩化ナトリウム　　4　臭化ナトリウム

　　5　ヨウ化ナトリウム

d　日本薬局方ブロモバレリル尿素の含量％が 98.0％であるとき，［　］内にあてはまる値を書きなさい．

　　本品 0.4000 g を量り，上記の操作法で過量の硝酸銀を 0.1 mol/L チオシアン酸アンモニウム液（f＝1.000）で滴定したところ，［　］mL を消費した．空試験では同液 29.90 mL を要した．

5章　定量分析（容量分析）　　　167

問 5.38　次の記述は日本薬局方イオタラム酸の定量法に関するものである.

イオタラム酸
$C_{11}H_9I_3N_2O_4$: 613.91

　　本品を乾燥し，その約 0.4 g を精密に量り，けん化フラスコに入れ，水酸化ナトリウム試液 40 mL に溶かし，亜鉛粉末 1 g を加え，還流冷却器をつけて 30 分間煮沸し，冷後，ろ過する. フラスコおよびろ紙を水 50 mL で洗い，洗液は先のろ液に合わせる. この液に酢酸（100）5 mL を加え，0.1 mol/L 硝酸銀液で滴定する（指示薬：テトラブロモフェノールフタレインエチルエステル試液 1 mL）. ただし，滴定の終点は沈殿の黄色が緑色に変わるときとする.

　　本品 0.4500 g をとり，上記の定量法に従って，0.1 mol/L 硝酸銀液（$f = 1.000$）で滴定したところ，18.00 mL を消費した. このときイオタラム酸の含量％に最も近い数値を 1 つ選べ.

　　A　75.0　　B　81.9　　C　88.8　　D　95.5　　E　99.5

問 5.39　沈殿滴定，キレート滴定，ジアゾ化滴定は，それぞれどのような滴定法であるか説明しなさい.

問 5.40　日局 17 容量分析用標準液：0.05 mol/L ヨウ素液の調製・標定
　　調製：ヨウ素（I：126.90）13 g をヨウ化カリウム溶液（2 → 5）100 mL に溶かし，希塩酸 1 mL および水を加えて 1000 mL とする.
　　A　ヨウ素を採取する時のスパーテルの名称は何か.
　　B　調製の化学反応式を書きなさい. KI の役目は何であるか.

問 5.41　ヨウ素とチオ硫酸ナトリウムの反応：ある濃度の I_2 液の 10 mL が 0.1 mol/L $Na_2S_2O_3$ 液 20 mL と過不足なく反応したとき，I_2 液のモル濃度を計算しなさい.

問 5.42　ヨウ素に関する次の記述の正誤について，正しい組合せはどれか.

a　ヨウ素のエタノール溶液とヨウ素のクロロホルム溶液とで色が異なるのは，これらの溶媒とヨウ素との分子間相互作用が異なるためである.

b　ヨウ素は，還元作用により殺菌効果を示す.

c　ヨウ素分子は，2 個のヨウ素原子が共有結合したものである.

d　結晶中ではすべてのヨウ素分子は，ヨウ素原子に解離している.

e　ヨウ素は，大過剰の KI が存在すると，水溶液中ではほとんどが I_3^- として溶存している.

	a	b	c	d	e
1	正	誤	正	誤	正
2	誤	正	誤	正	正
3	正	正	正	誤	誤
4	誤	正	誤	誤	正
5	誤	誤	正	正	誤

問 5.43　チオ硫酸ナトリウム五水和物 25 g および無水炭酸ナトリウム 0.2 g に，新たに煮沸して冷却した水を加えて溶かし，1000 mL とし，24 時間放置する. 調製上の工夫について説明しなさい.

問 5.44　酸化還元反応のヨウ素滴定について（　　）内に適語を入れなさい.
　　ヨウ素標準液で医薬品を直接酸化して測定する方法を（　A　）といい，酸化性物質でヨウ化カリウムを酸化してヨウ素を出せ，チオ硫酸ナトリウム液で滴定する方法を（　B　）という. ヨウ素液によるアスコルビン酸の定量法は典型的な（　A　）である.

問 5.45　下記の文章中の（　　）内に適語を入れなさい.
　　日局 17 臭素液とは，（　A　）と（　B　）の混合液で用時，塩酸を加えて使用する. 臭素液の濃度は（　A　）の濃度で決定される. 化学反応式は以下のように示される.
　　　　　　　（　A　）＋ 5（　B　）＋ 6 HCl → 6 KCl ＋ 3H₂O ＋ 3Br₂
　　0.05 mol/L 臭素液を 1000 mL 調製するとき，（　A　）の採取量は（　C　）g となる. ただし，（　A　）の分子量は 167.00 とする.

問 5.46 日本薬局方フェノール（C_6H_6O：94.11）の定量法に関する記述のうち，正しいのはどれか．**2つ選べ**．

　　本品約 1.5 g を精密に量り，水に溶かし正確に 1000 mL とり，この液 25 mL を正確に量り，ヨウ素瓶に入れ，正確に 0.05 mol/L 臭素液 30 mL を加え，さらに塩酸 5 mL を加え，直ちに密栓して 30 分間しばしば振り混ぜ，15 分間放置する．次に　　A　　7 mL を加え，直ちに密栓してよく振り混ぜ，クロロホルム 1 mL を加え，密栓して激しく振り混ぜ，遊離したヨウ素を 0.1 mol/L チオ硫酸ナトリウム液で滴定する（指示薬：デンプン試液 1 mL）．同様の方法で空試験を行う．

$$0.5\,\text{mol/L 臭素液 } 1\,\text{mL} = \boxed{\quad B \quad}\,\text{mg C}_6\text{H}_6\text{O}$$

1　A に入る試液は，ヨウ化カリウム試液である．
2　B の対応量は，4.705 である．
3　下線においてクロロホルムを加える理由は，沈殿した 2,4,6-トリブロモフェノールを溶解させるためである．
4　臭素液が $f=1.000$ の場合，空試験の 0.1 mol/L チオ硫酸ナトリウム液の理論量は 15.0 mL である．
5　試料を約 1.5 g 量るとは，1.30 g から 1.70 g の範囲内で秤量することである．

問 5.47 日本薬局方フェニレフリン塩酸塩の定量法に関する記述のうち，正しいのはどれか．**2つ選べ**．

フェニレフリン塩酸塩
$C_9H_{13}NO_2 \cdot HCl$：203.67

　　本品を乾燥させ，その約 0.1 g を精密に量り，ヨウ素瓶に入れ，水 40 mL に溶かし，0.05 mol/L 臭素液 50 mL を正確に加える．さらに塩酸 5 mL を加えて直ちに密栓し振り混ぜた後，15 分間放置する．次にヨウ化カリウム試液 10 mL を注意して加え，直ちに密栓してよく振り混ぜた後，5 分間放置し，遊離したヨウ素を 0.1 mol/L チオ硫酸ナトリウム液で滴定する（指示薬：デンプン試液 1 mL）．同様の方空試験を行う．

1　本品 1 mol に対して，3 mol の臭素が反応する．
2　臭素 1 mol に対して，3 mol のヨウ化カリウムが反応する．
3　ヨウ素 1 mol に対して，1 mol のチオ硫酸ナトリウムが反応する．
4　チオ硫酸ナトリウム液による滴定は，中和滴定である．
5　チオ硫酸ナトリウム液の滴定量は，空試験の方が多くなる．

問 5.48 0.02 mol/L 過マンガン酸カリウム液の調製

　　1000 mL 中過マンガン酸カリウム（$KMnO_4$：158.03）　　A　　g を含む．

　　調製　過マンガン酸カリウム 3.2 g を水に溶かし，1000 mL とし，15 分間煮沸して密栓し，48 時間以上放置した後，　　B　　（G3 または G4）を用いてろ過し，次の標定を行う．

　　注意：遮光して保存する．長く保存したものは標定し直して用いる．

(1) 調製に関する操作について，□内に数字または適語を入れなさい．
(2) ろ紙を用いない理由を書きなさい．
(3) 調製時に，煮沸，密栓して 2 日間放置後，ろ過する理由を書きなさい．
(4) 「注意」の部分は「貯法」といわれる規定で，標準液の保存方法を示している．遮光の場合は通常，褐色瓶へ入れ暗所で保存するが，なぜ遮光する必要があるのか説明しなさい．

問 5.49 0.02 mol/L 過マンガン酸カリウム液の標定

　　標定　シュウ酸ナトリウム（標準試薬）を 150〜200℃で 1〜1.5 時間乾燥した後，デシケーター（シリカゲル）中で放冷し，その約 0.3 g を 500 mL の三角フラスコに精密に量り，水 30 mL に溶かし，薄めた硫酸（1→20）250 mL を加え，液温を 30〜35℃とし，調製した過マンガン酸カリウム

液をビュレットに入れ，穏やかにかき混ぜながら，その 40 mL を速やかに加え，液の赤色が消えるまで放置する．次に 55〜60℃に加温して滴定を続け，30 秒間持続する淡赤色を呈するまで滴定し，ファクターを計算する．ただし，終点前の 0.5〜1 mL は注意して滴加し，過マンガン酸カリウム液の色が消えてから次の 1 滴を加える．

注意：遮光して保存する．長く保存したものは標定し直して用いる．

(1) この標定の化学反応式を完成させなさい．また下線部の化合物は何色であるか．

( ) $Na_2C_2O_4$ + ( ) $KMnO_4$ + $8H_2SO_4$ → K_2SO_4 + $5Na_2SO_4$ + 2( ) + $10CO_2$ + $8H_2O$

(2) 対応量を計算しなさい．ただし，$Na_2C_2O_4$ = 134.00 とする．
(3) 終点判定の指示薬には何を使うのがよいか．
(4) 過マンガン酸カリウム液をビュレットに入れたとき，メニスカスのどこで読み取るか．
(5) 貯法で遮光するのはなぜか．

問 5.50 過マンガン酸カリウム液を用いて定量するとき，その終点判定方法について説明しなさい．

問 5.51 硫酸鉄水和物（$FeSO_4 \cdot 7H_2O$：278.01）

定量法 本品約 0.7 g を精密に量り，水 20 mL および希硫酸 20 mL に溶かし，リン酸 2 mL を加えたのちに 0.02 mol/L 過マンガン酸カリウム液で滴定する．

0.02 mol/L 過マンガン酸カリウム液 1 mL ＝ □ mg $FeSO_4 \cdot 7H_2O$

(1) 対応量を計算しなさい．なお，化学反応式は以下に示す．

$2KMnO_4 + 10FeSO_4 + 8H_2SO_4 → K_2SO_4 + 2MnSO_4 + 5Fe_2(SO_4)_3 + 8H_2O$

(2) リン酸を加える理由を答えなさい．

問 5.52 次は日本薬局方容量分析用標準液である亜硝酸ナトリウム液の標定である．設問に答えなさい．

ジアゾ化滴定用スルファニルアミド（$H_2NC_6H_4SO_2NH_2$：172.21）0.4400 g を量り，塩酸 10 mL，水 40 mL および臭化カリウム溶液（3 → 10）10 mL を加えて溶かし，15℃以下に冷却した後，調製した亜硝酸ナトリウム液で，滴定したところ 25.50 mL を消費した．

0.1 mol/L 亜硝酸ナトリウム液 1 mL ＝ □ mg $H_2NC_6H_4SO_2NH_2$

(1) 上記の標定を化学反応式で示しなさい．
(2) 臭化カリウム溶液（3 → 10）を加える理由を説明しなさい．
(3) □ の中に入れるべき数値を計算しなさい．
(4) 0.1 mol/L 亜硝酸ナトリウム液のファクターを計算しなさい．

問 5.53 日本薬局方ヒドララジン塩酸塩（$C_8H_8N_4 \cdot HCl$：196.64）の定量法に関して □ 内に入る数値を計算しなさい．

本品を乾燥させ，その約 0.15 g を精密に量り，共栓フラスコに入れ，水 25 mL に溶かし，塩酸 25 mL を加えて室温に冷却する．これにクロロホルム 5 mL を加え，振り混ぜながら，0.05 mol/L ヨウ素酸カリウム液でクロロホルム層の紫色が消えるまで滴定する．ただし，滴定の終点はクロロホルム層が脱色した後，5 分以内に再び赤紫色が現れないときとする．

0.05 mol/L ヨウ素酸カリウム液 1 mL ＝ □ mg $C_8H_8N_4 \cdot HCl$

$R-NHNH_2 + KIO_3 + 2HCl → R-OH + N_2 + ICl + KCl + 2H_2O$

a 0.05 mol/L ヨウ素酸カリウム液で滴定するとき，クロロホルム層の紫色が消え，ガスが発生するが，クロロホルム層の紫色の本体および発生するガスの正しい組合せはどれか．

1 ヨウ素-窒素　　2 塩化ヨウ素-二酸化炭素　　3 アゾ色素-窒素
4 アニリン-二酸化炭素　　5 ヨードホルム-窒素

b $CHCl_3$ 層は，上層か下層か．
c □ 内に入るべき最も適当な数字はどれか．
1 1.9664　　2 4.916　　3 9.832　　4 19.664　　5 39.328

170　　　　3 部　化学物質の定性分析・定量分析

問 5.54　還元剤の標準液によるインジゴカルミン（$C_{16}H_8N_2Na_2O_8S_2 = 466.35$）の定量

　　　　本品を乾燥させ，その約 0.5 g を精密に量り，酒石酸水素ナトリウム一水和物 15 g および水 200 mL を加えて溶かし，二酸化炭素を通じながら煮沸し，熱時 0.1 mol/L 塩化チタン（III）液で滴定する．ただし，滴定の終点は液の青色が黄色〜だいだい色に変わるときとする．対応量を求めなさい．

　　　　　　　　0.1 mol/L 塩化チタン（III）液 1 mL ＝ □ mg $C_{16}H_8N_2Na_2O_8S_2$

問 5.55　日本薬局方 D-ソルビトール（$C_6H_{14}O_6$：182.17）の定量法に関して，以下の問に答えなさい。

　　　　本品を乾燥させ，その約 0.2 g を精密に量り，水に溶かし，正確に 100 mL とする．この液 10 mL を正確に量り，ヨウ素瓶に入れ，過ヨウ素酸カリウム試液 50 mL を正確に加え，水浴中で 15 分間加熱する．冷後， A 2.5 g を加え，直ちに密栓してよく振り混ぜ，暗所に 5 分間放置した後，遊離したヨウ素を 0.1 mol/L チオ硫酸ナトリウム液で滴定する（指示薬：デンプン試液 3 mL）．同様の方法で空試験を行う．

　　　　　　　　0.1 mol/L チオ硫酸ナトリウム液 1 mL ＝ B mg $C_6H_{14}O_6$

(1) 下線を引いた部分の操作によって，過ヨウ素酸カリウムは D-ソルビトールと反応後，次のどれを生成するか．

　1　IO_3^-　　2　IO_2^-　　3　IO^-　　4　I^-　　5　I_2

(2) 下線を引いた部分の操作によって，D-ソルビトールは過ヨウ素酸カリウムと反応するとホルムアルデヒドと次のどれを生成するか．

　1　一酸化炭素　　2　二酸化炭素　　3　メタノール　　4　ギ酸　　5　酢酸

(3) A に入るべき試薬は次のどれか．

　1　ヨウ素　　2　シュウ酸ナトリウム　　3　炭酸ナトリウム　　4　ヨウ素酸カリウム
　5　ヨウ化カリウム

(4) B に入るべき数値を計算しなさい．

問 5.56　カールフィッシャー法を用いて測定するのはどれか．1 つ選べ．

　1　沈降速度　　2　表面張力　　3　水分　　4　電気伝導率　　5　密度

問 5.57　日本薬局方一般試験法の滴定終点検出法について（　）内に適語を入れなさい．

　　　　滴定反応の終点は，指示薬の色調変化又は電気的信号の変化により知ることができる．その中で，電気的終点検出法には電位差法と電流法がある．電位差滴定法では，通例，滴加量に対する（　A　）の変化が最大となる点を終点とした．電流滴定法では定電圧分極電流滴定法が用いられ，滴定の進行に伴って変化する（　B　）電流の変化をとらえて終点を決定した．また水分測定法の電量滴定法は（　C　）を用いて化学反応を電気的に追跡して終点を決定する．

問 5.58　電気的終点検出法に用いられる電極について（　）内に適語を入れなさい．

　　　　電位差滴定法では通例，参照電極に（　A　）電極を用いる．指示電極には，中和滴定では（　B　）電極であり，酸化還元滴定には（　C　）電極を用いる．電流滴定法は指示電極に 2 本の（　D　）電極間に一定の電圧を加え，電流値の変化を測定し，滴定曲線の折れ曲がり点を終点とする．

5章　定量分析（容量分析）　　171

【解答と解説】

5.1　D

5.2　1，3

5.3　(1) 無色または遮光した共栓瓶に入れ，保存する．
　　　(2) 空気を水素で置換して保存する．
　　　(3) 長く保存したものは標定し直して用いる．
　　　(4) 密栓した瓶または二酸化炭素吸収管（ソーダ石灰）をつけた瓶に保存する．長く保存したものは標定し直して用いる．
　　　(5) 遮光して保存する．長く保存したものは標定し直して用いる．
　　　(6) ポリエチレン瓶に保存する．

　［解説］日本薬局方容量分析用標準液には，保存容器に関する規定が掲載されている．特に指定しないものは(1)のような瓶を用いるが，それ以外のものは各標準液の末尾の「注意」において指定されている．(6)はガラス瓶中の ZnO，Al_2O_3 など EDTA 液の力価を低下させるので，ポリエチレン瓶に保存する．

5.4　2

　［解説］$aA + bB \rightarrow cC + dD$
　　　　ここで，a, b, c, d：係数，A：標定される容量分析用標準液中の溶質，B：容量分析用標準試薬，C，D：反応生成物．上式で示される滴定の場合，標準液 1 mol に対応する標準試薬の量 $M(g) = \dfrac{b}{a} \times M'$（$M'$ は標準試薬 1 mol の質量）を用いると，ファクターは $f = \dfrac{1000m}{VMn}$ で求めることができる．M を用いないときのファクターは，$f = \dfrac{1000m}{VM'n} \times \dfrac{a}{b}$ で求めることができる．

5.5　A：真　B：表示　C：大きく　D：正確　E：3

　［解説］真の濃度 ＝ 表示の濃度×ファクターで表せる．

5.6　1.002

　［解説］ヨウ素酸カリウムは純度 99.95% 以上の容量分析用標準物質があるので，標定操作は不要である．ファクターは以下のように計算できる．理論上の採取量は，

$$0.05\ \text{mol/L} \times 214.00 \times \frac{250}{1000} = 2.6750$$

$$f = \frac{採取量}{理論上の採取量} = \frac{2.6811 \times 99.95/100}{2.6750} = 1.0017 = 1.002$$

5.7　青紫色，0.995

　［解説］この標定は間接法であり，日本薬局方では等量で反応するようにお互いの標準液の濃度が決められている．したがってファクターは，次のように計算できる．

$$1.010 \times 24.62 = f \times 25.00 \quad \therefore\ f = 0.995$$

5.8　$f = 0.997$

　［解説］この方法は希釈法であるから，全量ピペットで原液 50 mL を正確に量り，メスフラスコで正確に希釈すれば，ファクターは希釈前後で変化しない．0.005 mol/L シュウ酸液のファクターを f として計算式で示すと，次式となる．

$$0.997 \times 0.05 \times 50\ \text{mL} = f \times 0.005 \times 500\ \text{mL} \quad \therefore\ f = 0.997$$

5.9　A　正．

　［解説］B　誤：強酸の pH 変化は同じ濃度の弱酸の場合よりさらに大きくなる．
　　　　　C　誤：当量点を過ぎているので，強酸であっても pH 変化は弱酸の場合と変わらない．

5.10　1〜4 のすべて

　［解説］1：A はフェノールフタレインの酸性側での化学構造式で，アルカリ性側で解離して A′ の構造となり，赤色を呈する．酸性側では無色となる．
　　　　　2：B はメチルオレンジのアルカリ性側での化学構造式で，酸性側ではキノン構造の B′ となり，

赤色を呈する．

　　3：Aはアルカリ性でカルボキシ基のラクトン環が解離して陰イオンとなるので弱酸性化合物，
　　　Bは酸性でジメチルアミノ基が陽イオンになるので弱塩基性化合物である．

5.11 （1）1

（2）当量点では塩化アンモニウム NH_4Cl が生成するが，H_2O と反応して加水分解し，H^+ を生成するので，その液性は酸性となる．

$$NH_4Cl + H_2O \longrightarrow NH_4OH + H^+$$

したがって，酸解離定数 K_a は，

$$K_a = \frac{[NH_4OH][H^+]}{[NH_4Cl]}$$

で表され，当量点で $[NH_4OH] = [H^+]$ であるから，

$$[H^+] = \sqrt{K_a[NH_4Cl]} = \sqrt{\frac{K_w}{K_b}[NH_4Cl]}$$

ここで，$[NH_4Cl] = \left(0.10 \times \dfrac{10}{1000}\right) \times \dfrac{1000}{10+10} = 0.05\,mol/L$ より，

$$[H^+] = \sqrt{\frac{1.00 \times 10^{-14}}{1.78 \times 10^{-5}} \times 0.05} = 5.3 \times 10^{-6}\,mol/L$$

$$pH = 6 - \log 5.3 = 5.28$$

5.12 NH_3 と H_2SO_4 の反応は，

$$2NH_3 + H_2SO_4 \longrightarrow (NH_4)_2SO_4$$

であるから，対応量は，$NH_3\,2\,mol$ と $H_2SO_4\,1\,mol$ が反応するので，

$$0.5\,mol/L\,H_2SO_4\,1\,mL = 2 \times 17.03 \times 0.5 \times \frac{1}{1000} \times 1000 = 17.03\,mg\ NH_3$$

$0.5\,mol/L\,H_2SO_4$（$f = 1.000$）の消費量を $V\,(mL)$ とすると，

$$\frac{17.03 \times 1.000 \times V \times 1/1000}{5} \times 100 = 10.5 \quad V = 30.83\,mL$$

5.13 BとC

　［解説］A　誤：「精密に量る」とは，定量法などで化学はかりを用いて $0.1\,mg$ まで読みとるか，またはセミミクロ化学はかりを用いて $10\,\mu g$ まで読みとることを意味する（日局17通則24注）．選択肢の記述は「正確に量る」の意味である．

　　　　　D　誤：対応量は標準液 $1\,mL$ と反応する目的物質の量を表している．アスピリンと反応するのは $0.25\,mol/L$ 硫酸や $0.5\,mol/L$ 塩酸ではなく $0.5\,mol/L\,NaOH$ 液なので，対応量は変わらない．

　　　　　E　誤：アスピリン $1\,mol$ と $NaOH\,2\,mol$ が反応するので，$NaOH\,1\,mol$ に対してはアスピリン $1/2\,mol$ が反応する．したがって，対応量は，

$$0.5\,mol/L\,NaOH液\,1\,mL = \frac{1}{2} \times 180.16 \times 0.5 \times \frac{1}{1000} \times 1000 = 45.04\,mg\ C_9H_8O_4$$

5.14 4．イブプロフェンは弱酸でカルボキシ基を持つので，PP を指示薬として $0.1\,mol/L\,NaOH$ 液で滴定する．また，炭酸カリウム K_2CO_3 は $0.5\,mol/L\,H_2SO_4$ で滴定するが，反応により H_2CO_3 が生成するので，被滴定液の液性が酸性に傾き，炭酸誤差が生じる．そのため，煮沸によって CO_2 を除去し，BCG で終点を決定する．

$$K_2CO_3 + H_2SO_4 \longrightarrow H_2CO_3 + K_2SO_4$$
$$\hookrightarrow H_2O + CO_2 \uparrow$$

5.15 （1）3．カルボン酸（弱酸）を水酸化ナトリウム（強塩基）で滴定するので，当量点の液性はアルカリ性になる．したがって，指示薬はフェノールフタレインを用いる．

（2）酒石酸はカルボキシ基2個を持つ二塩基酸で，分子量は $C_4H_6O_6 = 150$ であるから，

$$0.1\,mol/L\,NaOH\,液\,1\,mL = \frac{1}{2} \times 150 \times 0.1 \times \frac{1}{1000} \times 1000 = 7.500\,mg\ C_4H_6O_6$$

5章　定量分析（容量分析）　　173

(3) 無水クエン酸はカルボキシ基 3 個を持つ三塩基酸で，分子量は $C_6H_8O_7 = 192$ であるから，

$$0.1\,mol/L\ NaOH\ 液\ 1\,mL = \frac{1}{3} \times 192 \times 0.1 \times \frac{1}{1000} \times 1000 = 6.400\,mg\ C_6H_8O_7$$

(4) カルボキシ 1 個を持つ酸（R-COOH）であるから，NaOH と 1：1 で反応する．分子量を M とおくと対応量は，

$$0.1\,mol/L\ NaOH\ 液\ 1\,mL = 1 \times M \times 0.1 \times \frac{1}{1000} \times 1000 = 0.1\,M\ mg\ R\text{-}COOH$$

したがって純度は，

$$\frac{0.1\,M \times 1.000 \times 36.00}{0.5000 \times 1000} \times 100 = 100 \quad \therefore M = 138.9$$

(5) 5

　　1：安息香酸　$C_6H_5\text{-}COOH = 77 + 45 = 122$

　　2：酢酸　$CH_3\text{-}COOH = 15 + 45 = 60$

　　3：トリクロロ酢酸　$CCl_3\text{-}COOH = 118.5 + 45 = 163.5$

　　4：乳酸　$CH_3CH(OH)\text{-}COOH = 45 + 45 = 90$

　　5：サリチル酸　$C_6H_4(OH)\text{-}COOH = 93 + 45 = 138$

5.16　4：酸性はスルホンアミド（$-SO_2NH-$）から H^+ を生じることに基づく．アミド（$-CONH-$）は中性なので H^+ を生じない．

5.17　2 と 3

　［解説］1：塩基性窒素原子はアトロピン分子内に 1 つあるが，アトロピン分子が 2 つあるので，2 mol 分の塩基性窒素原子がある．しかし，H_2SO_4 が解離してそのうち 1 mol を中和するので，$HClO_4\,1$ mol と反応する．

　　　　2：N 原子は全部で 3 つあるが，そのうち 1 つはアミド（$-CONH-$）で中性なので，$HClO_4\,2$ mol と反応する．キノリン環の N 原子は H^+ を受け取ることができる．

　　　　3：N 原子 2 つとも塩基性窒素原子なので $HClO_4\,2$ mol と反応する．

　　　　4：N 原子が 3 つあるが，隣りにカルボニル基（$-CO-$）を持つ 2 つは電子が C 原子側に引かれて H^+ を受け取ることができない．$HClO_4$ と反応するのは N 原子 1 mol である．

　　　　5：インドール環の N 原子は電子が非局在化するため，H^+ を受け取ることができない．したがって，$HClO_4\,1$ mol と反応する．

5.18　5：$(CH_3)_4NOH$ 液は塩基なので，滴定対象となる医薬品は酸である．ブレンステッド-ローリーの定義では酸は H^+ を放出できるもので，これに該当するのは，5 エトスクシミドである．エトスクシミドは分子内に環状イミドがあるため，H^+ を放出できる．なお，1〜4 の医薬品は塩基である．

5.19　1 と 5：指示電極にガラス電極，参照電極に銀-塩化銀電極を用いるのは酸・塩基滴定である．1 ノルエチステロンは分子内にエチニル基（$-C \equiv CH$）があり，定量法はエチニルエストラジオールと同様である．また，ピリドキシン塩酸塩もピリジン環があり，H^+ を受け取ることができる．日本薬局方では，2 のスルファメチゾールと 4 のアミノ安息香酸エチルにはジアゾ化滴定が適用されており，指示電極は，白金電極である．3 のメルファランは沈殿滴定で，指示電極は銀電極である．

5.20　基名 ＋amine：ethylenediamine

　　　　化合物名 ＋amine：1, 2-ethanediamine

5.21　1

5.22　2，4：孤立電子対がない物質

5.23　3

5.24　キレートの安定化増大を示したもの．

5.25　2：ナトリウムイオンは 1 価であるため，塩化ナトリウムは塩素イオンを沈殿滴定で定量できる．

5.26　六座配位子（表 3.1 を参照）

5.27　EDTA＋EBT－金属（赤紫色）→EDTA－金属＋EBT（青紫色）：EDTA は無色である．

174 3部　化学物質の定性分析・定量分析

5.28

指示薬名	pH	溶媒	金属イオン	結合型	遊離型
NN	12〜13	8mol/L KOH	Ca^{2+}	赤紫	青
EBT-Cl	10.7	NH_3-NH_4Cl buffer	Ca^{2+}, Mg^{2+}, Zn^{2+}	赤紫	青紫
Cu-PAN	3〜5	CH_3COOH-CH_3COONH_4 buffer	有機 Al^{3+}	赤	黄
ジチゾン	3〜5	CH_3COOH-CH_3COONH_4 buffer	無機 Al^{3+}	赤	緑
キシレノールオレンジ	1〜3	希 H_2NO_3	Bi^{3+}	赤紫	黄

5.29　A　黄　B　1.349

5.30　エタンブトールはエチレンジアミン構造を有する. エタンブトールと銅錯塩を水酸化ナトリウム中で生成させ, 過量の銅イオンを水酸化銅として沈殿させた後, 遠心分離により取り除き, 溶中の銅錯塩の銅キレートを滴定して, エタンブトール塩酸塩を定量する. 操作は順次行い, 長時間放置してはならない.

5.31　Bi^{3+} は, 最も酸性側 (pH1〜3) で EDTA により選択的に滴定できる金属イオンである. pH1〜3域のキシレノールオレンジと Bi^{3+} との錯塩の色は赤紫色であるが, EDTA 液で滴定するときの終点の色は pH1.6 付近では黄色になり, その変化は明瞭に観察される. 酸性化するために塩酸を用いると不溶性の BiOCl を生じるので, 定量の妨げになる. したがって硝酸を用いる. Fe^{3+} もかなり強い酸性 (pH2.5〜3.5) でキレート滴定できる金属であるが, Fe^{3+} による妨害はアスコルビン酸によって除くことができる.

5.32　$Ag_2CrO_4 \rightleftharpoons 2Ag^+ + CrO_4^{2-}$　$K_{sp} = [Ag^+]^2[CrO_4^{2-}] = (2S)^2 (S) = 4S^3$

5.33　モール法：クロム酸カリウムを指示薬として, ハロゲンを硝酸銀で直接滴定する方法.
ファヤンス法：吸着指示薬 (フルオレセインナトリウム試液など) を用い, 硝酸銀液で滴定する方法. たとえば, 有機ヨウ素化合物をアルカリ性で亜鉛還元し, ヨウ素イオンとし, 硝酸銀液で直接滴定する.
ホルハルト法：ハロゲンに過剰の硝酸銀液を加えて, 過剰の硝酸銀液をチオシアン酸アンモニウム標準液で逆滴定する.

5.34　1.00 w/v%
　［解説］含量(mg) = 対応量×V(mL)×f = 5.844×34.18×0.998 = 199.3. この量は 20mL 中の量である. w/v% ≒ g/100mL とほぼ同様であるから, 199.3mg/20mL を g/100mL に換算すると, 0.997 w/v% である.

5.35　(1) フルオレセインナトリウム試液　(2) 5.844　(3) 全量ピペット　(4) 28.38〜31.72mL

5.36　3

5.37　a　4　　b　1　　c　4　　d　12.33

5.38　B

5.39　・沈殿滴定とは, ハロゲン化物イオンまたはチオシアン酸イオンのような陰イオンと銀イオンとの沈殿反応を利用した滴定法であり, 終点判定の違いによりモール法, ファヤンス法, ホルハルト法がある.
・キレート滴定とは, 1つの配位子が2つ以上の配位座を占めるとき, これを多座配位子もしくはキレート剤と呼び, この配位してできた配位化合物をキレート化合物という. キレート剤の EDTA (エチレンジアミン四酢酸二ナトリウム) は, 多くの金属イオンと, その金属イオンの価数に関係なく, モル比1：1の安定したキレート化合物を生成するため, 金属の分析に広く用いられる.
・ジアゾ化滴定とは, 酸化還元反応の一種であり, 芳香族第一アミンに亜硝酸ナトリウムを作用させて, ジアゾニウム塩が生成することを利用した滴定法. 亜硝酸ナトリウム1molは1molのアミンと反応する.

$$C_6H_5-NH_2+NaNO_2+2HCl \rightarrow C_6H_5-N_2^+Cl^-+NaCl+2H_2O$$

5.40 A つの製スパーテルまたはプラスチック製スパーテル.

    B $I_2+KI \rightleftharpoons KI_3$, 溶解補助剤.

5.41 $I_2+2Na_2S_2O_3 \rightarrow 2NaI+Na_2S_4O_6$ ∴ I_2 は 0.1 mol/L

5.42 1

5.43 Na_2CO_3 (pH 12) として安定化, 「新たに煮沸して冷却した水」を用いる. 水中に H_2CO_3 が存在すると酸性化し, チオ硫酸ナトリウムが分解してしまう.

$$Na_2S_2O_3+2H^+ \rightarrow H_2S_2O_3+2Na^+, \quad H_2S_2O_3 \rightarrow H_2SO_3+S \downarrow$$

5.44 A ヨージ(オ)メトリー　　B ヨードメトリー

5.45 A $KBrO_3$　B KBr　C 2.8

  [解説] 臭素 1 mol を発生させるためには, 臭素酸カリウムは 1/3 mol が必要である. したがって,

$$0.05 \times 167.00 \times 1/3 = 2.8 \, g/L$$

5.46 1, 3

  [解説] 1 正：臭素液を過剰に加え, 反応後に余った臭素をヨウ化カリウムによって, ヨウ素に変換するために加える

      2 誤：1 mol のフェノールに 3 mol の臭素（第 1 標準液）が反応するので, 対応数は 1/3 となる. したがって, 対応量は $0.05 \times 94.11 \times 1/3 = 1.569 \, mg$ となる.

      3 正：フェノールに過剰の臭素を添加すると 2, 4, 6-トリブロモフェノールが生成するが, 水に難溶性であるため試験液が濁り終点判定がわかりにくくなる. そこでクロロホルムを加えて可溶化する.

      4 誤：$Br_2+2KI \rightarrow I_2+2KBr$, $I_2+2Na_2S_2O_3 \rightarrow 2NaI+Na_2S_4O_6$ なので, 0.05 mol/L 臭素は 0.1 mol/L チオ硫酸ナトリウムに対応する. したがって, 空試験は正確に 0.05 mol/L 臭素液 ($f=1.000$) 30 mL を加えているので, 消費される 0.1 mol/L チオ硫酸ナトリウム液は理論上, 30.0 mL となる.

      5 誤：約とは ±10% の範囲（通則 29）なので, $1.5 \pm 0.15 = 1.35 \sim 1.65 \, g$ の間で採取することを示す.

5.47 1, 5

  [解説] 1 正：本品 1 mol に対して, 3 mol の臭素が置換反応する.

      2 誤：臭素 1 mol に対して, 2 mol のヨウ化カリウムが反応する. $Br_2+2KI \rightarrow 2KBr+I_2$

      3 誤：ヨウ素 1 mol に対して, 2 mol のチオ硫酸ナトリウムが反応する.

$$I_2+2Na_2S_2O_3 \rightarrow 2NaI+Na_2S_4O_6$$

      4 誤：チオ硫酸ナトリウム液による滴定は, 酸化還元滴定である.

      5 正：チオ硫酸ナトリウム液の滴定量は, 空試験の方が多くなる.

5.48 (1) A 3.1606　B ガラスろ過器

  (2) セルロースは有機物なので酸化されてしまう.

  (3) 過マンガン酸カリウム中の不純物または水中の有機物を酸化して生成する $MnO(OH)_2$ を除去. 不純物または光反応で生成する MnO_2 の除去. これらは $KMnO_4$ を分解する触媒となる.

  (4) 分解触媒の生成抑制のため.

5.49 (1) 5, 2, 赤紫色, $MnSO_4$, ほとんど無色

  (2) 1 mol/L $KMnO_4$　1000 mL $= 134.00 \times 5/2 \, g \, Na_2C_2O_4$

     0.02 mol/L $KMnO_4$　1 mL $= 0.02 \times 134.00 \times 5/2 \, mg \, Na_2C_2O_4 = 6.700 \, mg \, Na_2C_2O_4$

  (3) 特に使わない.

  (4) 通常のビュレットでは, メニスカス上端で目盛りを読み取る.

  (5) 光分解で MnO_2 が生成するため.

5.50 脱色後, 液温を 55～60℃ とし, よく振り混ぜながら, 再び滴定を続け, 30 秒間持続する淡赤色を呈するまで滴定する.

5.51 (1) 対応数が 5 なので, 対応量は 0.02 mol/L $KMnO_4$ 液 $= 0.02 \times 278.01 \times 5 = 27.80 \, mg \, FeSO_4 \cdot 7H_2O$

である．

(2) リン酸を加えるのは，滴定の進行に伴ってFe³⁺を生じ，Fe³⁺のために終点が不明瞭になるので，Fe³⁺をPO₄³⁻により[Fe(O₂PO₂H)(OH₂)₄]⁺としてマスキングするためである．

5.52 (1) H₂NC₆H₄SO₂NH₂+NaNO₂+2HCl → Cl⁻N₂⁺C₆H₄SO₂NH₂+NaCl+2H₂O

(2) 臭化カリウムは，スルファニルアミドのジアゾ化反応の進行を促進するために加える．

(3) 化学反応式より，スルファニルアミドはアミノ基が1個あるので，亜硝酸ナトリウムと1：1で反応する．

1 mol/L亜硝酸ナトリウム液 1000 mL = 0.1×172.21 g H₂NC₆H₄SO₂NH₂

0.1 mol/L亜硝酸ナトリウム液 1 mL = 17.22 mg H₂NC₆H₄SO₂NH₂

(4) $f = \dfrac{a(\text{mg})}{対応量 \times V(\text{mL})} = \dfrac{0.4400 \times 1000}{17.22 \times 25.50} = 1.002$

通例，ファクターは小数点以下3桁で表す．

5.53 a　1　b　下層　c　3

[解説] 塩酸ヒドララジン（還元剤）はヨウ素酸カリウム（酸化剤）を還元し，一時的にヨウ素を遊離し，これがクロロホルム層に溶けて紫色を呈する．このヨウ素は，塩酸の存在下，過量のヨウ素酸カリウムにより酸化され，塩化ヨウ素となって脱色する．その際，クロロホルム層の紫色が消え，窒素ガスが発生する．

5.54 0.1 mol/L塩化チタン（Ⅲ）液 1 mL = 0.1×466.35×1/2 mg C₁₆H₈N₂Na₂O₈S₂
= 23.32 mg C₁₆H₈N₂Na₂O₈S₂

5.55 (1) 1　(2) 4　(3) 5　(4) 0.1×182.17×1/10 = 1.822

[解説] D-ソルビトール（C₆H₁₄O₆）の定量法は，過ヨウ素酸カリウムによる炭素-炭素結合の開裂反応を利用した方法である．

KIO₄はD-ソルビトールのC-C間を5か所で切断し，5 molのKIO₄が使われる．同時にKIO₃も生成する．

C₆H₁₄O₆+5KIO₄ → 4HCOOH+2HCHO+5KIO₃+H₂O

ヨウ化カリウムを加えるとKIO₄とKIO₃からヨウ素が生成する．

IO₄⁻+7I⁻+8H⁺ → 4I₂+4H₂+4SO₄²⁻
IO₃⁻+5I⁻+6H⁺ → 3I₂+3H₂+3SO₄²⁻

したがって，D-ソルビトール量を知るためには，反応生成物のKIO₃由来のヨウ素量を差し引いて計算する必要がある．本試験と空試験について，試料と試薬の量，生成物量をグラフで示すと以下のようになる．

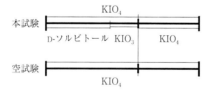

このグラフの右側は同様なので計算量からは外して考える．

1 mol ソルビトール (C₆H₁₀O₆) = 5(KIO₄−KIO₃) = 5(4I₂−3I₂) = 5I₂

ヨウ素をチオ硫酸ナトリウム液で滴定するときの化学反応式は

I₂+2Na₂S₂O₃ → 2NaI+Na₂S₄O₆

であるので，1 molのソルビトールは10 molのチオ硫酸ナトリウムに対応することがわかる．したがって，対応数は1/10となり，0.1 mol/Lチオ硫酸ナトリウム液 1 mLあたりのD-ソルビトール量が計算できる．

5.56 3

5.57 A　起電力　B　微少　C　電気量（電流×時間）

5.58 A　銀-塩化銀　B　ガラス　C　白金　D　白金

6 純度試験・重量分析

●キーワード

限度試験/比較液/色の比較液/標準液/類縁物質/許容量/揮発重量法/抽出重量法/沈殿重量法/恒量/換算係数/沈殿形/秤量形

純度試験（purity test）は，医薬品の品質を確保するために医薬品ごとに規定された試験で，日局17通則第33条に「医薬品中の混在物を試験するために行うもの」と定義されており，「混在物の種類およびその量の限度を規定する」としている．純度試験には化学的試験法と物理的試験法があり，化学的試験法には，アンモニウム試験法，塩化物試験法，炎色反応試験法，重金属試験法，鉄試験法，ヒ素試験法，メタノール試験法，硫酸塩試験法，硫酸呈色物試験法などがある．また，物理的試験法として，液体クロマトグラフィー，ガスクロマトグラフィー，薄層クロマトグラフィー，紫外可視吸光度測定法，原子吸光光度法，旋光度測定法などが用いられている．

重量分析（gravimetric analysis）は，定量しようとする目的成分を試料から揮発重量法，抽出重量法，沈殿重量法などによって目的成分そのままの形か，または量的関係を反映した化合物の状態に変化させて分離し，秤量することで含量を求める方法である．物質の重量を量る操作が方法の原点になっている．

6.1 純 度 試 験

SBO C2(3)②6 日本薬局方収載の代表的な純度試験を列挙し，その内容を説明できる．

6.1.1 化学的試験法

a. アンモニウム試験法

医薬品中に混在するアンモニウム塩の限度試験である．医薬品各条には，アンモニウム（NH_4^+として）の限度をパーセント（%）で（ ）内に付記する．

・原理 図6.1に示すアンモニウム試験用蒸留装置を用いる．アンモニウム塩に酸化マグネシウム MgO を加えて塩基性とした後蒸留し，生じた NH_3 をホウ酸溶液にホウ酸アンモニウムとして吸収させ，検液とする．次に NH_3 を次亜塩素酸ナトリウム NaClO で酸化し，クロラミン NH_2Cl とし，さらにフェノールと反応させるとインドフェノールが生成する（図6.2）．この青色を比較液で同様に得られた色と比較する．

ペンタシアノニトロシル鉄(Ⅲ)酸ナトリウム（ニトロプルシドナトリウム）$Na_2[Fe(CN)_5NO]$ は反応を促進させるために用いる．インドフェノール法は再現性がよく，肉眼観察での検出限界は 0.04 ppm である．

・適用 L-アスパラギン酸，L-アラニン，L-イソロイシン，グリシン，L-システイン，L-トリプトファン，L-リシン塩酸塩などのアミノ酸，常水，カイニン酸水和物などに適用されている．

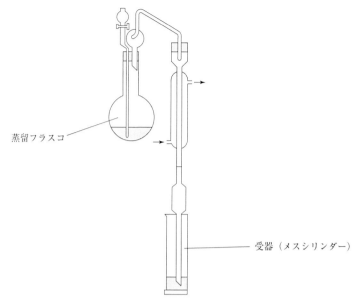

図 6.1 アンモニウム試験用蒸留装置

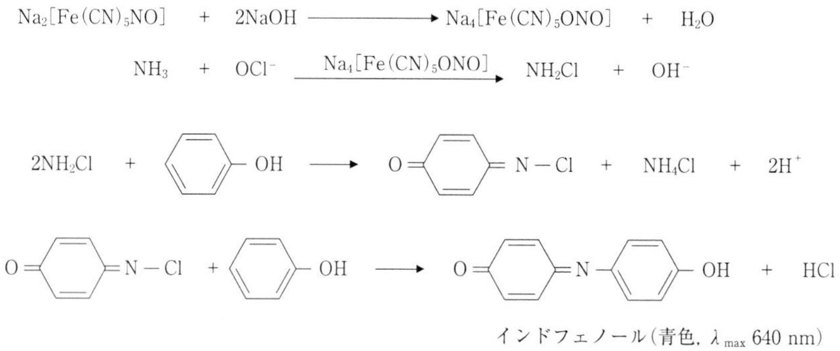

図 6.2 インドフェノール法の呈色反応機構

(例) L-グルタミン酸：(4) アンモニウム　本品 0.25 g をとり，試験を行う．比較液にはアンモニウム標準液 5.0 mL を用いる（0.02% 以下）．
アンモニウム標準液は 1 mL 中にアンモニウム（NH₄）0.01 mg を含むので，
$$\frac{0.01 \times 5.0 \times 1/1000}{0.25} \times 100 = 0.02\%$$

【例題 1】　次の記述は日本薬局方常水の純度試験である．□ に入れるべき数値はいくらか．ただし，アンモニウム標準液 1 mL 中にアンモニウム（NH₄）0.01 mg を含むものとする．

アンモニウム　本品 30 mL を検液とし，試験を行う．比較液はアンモニウム標準液 0.15 mL にアンモニウム試験用水を加えて 30 mL とする（□ mg/L 以下）．

［解答］　$\dfrac{0.01 \times 0.15}{30} \times 1000 = 0.05$ mg/L

b. 塩化物試験法

医薬品中に混在する塩化物の限度試験である．医薬品各条には，塩化物（Cl として）の限度をパ

ーセント（%）で（　）内に付記する.

Cl⁻ は製造原料，製造工程から混入する可能性がきわめて多いので，精製の程度を知る目安となる.

・**原理** 試料中に不純物として溶解している塩化物に硝酸銀 $AgNO_3$ を加えて難溶性塩の塩化銀とし，その白い混濁を 0.01 mol/L HCl で生じる混濁と比較する.

$$Cl^- + Ag^+ \longrightarrow AgCl\downarrow$$

・**適用** アスピリン，イオタラム酸，果糖，クロロブタノール，サリチル酸，臭化ナトリウム，タウリン，乳酸，ヨードホルムなど適用されている医薬品は多い.

（例）トラネキサム酸：（2）塩化物　本品 1.0 g をとり，試験を行う．比較液には 0.01 mol/L 塩酸 0.40 mL を加える（0.014%以下）．Cl の原子量は 35.453 であるから，

$$\frac{0.01 \times \dfrac{0.40}{1000} \times 35.453}{1.0} \times 100 = 0.014\%$$

【**例題 2**】　次の記述は，日本薬局方炭酸水素ナトリウムの純度試験に関するものである．　　　に入れるべき数値はいくらか．ただし，Cl の原子量を 35.453 とする.

（2）塩化物　本品 0.40 g に希硝酸 4 mL を加えて沸騰するまで加熱し，冷後，希硝酸 6 mL および水を加えて 50 mL とする．これを検液とし，試験を行う．比較液には 0.01 mol/L 塩酸 0.45 mL を加える（　　　%以下）.

［**解答**］

$$\frac{0.01 \times \dfrac{0.45}{1000} \times 35.453}{0.40} \times 100 = 0.040\%$$

c．炎色反応試験法

ある種の元素が鋭敏にブンゼンバーナーの無色炎を固有の色に染める性質を利用する試験法である.

（1）金属塩の炎色反応　径約 0.8 mm の白金線に試料を付け，無色炎中に入れ，試験する．ナトリウムが存在すると，黄色を呈する．なお，炎色反応が持続するとは，その反応が約 4 秒間持続することをいう.

・**適用** ヨウ化カリウム，硫酸カリウムに適用されている.

（例）ヨウ化カリウム：（9）ナトリウム　本品 1.0 g を水 10 mL に溶かし，炎色反応試験(1)を行うとき，持続する黄色を呈しない.

【**例題 3**】　次の記述は，日本薬局方硫酸カリウムの純度試験に関するものである．試験の目的金属は何か.

本品 1.0 g を水 20 mL に溶かし，炎色反応試験(1)を行うとき，持続する黄色を呈しない.

［**解答**］　ナトリウム

d．重金属試験法

医薬品中に混在する重金属の限度試験である．この重金属とは，酸性で硫化ナトリウム Na_2S 試液によって呈色する金属性混在物のことで，その量を鉛（Pb）の量として表す．医薬品各条には，重金属（Pb）としての限度を ppm で（　）内に付記する.

試験の対象としているのは，Pb, Bi, Cu, Cd, Sb, Sn, Hg などで，これらは，pH 3.0〜3.5 で黄色〜褐黒色の不溶性硫化物を生成する.

・**原理** 検液と比較液の入ったネスラー管にNa₂S試液を1滴ずつ加えて混和し，5分間放置した後，白色の背景を用いて両者を比較する．検液の呈する色は，比較液の呈する色より濃くない．

・**検液の調製**

第1法（水に溶け，希酢酸を加えても沈殿を生じず，液のpHが3.0〜3.5となるもの）：試料をネスラー管にとり，水適量に溶かした後，希酢酸を加え，さらに水を加えて検液とする．

第2法（有機医薬品）：試料をるつぼにとり，硝酸と硫酸を加え強熱して灰化し，塩酸，アンモニア試液を加えてpHを調整した後，希酢酸を加えてネスラー管に移し，水を加えて検液とする．

第3法（日局17ではほとんど使用されない）：試料をるつぼにとり灰化し，王水を加えて蒸発乾固後，塩酸，アンモニア試液を加えてpHを調整し，希酢酸を加えてネスラー管に移して水を加え，検液とする．

第4法（有機医薬品のうち第2法で回収率の良くないもの）：試料に硝酸マグネシウムとエタノールを加え加熱して炭化した後，硫酸を加えて灰化する．その後，塩酸を加えて蒸発乾固し，塩酸，アンモニア試液を加えてpHを調整した後，希酢酸を加えてネスラー管に移し，水を加えて検液とする．

・**適用** アスコルビン酸，アスピリンアルミニウム，イソニアジド，インドメタシン，オキシドール，クエン酸ナトリウム水和物，ケトプロフェン，スルファメチゾールなどきわめて多くの医薬品に適用されている．

（例）フェニトイン：(4)重金属 本品1.0gをとり，第2法により操作し，試験を行う．比較液には鉛標準液2.0mLを加える（20ppm）．鉛標準液は1mL中に鉛(Pb) 0.01mgを含むので，

$$\frac{0.01 \times 2.0 \times 1/1000}{1.0} \times 10^6 = 20\,\text{ppm}$$

【例題4】 次の記述は，日本薬局方ホウ酸の純度試験に関するものである．□□に入れるべき数値はいくらか．ただし，鉛標準液1mLは鉛(Pb) 0.01mgを含むものとする．

(2)重金属 本品2.0gをとり，第1法により操作し，試験を行う．比較液には鉛標準液2.0mLを加える（□□ppm以下）．

[解答] $\dfrac{0.01 \times 2.0 \times 1/1000}{2.0} \times 10^6 = 10\,\text{ppm}$

e. 鉄試験法

医薬品中に混在する鉄の限度試験である．その限度は鉄(Fe) の量として表す．医薬品各条には，鉄(Fe) としての限度をppmで（　）内に付記する．

・**原理** 検液中の鉄をアスコルビン酸でFe(Ⅱ)イオン Fe²⁺ に還元した後，2,2′-ビピリジルと反応させると，赤色のFe(Ⅱ)・2,2′-ビピリジルキレート陽イオンを生成する．この赤色を同様に操作して得られた比較液の呈色と比較する（図6.3）．

・**検液の調製**

第1法（水溶性の物質）：試料に酢酸・酢酸ナトリウム緩衝液（pH4.5）を加え，検液とする．

第2法（無機物質または酸に溶ける物質）：試料に塩酸，L-酒石酸を加えて溶かし，アンモニア試液を加えてpH調整後，酢酸・酢酸ナトリウム緩衝液（pH4.5）を加え，検液とする．

第3法（有機物質で水または酸に溶けない物質）：試料に硫酸を加え強熱して灰化し，塩酸，硝酸を加えた後蒸発乾固する．次に塩酸を加え，さらに酢酸・酢酸ナトリウム緩衝液（pH4.5）を加

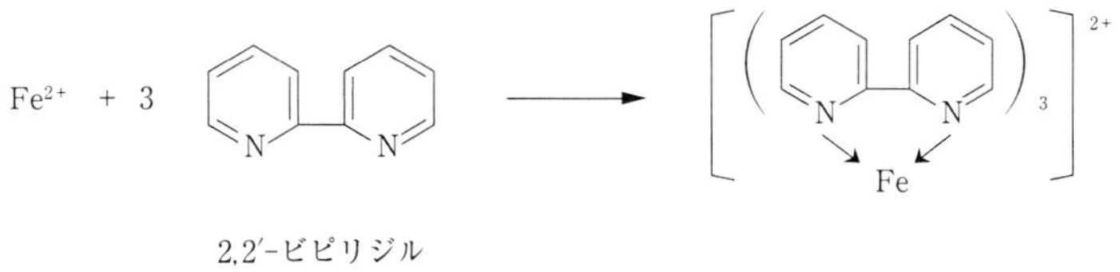

2,2′-ビピリジル

図 6.3 Fe^{2+} と 2,2′-ビピリジルとの反応によるキレート生成

えて検液とする.

・操作法

A法：検液をネスラー管にとり，L-アスコルビン酸，2,2′-ビピリジルおよび水を加える．30 分間
　　放置後，白色の背景を用いて液の色を比較する．

B法（着色物質で第 1 法または第 2 法で調製した検液，第 2 法で沈殿を生じる検液）：検液に L-
　　アスコルビン酸，2,2′-ビピリジルを加え 30 分間放置した後，2,4,6-トリニトロフェノール
　　（ピクリン酸）を加え，生成した Fe(Ⅱ)・ジピリジル・ピクリン酸三元錯体の色を白色の背景を
　　用いて比較液の呈色と比較する．

・適用　塩化ナトリウム，酸化亜鉛，炭酸リチウム，乳酸，ベンズブロマロン，硫酸アルミニウ
ムカリウム水和物などに適用されている．

（例）酸化マグネシウム：(4)鉄　本品 40 mg をとり，第 1 法により検液を調製し，A法により試
　　験を行う．比較液には鉄標準液 2.0 mL を加える（500 ppm 以下）．鉄標準液 1 mL には鉄
　　（Fe）0.01 mg を含むので，

$$\frac{0.01 \times 2.0}{40} \times 10^6 = 500\,\text{ppm}$$

【例題 5】　次の記述は，日本薬局方鉄標準液の調製に関するものである．□ に入れるべき数値は
いくらか．ただし，Fe = 55.8，N = 14.0，S = 32.1，H = 1.0，O = 16.0 とする．

硫酸アンモニウム鉄（Ⅲ）十二水和物 □ mg を正確に量り，水 100 mL に溶かし，希塩酸 5 mL お
よび水を加えて正確に 1000 mL とする．この液 1 mL は鉄（Fe）0.01 mg を含む．

[解答]　硫酸アンモニウム鉄（Ⅲ）十二水和物の化学式は，$FeNH_4(SO_4)_2 \cdot 12H_2O$ であるから，分子
量は 482.0 と計算できる．1000 mL 中に Fe は 0.01×1000 = 10 mg 含まれるので，

$$10 \times \frac{482}{55.8} = 86.4\,\text{mg}（日局 17 では 86.3 mg となっている）$$

f. ヒ素試験法

医薬品中に混在するヒ素の限度試験である．その限度を三酸化二ヒ素（As_2O_3）の量として表す．
医薬品各条にはヒ素（As_2O_3）としての限度を ppm で（　）内に付記する．

・原理　図 6.4 に示すヒ素試験装置を用いる．ヒ素化合物（ヒ酸塩 AsO_4^{3-} および亜ヒ酸塩
AsO_3^{3-}）をすべて AsO_3^{3-} とし，亜鉛 Zn で還元して揮発性のヒ化水素（アルシン）AsH_3 を生成さ
せ，さらに AsH_3 とヒ化水素吸収液であるジエチルジチオカルバミド酸銀・ピリジン溶液を反応さ
せ，生成する遊離コロイド状銀の赤紫色（λ_{max} 約 535 nm）の呈色を検出する．

・検液の調製　ヒ素検出における回収率の影響を考慮して第 1 法から第 5 法がある．なかでも，
第 3 法は加熱による試料の飛散がほとんどなく，ヒ素は酸化されて不揮発性のヒ酸マグネシウム
$Mg_3(AsO_4)_2$ となる．

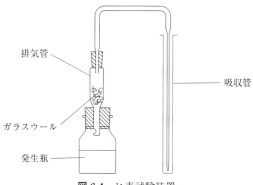

図 6.4 ヒ素試験装置

第1法：試料に水を加え検液とする．

第2法：試料に水，H_2SO_4，亜硫酸 H_2SO_3 を加え，H_2SO_3 がなくなるまで加熱し，水を加えて検液とする．

第3法，第4法（ほとんどの有機化合物と有機ヒ素化合物）：試料に硝酸マグネシウム $Mg(NO_3)_2$ のエタノール溶液を加え加熱して灰化した後，残留物に HCl を加えて検液とする．第4法ではヒ素の回収率を上げるため第3法より $Mg(NO_3)_2$ の濃度を高くしている．

第5法（水に難溶性の医薬品）：試料に N,N-ジメチルホルムアミドを加え検液とする．

・**操作法**

①還元：検液に塩酸およびヨウ化カリウム KI 試液，酸性塩化スズ（Ⅱ）$SnCl_2$ 試液を加えて AsO_4^{3-} を AsO_3^{3-} に還元する．

$$AsO_4^{3-}+SO_3^{2-} \longrightarrow AsO_3^{3-}+SO_4^{2-} \quad （第2法）$$
$$AsO_4^{3-}+2I^-+2H^+ \longrightarrow AsO_3^{3-}+I_2+H_2O \quad （KI による還元）$$
$$AsO_4^{3-}+Sn^{2+}+2H^+ \longrightarrow AsO_3^{3-}+Sn^{4+}+H_2O \quad （SnCl_2 による還元）$$

次に Zn を加えて AsH_3 に還元する．

$$AsO_3^{3-}+3Zn+9H^+ \longrightarrow AsH_3\uparrow+3Zn^{2+}+3H_2O$$

②H_2S の除去：H_2S を除去するため，酢酸鉛（Ⅱ）試液で潤したガラス繊維を詰めた排気管を通す．AsH_3 に H_2S が混入していると呈色反応で黒褐色の硫化銀が生じるため呈色が識別できない．

$$Pb^{2+}+H_2S \longrightarrow PbS+2H^+$$

③呈色反応：AsH_3 をジエチルジチオカルバミド酸銀・ピリジン溶液と反応させ，遊離コロイド状銀を生成する．ピリジン溶液を用いることにより呈色の高い安定性が得られる．

・**適用** アセトアミノフェン，安息香酸ナトリウム，グルコン酸カルシウム水和物，サリチル酸ナトリウム，ニセリトロール，フルオロウラシル，ミコナゾール硝酸塩などきわめて多くの医薬品に適用されている．

（例）インドメタシン：(3)ヒ素 本品 1.0 g をとり，第3法により検液を調製し，試験を行う（2 ppm 以下）．ヒ素試験法における標準色は，三酸化二ヒ素（As_2O_3）$2\mu g$ に対応するので，

$$\frac{0.002}{1.0\times 1000}\times 10^6 = 2\,\text{ppm}$$

【**例題 6**】 次の記述は日本薬局方クロラムフェニコールの純度試験に関するものである．□ に入れるべき数値はいくらか．ただし，ヒ素試験法における標準色は，三酸化二ヒ素（As_2O_3）$2\mu g$ に対

応するものとする.

(2)ヒ素　本品 2.0 g をとり，第 4 法により検液を調製し，試験を行う（ $\boxed{}$ ppm 以下）.

[解答]　$\dfrac{0.002}{2.0 \times 1000} \times 10^6 = 1\,\text{ppm}$

g. メタノール試験法

エタノール中に混在するメタノール CH_3OH を試験する方法である.

・**原理**　試料にリン酸酸性で過マンガン酸カリウム $KMnO_4$ により CH_3OH を酸化させてホルムアルデヒド $HCHO$ とし，過量の $KMnO_4$ を硫酸酸性でシュウ酸により脱色した後，これにフクシン亜硫酸試液（シッフ試薬）を加えて反応させると，シッフ塩基が形成するので，この赤紫色を標準液の呈色と比較する（図 6.5）.

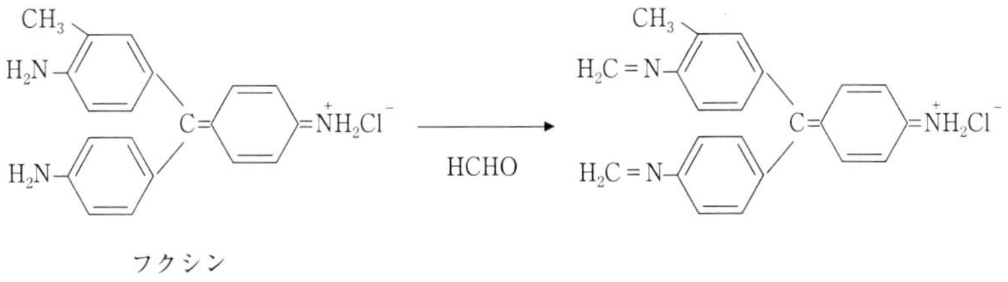

図 6.5　HCHO とフクシンの反応

・**適用**　ブドウ酒のみに適用されている.

h. 硫酸塩試験法

医薬品中に混在する硫酸塩の限度試験である．医薬品各条には硫酸塩(SO₄)としての限度をパーセント（％）で（　）内に付記する．医薬品中に製造原料または製造工程が原因で硫酸塩が混入することがきわめて多いため，精製の目安として試験する.

・**原理**　試料中に硫酸塩として混在する不純物を，塩酸酸性で塩化バリウム $BaCl_2$ によって生じる難溶性塩の硫酸バリウム $BaSO_4$ の白濁の度合と各条で規定された $0.05\,\text{mol/L}$ H_2SO_4 の量から生じる $BaSO_4$ の白濁の度合を比較する.

$$SO_4^{2-} + BaCl_2 \longrightarrow \underset{\text{白色沈殿}}{BaSO_4\downarrow} + 2Cl^-$$

・**適用**　アセトアミノフェン，エテンザミド，酒石酸，デヒドロコール酸，フルラゼパム，メピバカイン塩酸塩など多くの医薬品に適用されている.

（例）ブロモバレリル尿素：(1)液性　本品 1.5 g に水 30 mL を加え，5 分間振り混ぜてろ過するとき，液は中性である．(3)硫酸塩　(1)のろ液 10 mL をとり，試験を行う．比較液には 0.005 mol/L 硫酸 0.40 mL を加える（0.038%以下）．SO₄ = 96.1 より，

$$\dfrac{0.005 \times \dfrac{0.40}{1000} \times 96.1}{1.5 \times \dfrac{10}{30}} \times 100 = 0.038\,\%$$

【**例題 7**】　次の記述は，日本薬局方マルトース水和物の純度試験に関するものである． $\boxed{}$ に入れるべき数値はいくらか．ただし，SO₄ = 96.1 とする.

(3)硫酸塩　本品 2.0 g をとり，試験を行う．比較液には 0.005 mol/L 硫酸 1.0 mL を加える（ $\boxed{}$ %以下）

[解答]

$$\frac{0.005 \times \dfrac{1.0}{1000} \times 96.1}{2.0} \times 100 = 0.024\%$$

i. 硫酸呈色物試験法

医薬品中に含まれる微量の不純物で硫酸によって容易に着色する物質を試験する方法である.

・**原理** ネスラー管に硫酸呈色物用硫酸を入れ，粉末試料を加えて溶かす．液体試料の場合は予めネスラー管に入れ，これに硫酸呈色物用硫酸を加える．15 分間放置後，白色の背景で色の比較液と呈色を比べる.

・**適用** アスピリン，アモバルビタール，パパベリン塩酸塩，パラフィン，ブロモバレリル尿素などに適用されている.

6.1.2 物理的試験法

a. 液体クロマトグラフィー

純度試験に用いる場合，通例，試料の混在物の限度に対応する濃度の標準溶液を用いる方法，または面積百分率法により試験を行う．面積百分率法は，クロマトグラム上に得られた各成分のピーク面積の総和を 100 とし，それに対するそれぞれの成分のピーク面積の比から組成比を求める.

・**適用** アセトアミノフェン，アセトヘキサミド，オメプラゾール，キニーネ塩酸塩水和物，シアノコバラミン，ジクロフェナクナトリウム，フロセミド，ブロムヘキシン塩酸塩などきわめて多くの医薬品に適用されている.

（例）エフェドリン塩酸塩：(4)類縁物質　本品 0.05 g を移動相 50 mL に溶かし，試料溶液とする．この液 1 mL を正確に量り，移動相を加えて正確に 100 mL とし，標準溶液とする．試料溶液および標準溶液 10 μL ずつを正確にとり，次の条件で液体クロマトグラフィーにより試験を行う．それぞれの液の各々のピーク面積を自動積分法により測定するとき，試料溶液のエフェドリン以外のピークの合計面積は標準溶液のエフェドリンのピーク面積より大きくない.

・**試験条件**

検出器：紫外吸光光度計（測定波長：210 nm）

カラム：内径 4.6 mm，長さ 15 cm のステンレス管に 5 μm の液体クロマトグラフィー用オクタデシルシリル化シリカゲルを充填する.

カラム温度：45℃付近の一定温度

移動相：ラウリル硫酸ナトリウム溶液（1 → 128）／アセトニトリル／リン酸混液（640：360：1）

流量：エフェドリンの保持時間が約 14 分になるように調整する.

面積測定範囲：溶媒のピークの後からエフェドリンの保持時間の約 3 倍の範囲．混在が考えられる類縁物質にはプソイドエフェドリン（pseudoephedrine），メチルエフェドリン（methylephedrine）がある（図 6.6）．標準溶液は試料溶液より 100 倍薄いので，これらの類縁物質の総量は 1/100，すなわち 1%以下に規定していることを示している.

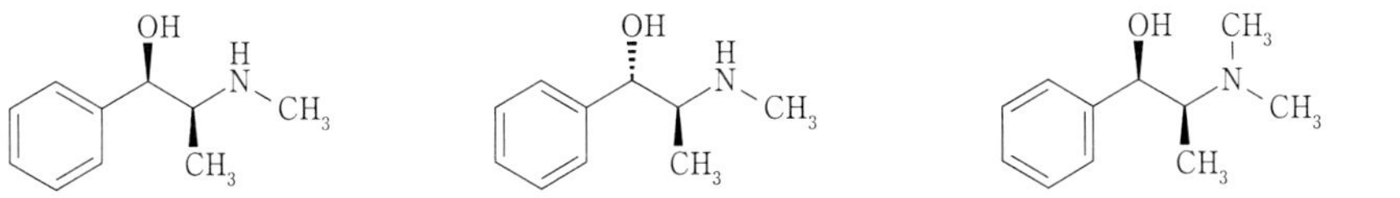

6章　純度試験・重量分析　　185

エフェドリン　　　　　　(+)-プソイドエフェドリン　　(1R, 2S)-(−)-N-メチルエフェドリン

図 6.6　エフェドリンと類縁物質（プソイドエフェドリンおよびメチルエフェドリン）の化学構造

$$\frac{0.05\times\dfrac{1}{50}\times\dfrac{1}{100}\ \text{g/mL}}{0.05\times\dfrac{1}{50}\ \text{g/mL}}\times 100 = 1\%$$

【例題8】　次の記述は日本薬局方ナリジクス酸の純度試験に関するものである．□に入れるべき数値はそれぞれいくらか．

（3）本品 20 mg を 0.01 mol/L 水酸化ナトリウム試液 20 mL に溶かす．この液 5 mL を正確に量り，水を加えて正確に 10 mL とし，試料溶液とする．この液 2 mL を正確に量り，水を加えて正確に 1000 mL とし，標準溶液とする．試料溶液および標準溶液 10 μL ずつを正確にとり，次の条件で液体クロマトグラフィーにより試験を行う．それぞれの液の各々のピーク面積を自動積分法により測定するとき，試料溶液のナリジクス酸以外のピーク面積は，標準溶液のナリジクス酸のピーク面積より大きくない．また，試料溶液のナリジクス酸以外のピークの合計面積は標準溶液のナリジクス酸のピーク面積の 2.5 倍より大きくない．

個々の類縁物質の混在許容量は□％以下，類縁物質総量の許容量は□％以下である．ただし，液体クロマトグラフィーの条件は省略する．

［解答］　個々の類縁物質の混在許容量：

$$\frac{20\times\dfrac{5}{20}\times\dfrac{2}{10}\times\dfrac{1}{1000}\ \text{mg/mL}}{20\times\dfrac{5}{20}\times\dfrac{1}{10}\ \text{mg/mL}}\times 100 = 0.2\%$$

類縁物質総量の許容量：0.2×2.5 ＝ 0.5％

b.　ガスクロマトグラフィー

純度試験に用いる場合は液体クロマトグラフィーと同様である．

・**適用**　アセトヘキサミド，アマンタジン塩酸塩，エタノール，ステアリン酸マグネシウム，ニセリトロール，ハロタン，ベンジルアルコールなどに適用されている．

（例）亜酸化窒素 N_2O：(6)一酸化炭素　本品 5.0 mL を，減圧弁を取り付けた耐圧金属製密封容器から直接ポリ塩化ビニル製導入管を用いて，ガスクロマトグラフィー用ガス計量管またはシリンジ中に採取する．このものにつき，次の条件でガスクロマトグラフィーにより試験を行うとき，一酸化炭素の流出位置にピークを認めない．

・**操作条件**

検出器：熱伝導度型検出器

カラム：内径約 3 mm，長さ約 3 m の管に 300～500 μm のガスクロマトグラフィー用ゼオライト（孔径 0.5 nm）を充填する．

カラム温度：50℃付近の一定温度

キャリヤーガス：水素またはヘリウム

流量：一酸化炭素の保持時間が約20分になるように調整する.

c. 薄層クロマトグラフィー

・**適用**　アセトヘキサミド，アロプリノール，エタンブトール塩酸塩，カプトプリル，カルバマゼピン，スピロノラクトン，トコフェロール酢酸エステル，トリアムシノロンアセトニド，ファモチジンなどきわめて多くの医薬品に適用されている.

　（例）イブプロフェン：(3)類縁物質　本品0.50gをとり，アセトン5mLに溶かし，試料溶液とする．この液1mLを正確に量り，アセトンを加えて正確に100mLとし，標準溶液とする．これらの液につき，薄層クロマトグラフィーにより試験を行う．試料溶液および標準溶液5μLずつを薄層クロマトグラフィー用シリカゲル（蛍光剤入り）を用いて調製した薄層板にスポットする．次にヘキサン/酢酸エチル/酢酸(100)混液(15：5：1)を展開溶媒として約10cm展開した後，薄層板を風乾する．これに紫外線（主波長254nm）を照射するとき，試料溶液から得た主スポット以外のスポットは標準溶液から得たスポットより濃くない.

　合成工程で生成する不純物の試験である．不純物としては4-イソブチルフェニルメチルケトン[1]，2-(4-イソブチルフェニル)エタノール[2]および2-(4-イソブチルフェニル)-2-ヒドロキシプロピオン酸[3]などがある（図6.7）．以下の計算に示すように，不純物の許容量はイブプロフェンとして1%以下である.

$$\frac{0.5\times\frac{1}{5}\times\frac{1}{100}}{0.5\times\frac{1}{5}}\times100=1\%$$

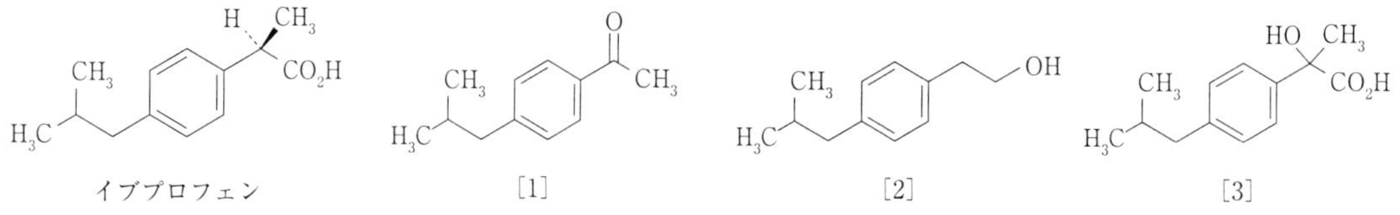

図6.7　イブプロフェンと不純物（[1]〜[3]）の化学構造

[1]：4-イソブチルフェニルメチルケトン，[2]：2-(4-イソブチルフェニル)エタノール，[3]：2-(4-イソブチルフェニル)-2-ヒドロキシプロピオン酸.

【例題9】　次の記述は，日本薬局方アドレナリンの純度試験に関するものである．混在するノルアドレナリンの限度（%）はいくらか．ただし，ノルアドレナリン（$C_8H_{11}NO_3$）とノルアドレナリン酒石酸水素塩（$C_{12}H_{17}NO_9$）の分子量をそれぞれ169, 319とする.

　(4)ノルアドレナリン　本品0.20gをギ酸1mLおよびメタノールに溶かし，正確に10mLとし，試料溶液とする．別にノルアドレナリン酒石酸水素塩標準品8.0mgをメタノールに溶かし，正確に10mLとし，標準溶液とする．これらの液につき，薄層クロマトグラフィーにより試験を行う．試料溶液および標準溶液5μLずつを薄層クロマトグラフィー用シリカゲル（蛍光剤入り）を用いて調製した薄層板にスポットする．次に1-ブタノール/水/ギ酸混液(7：2：1)を展開溶媒として約10cm展開した後，薄層板を風乾する．これにフォリン試液を均等に噴霧するとき，標準溶液から得

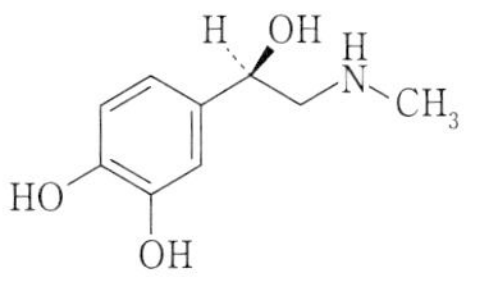

6章　純度試験・重量分析　　187

アドレナリン 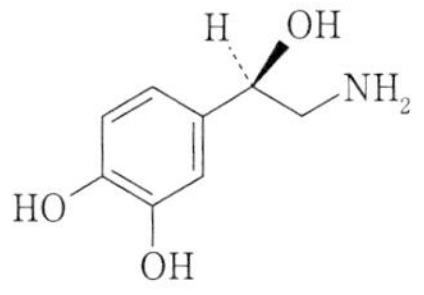　　　　　　ノルアドレナリン 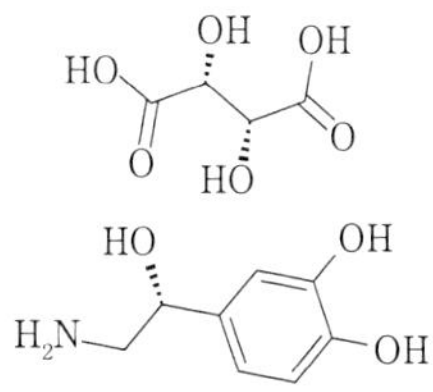　　ノルアドレナリン酒石酸水素塩

たスポットに対応する位置の試料溶液から得たスポットは，標準溶液のスポットより濃くない.

[解答]
$$\frac{0.008 \times \dfrac{169}{319} \times \dfrac{1}{10} \text{ g/mL}}{0.20 \times \dfrac{1}{10} \text{ g/mL}} \times 100 = 2.1\%$$

d. 紫外可視吸光度測定法

・**適用**　アドレナリン，アヘンアルカロイド塩酸塩，アミドトリゾ酸，イオタラム酸，イオパミドール，エタノール，無水エタノール，果糖，サルブタモール硫酸塩，ジブカイン塩酸塩，チアマゾールなどに適用されている.

（例）カンレノ酸カリウム：(4)カンレノン　本品 0.40 g をとり，共栓遠心沈殿管に入れ，氷水中で 5℃以下に冷却し，これに 5℃以下に冷却した pH 10.0 のホウ酸・塩化カリウム・水酸化ナトリウム緩衝液 6 mL を加えて溶かし，次いで 5℃以下に冷却した水 8 mL を加える. これにクロロホルム 10 mL を正確に加え，5℃以下で 3 分間放置した後，直ちに 2 分間激しく振り混ぜ，遠心分離する. 水層を除き，クロロホルム層 5 mL を分取し，5℃以下に冷却した pH 10.0 のホウ酸・塩化カリウム・水酸化ナトリウム緩衝液 3 mL および 5℃以下に冷却した水 4 mL を入れた共栓遠心沈殿管に入れ，1 分間振り混ぜた後，遠心分離する. 水層を除き，クロロホルム層 2 mL を正確に量り，クロロホルムを加えて正確に 10 mL とした液につき，紫外可視吸光度測定法により波長 283 nm における吸光度を測定するとき，0.67 以下である.

　図 6.8 にカンレノ酸カリウムと類縁物質であるカンレノンの化学構造を示す. 日局 17 では，紫外可視吸光度測定法によりカンレノンの混在を規制している. カンレノンのクロロホルム溶液は 283 nm に吸収の極大を示し，その比吸光度 $E_{1\text{cm}}^{1\%}$ は 784 である. 吸光度 0.67 のときの濃度 c（w/v%）は，

$$c\,(\text{w/v}\%) = \frac{A}{E_{1\text{cm}}^{1\%}} = \frac{0.67}{784} = 8.545 \times 10^{-4}$$

となるので，吸光度測定したクロロホルム試料溶液 10 mL 中には，

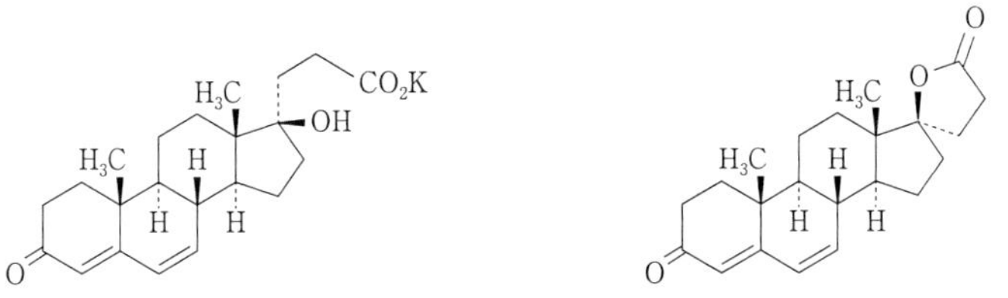

カンレノ酸カリウム　　　　　　　　　カンレノン

図 6.8　カンレノ酸カリウムとカンレノンの化学構造

$$8.545 \times 10^{-4} \times \frac{10}{100} = 8.545 \times 10^{-5}\,\mathrm{g}$$

が含まれている．このときの本品の量は，$0.40 \times (2\,\mathrm{mL}/10\,\mathrm{mL}) = 0.08\,\mathrm{g}$ であるから，許容限度値は，

$$\frac{8.545 \times 10^{-5}}{0.08} \times 100 = 0.1\%$$

e. 原子吸光光度法

・**適用**　希塩酸，酸化チタン，ジクロフェナミド，ゼラチン，ブレオマイシン塩酸塩，ポリスチレンスルホン酸カルシウム，硫酸マグネシウム水和物などに適用されている．

（例）水酸化ナトリウム：(6)水銀　本品 2.0 g に過マンガン酸カリウム溶液（3 → 50）1 mL および水 30 mL を加えて溶かす．これに精製塩酸を徐々に加えて中和し，さらに薄めた硫酸（1 → 2）5 mL を加え，これに二酸化マンガンの沈殿が消えるまで塩酸ヒドロキシアンモニウム溶液（1 → 5）を加えた後，水を加えて正確に 100 mL とし，試料溶液とする．試料溶液につき，原子吸光光度法（冷蒸気方式）により試験を行う．試料溶液を原子吸光分析装置の検水瓶に入れ，塩化スズ(II)・硫酸試液 10 mL を加え，直ちに原子吸光分析装置を連結し，空気を循環させ，波長 253.7 nm で記録計の指示が急速に上昇して一定値を示したときの吸光度を測定し，A_T とする．別に水銀標準液 2.0 mL をとり，過マンガン酸カリウム溶液（3 → 50）1 mL，水 30 mL および試料溶液の調製に使用した量の精製塩酸を加え，試料溶液と同様に操作して調製した液から得た吸光度を A_S とするとき，A_T は A_S より小さい．

水銀標準液 1 mL は水銀（Hg）0.1 μg を含むから，許容限度値は，

$$\frac{0.1 \times 2.0\,\mu\mathrm{g}}{2.0\,\mathrm{g}} = 0.1\,\mathrm{ppm}$$

【例題 10】　次の記述は，日本薬局方塩酸の純度試験に関するものである．$\boxed{}$ に入れるべき数値はいくらか．ただし，水銀標準液 1 mL は水銀（Hg）0.1 μg を含む．

水銀　本品 20 mL に水を加えて正確に 100 mL とし，試料溶液とする．試料溶液につき，原子吸光光度法（冷蒸気方式）により試験を行う．試料溶液を原子吸光分析装置の検水瓶に入れ，塩化スズ(II)・硫酸試液 10 mL を加え，直ちに原子吸光分析装置を連結し，空気を循環させ，波長 253.7 nm で記録計の指示が急速に上昇して一定値を示したときの吸光度を測定し，A_T とする．別に水銀標準液 8 mL をとり，水を加えて正確に 100 mL とした液につき，試料溶液と同様に操作して調製した液から得た吸光度を A_S とするとき，A_T は A_S より小さい（$\boxed{}$ ppm 以下）．

［解答］　1 ppm ＝ 1 μg/mL より，

$$\frac{0.1 \times 8}{20} = 0.04\,\mathrm{ppm}$$

f. 旋光度測定法

（例）アトロピン硫酸塩水和物：(4)ヒヨスチアミン　本品を乾燥し，その約 1 g を精密に量り，水に溶かし，正確に 10 mL とする．この液につき層長 100 mm で比旋光度を測定するとき，$[\alpha]_\mathrm{D}^{20}$ は $-0.60 \sim +0.10°$ である．

図 6.9 にアトロピン硫酸塩水和物の化学構造を示す．アトロピンは ℓ-ヒヨスチアミンのラセミ体のため旋光性はほとんどない．しかし，ℓ-ヒヨスチアミンの $[\alpha]_\mathrm{D}^{20}$ は $-21°$ であるため，混在すると旋光性を示す．旋光度 α_D の範囲は，

6章　純度試験・重量分析　　　189

☕ **Tea Break**

　酒は百薬の長と言われ，適量は健康にも良いとされている．しかし，飲み過ぎが原因のアルコール中毒に苦しむ人も少なくない．これは酒の中にエタノールが含まれているからである．終戦直後，メタノールが混入した酒を飲んで失明したり，不幸にも命を落としたりする事例が多発した．メチレン（－CH₂－）基1つの違いで生命に与える影響は天地ほどの差がある．日本薬局方にメタノール試験法が規定されているのも頷けるであろう．わが国では純度の高い薬が流通しているが，世界には不純物の多い薬が使われているところもあるという．粗悪品の薬に苦しんだという明治期日本の体験は依然現実のままなのである．

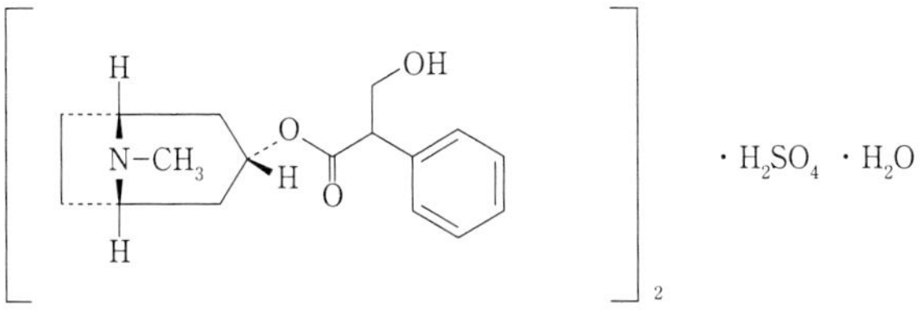

図 6.9　アトロピン硫酸塩水和物の化学構造

$$[\alpha]_D^{20} = \frac{100\alpha_D}{l\,c} \quad \text{より} \quad \alpha_D = \frac{[\alpha]_D^{20}l c}{100}$$

であるから，$-0.06 \sim +0.01°$ である．ここで，20 は温度（℃），D はナトリウムの D 線（波長 589.0 nm 付近），α は偏光面の回転した角度（°），l は試料液の層長（mm），c は試料濃度（g/mL）である．

ま　と　め

1. 純度試験は，医薬品の品質を確保するために規定された試験で，医薬品中の混在物の種類とその量の限度を試験するものである．
2. 化学的試験法には，アンモニウム試験法，塩化物試験法，炎色反応試験法，重金属試験法，鉄試験法，ヒ素試験法，メタノール試験法，硫酸塩試験法，硫酸呈色物試験法などがあり，なかでも重金属試験法とヒ素試験法はきわめて多くの医薬品に適用されている．
3. 物理的試験法には，液体クロマトグラフィー，ガスクロマトグラフィー，薄層クロマトグラフィー，紫外可視吸光度測定法，原子吸光光度法，旋光度測定法などがあり，なかでも液体クロマトグラフィーと薄層クロマトグラフィーはきわめて多くの医薬品に適用されている．

6.2　重　量　分　析

SBO C2(3)②7　日本薬局方収載の重量分析の原理および操作法を説明できる．

　重量分析法は，医薬品中の目的成分を揮発，抽出，沈殿などの操作によって医薬品中のそのままの形か，または化学量論的な関係にある化合物に変化させた形で分離し，秤量することで定量する方法である．

6.2.1　揮発重量法

　揮発重量法には**吸収法**と**減量法**がある．吸収法は試料から揮発した成分を吸収剤に吸収させてそ

の増量を測定する方法である．一方，減量法は試料から揮発成分を揮散させ，その減量を測定して揮発成分量を間接的に求める方法である．

（例）ケイ酸マグネシウム中二酸化ケイ素の定量（減量法）

本品は定量するとき，二酸化ケイ素（SiO$_2$：60.08）45.0％以上および酸化マグネシウム（MgO：40.30）20.0％以上を含み，二酸化ケイ素と酸化マグネシウムとのパーセント（％）の比は2.2〜2.5である．

本品約0.7gを精密に量り，0.5mol/L硫酸試液10mLを加え，水浴上で蒸発乾固し，残留物に水25mLを加え，水浴上で時々かき混ぜながら，15分間加熱する．上澄液を定量用ろ紙を用いてろ過し，残留物に熱湯25mLを加えてかき混ぜ，上澄液を傾斜してろ紙上に移してろ過する．さらに，残留物は同様に熱湯25mLずつで2回洗った後，残留物をろ紙上に移し，洗液が硫酸塩の定性反応(1)を呈しなくなるまで熱湯で洗い，残留物をろ紙とともに白金るつぼに入れ，強熱して灰化し，さらに775〜825℃で30分間強熱し，冷後質量を量り，a（g）とする．次に残留物を水で潤し，フッ化水素酸6mLおよび硫酸3滴を加え，蒸発乾固した後，5分間強熱し，冷後質量を量り，b（g）とする．

$$二酸化ケイ素（SiO_2）の含量（\%）= \frac{a-b}{M} \times 100 \quad M：本品の秤取量（g）$$

H$_2$SO$_4$と加熱し，生じたSiO$_2$をろ紙上に集め，強熱灰化し，残留物の質量a（g）を量った後，フッ化水素酸HFとH$_2$SO$_4$を加えて蒸発乾固すると，SiO$_2$は四フッ化ケイ素SiF$_4$となって揮散する．

$$2MgO \cdot 3SiO_2 + 2H_2SO_4 \longrightarrow 2MgSO_4 + 3SiO_2 + 2H_2O$$

$$SiO_2 + 4HF \longrightarrow SiF_4\uparrow + 2H_2O$$

るつぼにはMgSO$_4$などが残るので，この質量b（g）を量ると$a-b$（g）から揮散したSiO$_2$の量が求まる．

この他，軽質無水ケイ酸中二酸化ケイ素，モノステアリン酸アルミニウム中アルミニウムが揮発重量法により定量される．

また，日局17一般試験法には**乾燥減量試験法**，**強熱減量試験法**，**強熱残分試験法**が収載されている．

a. 乾燥減量試験法

試料を医薬品各条に規定する条件で乾燥し，その減量を測定する方法である．この方法は，乾燥することによって失われる試料中の水分，結晶水の全部または一部および揮発性物質などの量を測定するために用いる．

・**操作**　はかり瓶を30分間乾燥し，その質量を精密に量る．試料を医薬品各条に規定する量の±10％の範囲内で秤量した後はかり瓶に入れ，その質量を精密に量り，医薬品各条で規定する条件で乾燥する．乾燥後，デシケーター（シリカゲル）で放冷し，再び質量を精密に量る．

なお，乾燥には次の3通りの方法がある．

①デシケーター中で室温で乾燥する：乾燥剤としてシリカゲルまたは五酸化リンを用いる．融点が比較的低い，加熱で分解する恐れがある，加熱・減圧で昇華する，加熱・減圧を必要としない試料に適用する．

（例）エテンザミド1.0％以下（1g，シリカゲル，3時間）：本品約1gを精密に量り，デシケーター（シリカゲル）で3時間乾燥するとき，その減量が0.01g以下である．

②常圧で加熱する：この方法によるものが最も多い.

（例）カフェイン水和物 0.5〜8.5%（1g, 80℃, 4時間）：本品約1gを精密に量り，80℃で4時間乾燥するとき，その減量が 0.005〜0.085g である.

③減圧乾燥する：融点が低い，加熱温度が高いと分解する試料に適用する.

（例）エストラジオール安息香酸エステル 0.5% 以下（0.5g, 減圧, 酸化リン（V），4時間）：本品約 0.5g を精密に量り，酸化リン（V）を乾燥剤としたデシケーターに入れ，4時間乾燥するとき，その減量が 0.5×0.005＝0.0025g 以下である.

b. 強熱減量試験法

試料を医薬品各条に規定する条件で強熱し，その減量を測定する方法である. この方法は，強熱することによって，構成成分の一部または混在物を失う無機薬品に用いる.

・**操作**　るつぼを医薬品各条に規定する温度で**恒量**になるまで強熱し，放冷後，その質量を精密に量る. 試料を医薬品各条に規定する量の ±10% の範囲内で秤量した後るつぼに入れ，その質量を精密に量る. これを医薬品各条に規定する条件で強熱し，デシケーター（シリカゲル）で放冷後，その質量を精密に量る.

恒量（constant weight）とは，試料中に含まれる水分などを加熱などにより蒸発させ，試料量がそれ以上変動しない一定になった状態の量をいう. 日局 17 の通則では，「乾燥又は強熱するとき，恒量とは，別に規定するもののほか，引続き更に1時間乾燥するとき，前後の秤量差が前回に量った乾燥物又は強熱した残留物の質量の 0.10% 以下であることを示し，生薬においては 0.25% 以下とする. ただし，秤量差が，化学はかりを用いたとき 0.5mg 以下，セミミクロ化学はかりを用いたとき 50μg 以下，ミクロ化学はかりを用いたとき 5μg 以下の場合は，恒量とみなす」と規定している.

c. 強熱残分試験法

試料を硫酸の存在下で強熱するとき，揮発せずに残留する物質の量（硫酸塩）を測定する方法である. この試験法は，通例，有機物中の不純物である無機物（主にアルカリ土類金属またはアルカリ金属）の含量を求めるために行う.

・**操作**　るつぼを強熱し，放冷した後，その質量を精密に量る. 試料に硫酸を入れ，加熱して炭化させ，放冷後，その質量を精密に量り，残分の百分率を計算する.

・**適用**　純度試験として，イオトロクス酸，次硝酸ビスマス，ジフルコルトロン吉草酸エステル，次没食子酸ビスマス，硫酸亜鉛水和物に適用されている.

（例）硫酸亜鉛水和物：(3)アルカリ土類金属またはアルカリ金属　本品 2.0g を水 150mL に溶かし，硫化アンモニウム試液を加えて沈殿を完結させ，水を加えて正確に 200mL としてよく振り混ぜ，乾燥ろ紙を用いてろ過する. 初めのろ液 20mL を除き，次のろ液 100mL を正確に量り，蒸発乾固し，強熱残分試験法を準用して強熱するとき，残留物は 5.0mg 以下である.

硫酸亜鉛 $ZnSO_4$ 中に精製不十分で混入するカルシウム Ca, マグネシウム Mg などを試験する. 亜鉛 Zn を硫化亜鉛 ZnS として沈殿した後，ろ液を蒸発乾固し，$CaSO_4$, $MgSO_4$ などの硫酸塩として測定する. その限度は 0.5% 以下とされている.

$$\frac{0.005}{2.0 \times \dfrac{100}{200}} \times 100 = 0.5\%$$

6.2.2 抽出重量法

溶媒抽出により試料中の目的成分を水相から有機相に抽出した後，溶媒を留去し，乾燥後，その質量を量る方法である．

（例）注射用フェニトインナトリウムの定量：本品を乾燥したものは定量するとき，フェニトインナトリウム（$C_{15}H_{11}N_2NaO_2$：274.25）98.5％以上を含み，表示量の92.5〜107.5％に対応するフェニトインナトリウム（$C_{15}H_{11}N_2NaO_2$）を含む．

・**定量法** 本品10個以上をとり，内容物の質量を精密に量る．これを乾燥し，その約0.3gを精密に量り，分液漏斗に入れ，水50mLに溶かし，希塩酸10mLを加え，ジエチルエーテル100mLで抽出する．さらにジエチルエーテル25mLずつで4回抽出し，全抽出液を合わせ，水浴上でジエチルエーテルを蒸発し，残留物を105℃で2時間乾燥し，質量を量り，フェニトイン（$C_{15}H_{12}N_2O_2$：252.27）の量とする．

フェニトインナトリウム（$C_{15}H_{11}N_2NaO_2$）の量(mg) ＝ フェニトイン（$C_{15}H_{12}N_2O_2$）の量(mg)×1.087

希塩酸でフェニトインナトリウムをフェニトインとした後，ジエチルエーテルで抽出する．1.087を**換算係数**という．この値は次のように求められる．

$$\frac{C_{15}H_{11}N_2NaO_2}{C_{15}H_{12}N_2O_2} = \frac{274.25}{252.27} = 1.087$$

この他，フルオレセインナトリウム，カリ石ケンの定量に抽出重量法が用いられている．

6.2.3 沈殿重量法

試料に沈殿剤を加えて目的成分を難溶性塩（**沈殿形**）として沈殿させ，これを分離し乾燥または強熱して**秤量形**とした後，その質量を量る方法である．

（例）硫酸カリウムの定量：本品を乾燥したものは定量するとき，硫酸カリウム（K_2SO_4：174.26）99.0％以上を含む．

・**定量法** 本品を乾燥し，その約0.5gを精密に量り，水200mLおよび塩酸1.0mLを加えて煮沸し，熱塩化バリウム試液8mLを徐々に加える．この混液を水浴上で1時間加熱した後，沈殿をろ取し，洗液に硝酸銀試液を加えても混濁しなくなるまで水で洗い，乾燥し，徐々に温度を上げ500〜600℃で恒量になるまで強熱し，質量を量り，硫酸バリウム（$BaSO_4$：233.39）の量とする．

硫酸カリウム（K_2SO_4）の量(mg) ＝ 硫酸バリウム（$BaSO_4$）の量(mg)×0.747

換算係数は，

$$\frac{K_2SO_4}{BaSO_4} = \frac{174.26}{233.39} = 0.747$$

この他，イオウ，イクタモール中硫酸アンモニウム，総イオウが同様に定量される．

ま と め

1. 重量分析は，定量しようとする目的成分を試料からそのままの形か，または量的関係を反映した化合物の状態に変化させて分離し，質量を測定する方法である．
2. 恒量とは，加熱などにより化合物から水分などを除去し，これ以上変動しなくなった量をいう．
3. 重量分析法には揮発重量法，抽出重量法，沈殿重量法があり，日局17には，乾燥減量試験法，強熱減量試験法，強熱残分試験法が規定されている．

6章　純度試験・重量分析　　193

─ ☕ **Tea Break** ──────────────────────────────

　今では「るつぼ」や「るつぼばさみ」といった実験器具を学生実習で使用することはすっかり珍しくなってしまった．薬学生になりたての頃，重量分析の実習で硫酸銅(Ⅱ)五水和物 $CuSO_4 \cdot 5H_2O$ の結晶水の定量を行った．秤量瓶に青い $CuSO_4 \cdot 5H_2O$ の結晶を入れて加熱すると，白い $CuSO_4 \cdot H_2O$ が得られるので，秤量結果から結晶水の量を求めるとともに H_2O 分子の結合の違いを考察するものであった．当時指導を受けた助手の先生から $CuSO_4 \cdot 5H_2O$ の化学構造を調べるように指示され，図書館で訳書の中にその化学構造を発見したときの嬉しさは格別であった．もちろん，勇んで助手の先生に報告したのは言うまでもない．

──

4．質量を測定した化合物の分子量に対する目的成分の分子量または原子量の比を換算係数という．

5．沈殿重量法では，目的成分の沈殿を沈殿形，秤量する際の化合物を秤量形という．

演習問題

問 6.1　次の記述は，日本薬局方アンモニウム標準液の調製法に関するものである．□に中に入れるべき数値はいくらか．　　　　　　　　　　　　　　　　　　　　　　　（第 72 回薬剤師国家試験改題）
　　　塩化アンモニウム（NH_4Cl：53.49）2.97 g を正確に量り，アンモニウム試験用水に溶かし，正確に 1000 mL とする．この液 10 mL を正確に量り，これにアンモニウム試験用水を加えて正確に 1000 mL とする．この液 1 mL はアンモニウム（NH_4：18.04）□mg を含む．

問 6.2　日本薬局方 L-イソロイシンの純度試験に関する次の記述の□に入れるべき数値はいくらか．ただし，アンモニウム標準液 1 mL はアンモニウム（NH_4）0.01 mg を含む．
　　　　　　　　　　　　　　　　　　　　　　　　　　　　　　　　（第 63 回薬剤師国家試験改題）
　　　アンモニウム　本品 0.25 g をとり，試験を行う．比較液にはアンモニウム標準液 5.0 mL を用いる（□%以下）．

問 6.3　次の記述は，日本薬局方クロトリマゾールの純度試験に関するものである．□に入れるべき数値はいくらか．ただし，塩素の原子量を 35.5 とする．　　　　（第 72 回薬剤師国家試験改題）
　　　塩化物　本品 1.0 g を N,N-ジメチルホルムアミド 40 mL に溶かし，希硝酸 6 mL および水を加えて 50 mL とする．これを検液とし，試験を行う．比較液は 0.01 mol/L 塩酸 0.60 mL に N,N-ジメチルホルムアミド 40 mL，希硝酸 6 mL および水を加えて 50 mL とする（□%以下）．

問 6.4　日本薬局方安息香酸ナトリウムの純度試験に関する次の記述の□の中に入れるべき数値はいくらか．ただし，鉛標準液 1 mL は鉛（Pb）0.01 mg を含む．　（第 78 回薬剤師国家試験改題）
　　　重金属　本品 2.0 g を水 44 mL に溶かし，よくかき混ぜながら希塩酸 6 mL を徐々に加えた後，ろ過し，初めのろ液 5 mL を除き，次のろ液 25 mL をとり，アンモニア試液で中和した後，希酢酸 2 mL および水を加えて 50 mL とする．これを検液とし，試験を行う．比較液は鉛標準液 2.0 mL に希酢酸 2 mL および水を加えて 50 mL とする（□ppm 以下）．

問 6.5　次の純度試験に関する記述のうち，空欄 □a□ ～ □d□ に（　）内の指示に従って，適当な字句，化学式または数値を入れよ．　　　　　　　　　　　　　（第 77 回薬剤師国家試験改題）
　　　ある日本薬局方医薬品の純度試験に，「ヒ素　本品 0.6 g をとり，第 3 法により検液を調製し，試験を行う（□a□（数値）ppm 以下）．」と規定されている．一方，一般試験法中のヒ素試験法の「検液の調製法，第 3 法」および「操作法」の概要は次の通りである．
　　　検液の調製：医薬品各条に規定する量の試料をるつぼにとり，□b□（化合物名）のエタノール溶液を加え，燃焼後，加熱し，灰化する．冷後，残留物を塩酸 3 mL に溶かし，検液とする．
　　　操作法：発生瓶に検液をとり，必要ならば少量の水で洗い込む．これを塩酸酸性で KI，次に $SnCl_2$ で処理し，ヒ素分を AsO_3^{3-} に還元しておく．次にこれと □c□（化学式）および HCl との反

応で発生させた `d` （化学式）を吸収液で捕集し，その呈色を標準液と比較する．標準色は，別にAs_2O_3 $2\mu g$ 相当量のヒ素標準液を発生瓶中にとり，同様に反応させて調製する．

問 6.6 日本薬局方アモバルビタールの純度試験に関する次の記述の `____` の中に入れるべき数値はいくらか．ただし，イオウ（S）および酸素（O）の原子量はそれぞれ 32 および 16 とする．

（第 67 回薬剤師国家試験改題）

硫酸塩　本品 0.40 g をアセトン 20 mL に溶かし，希塩酸 1 mL および水を加えて 50 mL とする．これを検液とし，試験を行う．比較液は 0.005 mol/L 硫酸 0.40 mL にアセトン 20 mL，希塩酸 1 mL および水を加えて 50 mL とする（`____` ％以下）．

問 6.7 次の記述は，日本薬局方エタノールの純度試験に関するものである．本品中の遊離酸の限度（w/v％）は，塩化水素としていくらか．ただし，Na ＝ 23，O ＝ 16，H ＝ 1，Cl ＝ 35.5 とする．

（第 60 回薬剤師国家試験改題）

酸またはアルカリ　本品 20 mL に新たに煮沸して冷却した水 20 mL およびフェノールフタレイン試液 1.0 mL にエタノール（95）7.0 mL および水 2.0 mL を加えた液 0.1 mL を加えるとき，液は無色である．これに 0.01 mol/L 水酸化ナトリウム液 1.0 mL を加えるとき，液は淡紅色を呈する．

問 6.8 次の記述は，酸が混在する中性医薬品の純度試験に関するものである．以下の試験から求められる酸の残存量は，硫酸に換算して何％以下か．ただし，硫酸の分子量を 98.08 とする．

（第 99 回薬剤師国家試験改題）

本品 5.0 g を新たに煮沸して冷却した水 50 mL に溶かし，フェノールフタレイン試液 3 滴および 0.01 mol/L 水酸化ナトリウム液 0.60 mL を加えるとき，液の色は赤色である．

問 6.9 次の記述は，ある日本薬局方医薬品の純度試験に関するものである．本品中の遊離アルカリの限度（％）は，水酸化ナトリウム（NaOH）としていくらか．ただし，NaOH：40.00 とする．

（第 70 回薬剤師国家試験改題）

酸またはアルカリ　本品 2.0 g に水 40 mL を加え，1 分間振り混ぜた後，ろ過し，ろ液を試料溶液とし，次の試験を行う．試料溶液 10 mL に 0.01 mol/L 塩酸 0.30 mL およびメチルレッド試液 5 滴を加えるとき，液は赤～だいだい色を呈する．

問 6.10 次の記述は，日本薬局方エトスクシミドの純度試験に関するものである．本品中の酸無水物の限度（％）は，無水コハク酸としていくらか．　（第 70 回薬剤師国家試験改題）

酸無水物　本品 0.50 g をエタノール（95）1 mL に溶かし，塩酸ヒドロキシアンモニウム・塩化鉄（Ⅲ）試液 1 mL を加えて 5 分間放置した後，水 3 mL を加えて混和する．5 分間放置した後に比較するとき，液の赤～赤紫色は次の比較液より濃くない．

比較液：無水コハク酸 70 mg をエタノール（95）に溶かし，正確に 100 mL とする．この液 1.0 mL に塩酸ヒドロキシアンモニウム・塩化鉄（Ⅲ）試液 1 mL を加え，以下同様に操作する．

問 6.11 次の記述は，日本薬局方アスピリンの純度試験に関するものである．混在するサリチル酸の限度（％）はいくらか．　（第 68 回薬剤師国家試験改題）

サリチル酸　本品 2.5 g をエタノール（95）に溶かし 25 mL とし，この 1.0 mL をとり，新たに製した希硫酸アンモニウム鉄（Ⅲ）試液 1 mL に水を加えてネスラー管中で 50 mL とした液に加え，30 秒間放置するとき，液の色は次の比較液より濃くない．

比較液：サリチル酸 0.100 g を水に溶かし，酢酸（100）1 mL および水を加えて 1000 mL とする．この液 1.0 mL をとり，新たに製した希硫酸アンモニウム鉄（Ⅲ）試液 1 mL にエタノール（95）1 mL および水を加えてネスラー管中で 50 mL とした液に加え，30 秒間放置する．

問 6.12 日本薬局方メクロフェノキサート塩酸塩は，加水分解されやすい．

本品の純度試験に関し，次の記述がある．

有機酸　本品 2.0 g をとり，ジエチルエーテル 50 mL を加え，10 分間振り混ぜた後，ガラスろ過器（G3）を用いてろ過し，残留物はジエチルエーテル 5 mL ずつで 2 回洗い，洗液は先のろ液に合わせる．この液に中和エタノール 50 mL およびフェノールフタレイン試液 5 滴を加え，0.1 mol/L 水酸化ナトリウム液で中和するとき，その消費量は 0.54 mL 以下である．

この文章より，生成する加水分解物を推定し，この試験法で規定される加水分解物量の限度値（％）を計算するとき，その値はいくらか．ただし，原子量はそれぞれ C＝12，H＝1，N＝14，O＝16，Cl＝35.5 とする．　　　　　　　　　　　　　　　　　　　　　　（第 79 回薬剤師国家試験改題）

問 6.13　次の記述は，日本薬局方クロルヘキシジン塩酸塩の純度試験に関するものである．混在する 4-クロロアニリンの限度（ppm）はいくらか．　　　　　　　　　　　　（第 69 回薬剤師国家試験改題）

4-クロロアニリン　本品 0.10 g をギ酸 2 mL に溶かし，直ちに 1 mol/L 塩酸試液 15 mL および水 20 mL を加え，亜硝酸ナトリウム試液 0.3 mL を加えて振り混ぜ，2 分間放置し，次にアミド硫酸アンモニウム試液 4 mL を加え，1 分間放置する．この液に N,N-ジエチル-N′-1-ナフチルエチレンジアミンシュウ酸塩・アセトン試液 5 mL を加えて 10 分間放置し，エタノール（95）1 mL および水を加えて 50 mL とするとき，液の色は次の比較液より濃くない．

比較液：4-クロロアニリン 20 mg を 1 mol/L 塩酸試液 10 mL に溶かし，水を加えて正確に 100 mL とする．この液 5 mL を正確に量り，水を加えて正確に 100 mL とする．この液 2.0 mL にギ酸 2 mL，1 mol/L 塩酸試液 15 mL および水 20 mL を加えて，以下同様に操作する．

問 6.14　次の記述は，日本薬局方メダゼパムの純度試験中の類縁物質に関するものである．混入が予想される類縁物質（ジアゼパム，2-メチルアミノ-5-クロルベンゾフェノン，デスメチルメダゼパム）も薄層クロマトグラム上でメダゼパムと同感度のスポットを与えるとすると，それぞれの類縁物質の混入が予想される限度値（％）はいくらか．　　　　　　　　（第 68 回薬剤師国家試験改題）

本品 0.25 g をメタノール 10 mL に溶かし，試料溶液とする．この液 1 mL を正確に量り，メタノールを加えて正確に 20 mL とする．この液 2 mL を正確に量り，メタノールを加えて正確に 50 mL とし，標準溶液とする．これらの液につき，薄層クロマトグラフィーにより試験を行う．試料溶液および標準溶液 10 μL ずつを薄層クロマトグラフィー用シリカゲル（蛍光剤入り）を用いて調製した薄層板にスポットする．次にシクロヘキサン／アセトン／アンモニア水（28）混液（60：40：1）を展開溶媒として約 10 cm 展開した後，薄層板を風乾する．これに紫外線（主波長 254 nm）を照射するとき，試料溶液から得た主スポット以外のスポットは，標準溶液から得たスポットより濃くない．

問 6.15　次の記述は，日本薬局方医薬品の純度試験の一部である．酢酸（$C_2H_4O_2$）の許容される上限値（％）はいくらか．ただし，検出器の感度は一定に保たれているものとする．

（第 79 回薬剤師国家試験改題）

酢酸　本品 0.50 g をとり，リン酸溶液（59 → 1000）に溶かし，正確に 10 mL とし，試料溶液とする．別に酢酸（100）1.50 g をとり，リン酸溶液（59 → 1000）に溶かし，正確に 100 mL とする．この液 2 mL を正確に量り，リン酸溶液（59 → 1000）を加え，正確に 200 mL とし，標準溶液とする．試料溶液および標準溶液 2 μL につき，次の条件でガスクロマトグラフィーにより試験を行う．それぞれの液の酢酸のピーク面積 A_T および A_S を測定するとき，A_T は A_S より大きくない．

問 6.16　次の記述は日本薬局方クロフィブラートの純度試験に関するものである．混在する 4-クロロフェノールの許容量（ppm）はいくらか．　　　　　　　　（第 73 回薬剤師国家試験改題）

4-クロロフェノール　本品 1.0 g をとり，内標準溶液 1 mL を正確に加え，さらに移動相を加えて 5 mL とし，試料溶液とする．別に 4-クロロフェノール 10 mg をとり，ヘキサン/2-プロパノール混液（9：1）に溶かし，正確に 100 mL とする．この液 10 mL を正確に量り，ヘキサン/2-プロパノール混液（9：1）を加えて正確に 50 mL とする．この液 6 mL を正確に量り，内標準溶液 4 mL を正確に加え，さらに移動相を加えて 20 mL とし，標準溶液とする．試料溶液および標準溶液 20 μL につき，次の条件で液体クロマトグラフィーにより試験を行う．それぞれの液の内標準物質のピーク面積に対する 4-クロロフェノールのピーク面積の比 Q_T および Q_S を求めるとき，Q_T は Q_S より大きくない．

内標準溶液　4-エトキシフェノールの移動相溶液（1 → 30000）

問 6.17 次の記述は，日本薬局方炭酸リチウムの純度試験中ナトリウムに関するものである．計算式中の $(M'/M) \times 100$ の値はいくらか．ただし，NaCl：58.4，Na：23.0 とする．また，試料の採取量は 0.800 g とする． （第 77 回薬剤師国家試験改題）

　　ナトリウム　本品約 0.8 g を精密に量り，水を加えて溶かし，正確に 100 mL とし，試料原液とする．試料原液 25 mL を正確に量り，水を加えて正確に 100 mL とし，試料溶液とする．別に塩化ナトリウム 25.4 mg を正確に量り，水を加えて溶かし，正確に 1000 mL とし，標準溶液とする．また試料原液 25 mL を正確に量り，標準溶液 20 mL を正確に加え，さらに水を加えて正確に 100 mL とし，標準添加溶液とする．試料溶液および標準添加溶液につき，炎光光度計を用いた次の条件でナトリウムの発光強度を測定する．波長目盛りを 589 nm に合わせ，標準添加溶液をフレーム中に噴霧し，その発光強度 L_S が 100 近くの目盛りを示すように感度調節した後，試料溶液の発光強度 L_T を測定する．次に他の条件は同一にし，波長を 580 nm に変え，試料溶液の発光強度 L_B を測定し，次の式によりナトリウムの量を計算するとき，その量は 0.05 % 以下である．

$$\text{ナトリウム（Na）の量（\%）} = \frac{L_T - L_B}{L_S - L_T} \times \frac{M'}{M} \times 100$$

ここで，M：試料原液 25 mL 中の本品の量（mg），M'：標準溶液 20 mL 中のナトリウムの量（mg）．

問 6.18 次の記述は日本薬局方モノステアリン酸アルミニウムの定量に関するものである．□に入れるべき数値はいくらか．ただし，酸化アルミニウム Al_2O_3 の分子量を 101.96，アルミニウム Al の原子量を 26.98 とする．

　　本品を乾燥し，その約 1 g を精密に量り，弱い炎で灰化し，冷後，硝酸 0.5 mL を滴加し，水浴上で加熱して蒸発した後，900〜1000℃ で恒量になるまで強熱し，冷後，速やかにその質量を量り，酸化アルミニウム（Al_2O_3：101.96）の量とする．

　　　　アルミニウム（Al）の量（mg） ＝ 酸化アルミニウム（Al_2O_3）の量（mg）× □

問 6.19 次の記述は日本薬局方イオウの定量に関するものである．□に入れるべき数値はいくらか．ただし，硫酸バリウム $BaSO_4$ の分子量を 233.39，イオウの原子量を 32.065 とする．

　　本品を乾燥し，その約 0.4 g を精密に量り，水酸化カリウム・エタノール試液 20 mL および水 10 mL を加え，煮沸して溶かし，冷後，水を加えて正確に 100 mL とする．この液 25 mL を正確に量り，400 mL のビーカーに入れ，過酸化水素試液 50 mL を加え，水浴上で 1 時間加熱する．次に希塩酸を加えて酸性とし，水 200 mL を加え，沸騰するまで加熱し，熱塩化バリウム試液を滴加し，沈殿が生じなくなったとき，水浴上で 1 時間加熱する．沈殿をろ取し，洗液に硝酸銀試液を加えても混濁を生じなくなるまで水で洗い，乾燥し，恒量になるまで強熱し，質量を量り，硫酸バリウム（$BaSO_4$：233.39）の量とする．同様の方法で空試験を行い，補正する．

　　　　硫黄（S）の量（mg） ＝ 硫酸バリウム（$BaSO_4$）の量（mg）× □

問 6.20 次の記述は，日本薬局方フルオレセインナトリウムの定量法に関するものである．□に入れるべき数値はいくらか．ただし，フルオレセインナトリウムとフルオレセインの分子量はそれぞれ 376.275，332.311 とする．

　　本品約 0.5 g を精密に量り，分液漏斗に入れ，水 20 mL に溶かし，希塩酸 5 mL を加え，2-メチル-1-プロパノール/クロロホルム混液（1：1）20 mL ずつで 4 回抽出する．各抽出液は毎回同じ水 10 mL で洗う．全抽出液を合わせ，水浴上で空気を送りながら，2-メチル-1-プロパノールおよびクロロホルムを蒸発し，残留物をエタノール（99.5）10 mL に溶かし，水浴上で蒸発乾固し，105℃ で 1 時間乾燥し，質量を量り，フルオレセイン（$C_{20}H_{12}O_5$）の量とする．

フルオレセインナトリウム（$C_{20}H_{10}Na_2O_5$）の量（mg） ＝ フルオレセイン（$C_{20}H_{12}O_5$）の量（mg）× □

6章　純度試験・重量分析　197

【解　答】

6.1　NH_4 の量を X (mg) とすると，

$$\frac{NH_4}{NH_4Cl} = \frac{18.04}{53.49} = \frac{X}{2.97 \times \dfrac{10}{1000} \times \dfrac{1}{1000} \times 1000}$$

$$X = 0.01$$

6.2　$\dfrac{0.01 \times 5.0}{0.25 \times 1000} \times 100 = 0.02$

6.3　$\dfrac{0.01 \times \dfrac{0.6}{1000} \times 35.5}{1.0} \times 100 = 0.021$

6.4　$\dfrac{0.01 \times 2\,mg}{2.0 \times \dfrac{25}{44+6} \times 1000\,mg} \times 10^6 = 20\,ppm$

6.5　a　ヒ素試験法では，ヒ素の限度を As_2O_3 の ppm で表すから，

$$\frac{2\,\mu g}{0.6 \times 10^6\,\mu g} \times 10^6 = 3.3\,ppm$$

　　b　硝酸マグネシウム六水和物　　c　Zn　　d　AsH_3

6.6　$SO_4 = 96$ より，

$$\frac{0.005 \times \dfrac{0.40}{1000} \times 96}{0.40} \times 100 = 0.048$$

6.7　遊離酸を塩化水素（HCl）とすると，これが $0.01\,mol/L\ NaOH$ 液 $1.0\,mL$ を消費する．$HCl\ 1\,mol$ と $NaOH\ 1\,mol$ が反応するので，消費した $NaOH$ 量と HCl 量は等しい．したがって，$HCl = 36.5$ より，

$$\frac{0.01 \times \dfrac{1.0}{1000} \times 36.5}{20} \times 100 = 0.0018\ w/v\%$$

6.8　H_2SO_4 と $NaOH$ の反応は，

$$H_2SO_4 + 2NaOH \longrightarrow Na_2SO_4 + 2H_2O$$

であるから，H_2SO_4 量を m (g) とすると，

$$\frac{H_2SO_4\ の物質量（mol）}{NaOHの物質量（mol）} = \frac{1}{2} = \frac{\dfrac{m}{98.08}}{0.01 \times \dfrac{0.60}{1000}} \qquad m = 0.000294\,g$$

したがって，

$$\frac{0.000294}{5.0} \times 100 = 0.0059 \fallingdotseq 0.006\%$$

6.9　$\dfrac{0.01 \times \dfrac{0.30}{1000} \times 40.00}{2.0 \times \dfrac{10}{40}} \times 100 = 0.024\%$

6.10　$\dfrac{70 \times \dfrac{1.0}{100}}{0.50 \times 1000} \times 100 = 0.14\%$

6.11　$\dfrac{0.100 \times \dfrac{1.0}{1000}}{2.5 \times \dfrac{1}{25}} \times 100 = 0.1\%$

6.12　本品は吸湿によりジメチルアミノエタノールと 4-クロルフェノキシ酢酸に加水分解されやすい．この試験の対象となる有機酸は主に 4-クロルフェノキシ酢酸である．

ジメチルアミノエタノール

4-クロルフェノキシ酢酸

4-クロルフェノキシ酢酸（$C_8H_7ClO_3$）の分子量は 186.5 であり，その 1mol は NaOH 1mol と反応するので，

$$\frac{0.1 \times \frac{0.54}{1000} \times 186.5}{2.0} \times 100 = 0.5\%$$

6.13

$$\frac{20 \times \frac{5}{100} \times \frac{2.0}{100}}{0.10 \times 1000} \times 10^6 = 200\,\mathrm{ppm}$$

6.14

$$\frac{0.25 \times \frac{1}{10} \times \frac{2}{20} \times \frac{1}{50}}{0.25 \times \frac{1}{10}} \times 100 = 0.2\%$$

6.15

$$\frac{1.50 \times \frac{2}{100} \times \frac{1}{200}\ \mathrm{g/mL}}{0.50 \times \frac{1}{10}\ \mathrm{g/mL}} \times 100 = 0.30\%$$

6.16

$$\frac{10 \times \frac{10}{100} \times \frac{6}{50} \times \frac{1}{20}\ \mathrm{mg/mL}}{1.0 \times \frac{1}{5} \times 1000\,\mathrm{mg/mL}} \times 10^6 = 30\,\mathrm{ppm}$$

6.17 $M = 0.800 \times 1000 \times \dfrac{25}{100} = 200\,\mathrm{mg}$, $M' = 25.4 \times \dfrac{23.0}{58.4} \times \dfrac{20}{1000} = 0.20\,\mathrm{mg}$,

$$\frac{M'}{M} \times 100 = \frac{0.2}{200} \times 100 = 0.1$$

6.18 Al_2O_3 中に Al は 2 原子含まれるので，

$$\frac{2Al}{Al_2O_3} = \frac{2 \times 26.98}{101.96} = 0.529$$

6.19 イオウ S を水酸化カリウム・エタノール試液で煮沸すると，

$$12S + 6KOH \longrightarrow K_2S_2O_3 + 2K_2S_5 + 3H_2O$$

の反応に示す通り，チオ硫酸カリウム $K_2S_2O_3$ と五硫化カリウム K_2S_5 を生成する．この溶液に H_2O_2 試液を加えると，次の酸化反応が起こり，いずれも K_2SO_4 を生成する．

$$K_2S_2O_3 + 4H_2O_2 + 2KOH \longrightarrow 2K_2SO_4 + 5H_2O$$
$$K_2S_5 + 16H_2O_2 + 8KOH \longrightarrow 5K_2SO_4 + 20H_2O$$

さらに塩酸酸性で $BaCl_2$ 試液を加えると，$BaSO_4$ が沈殿する．

$$K_2SO_4 + BaCl_2 \longrightarrow BaSO_4 + 2KCl$$

結局，S 12mol から $BaSO_4$ 12mol が生成することになるので，

$$\frac{S}{BaSO_4} = \frac{32.065}{233.39} = 0.13739$$

6.20 フルオレセインナトリウムの量を S_{Na}（mg），フルオレセインの量を S（mg）とすると，

$$\frac{S_{Na}}{S} = \frac{C_{20}H_{10}Na_2O_5}{C_{20}H_{12}O_5} = \frac{376.275}{332.311} = 1.132$$

したがって，

$$S_{Na} = S \times 1.132$$

付　　録

付表1　いろいろな酸および共役酸のpK_a値（25℃）

酸	pK_{a1}	pK_{a2}	pK_{a3}	pK_{a4}
亜硝酸 HNO_2	3.35			
アニリニウムイオン $C_6H_5NH_3^+$	4.66			
亜ヒ酸 H_3AsO_3	9.20	13.5		
亜硫酸 H_2SO_3	1.77	7.21		
安息香酸 C_6H_5COOH	4.20			
アンモニウムイオン NH_4^+	9.24			
エチレンジアミン四酢酸 $C_6H_{12}N_2(COOH)_4$	2.00	2.67	6.16	10.26
ギ酸 $HCOOH$	3.74			
クエン酸 $C_3H_4(OH)(COOH)_3$	3.10	4.74	5.40	
グリシン塩酸塩 $CH_2(NH_2)COOH \cdot HCl$	2.34	9.60		
クロム酸 H_2CrO_4	0.74	6.49		
酢酸 CH_3COOH	4.74			
サリチル酸 $C_6H_4(OH)COOH$	2.96			
シアン化水素 HCN	9.10			
シュウ酸 $(COOH)_2$	1.19	4.21		
酒石酸 $C_2H_2(OH)_2(COOH)_2$	3.03	4.54		
炭酸 H_2CO_3	6.34	10.36		
乳酸 $C_2H_3(OH)COOH$	3.85			
ヒ酸 H_3AsO_4	2.26	6.77	11.5	
ピリジニウムイオン $C_5H_5NH^+$	5.15			
フェノール C_6H_5OH	10.0			
フタル酸 $C_6H_4(COOH)_2$	2.89	5.41		
ホウ酸 H_3BO_3	9.24			
硫化水素 H_2S	7.04	15.00		
硫酸 H_2SO_4	非常に小	1.92		
リン酸 H_3PO_4	2.12	7.21	12.32	

付表2　SI 基本単位の定義

基本単位	定　　義
メートル	真空中で光が 299 792 458 分の 1 秒間に進む距離に等しい長さを 1 メートルとする.
キログラム	プランク定数の値を正確に 6.62607015×10^{-34} Js と定めることによって設定される.
秒	セシウム-133 原子の基底状態に属する 2 つの超微細準位間の遷移にともなって放射される光の振動周期の 9 192 631 770 倍を 1 秒とする.
アンペア	真空中に無限に長い 2 本の直線導体（断面積は無視できるほど小さい）を 1 メートルだけ隔てて平行に張り, 定電流を通じたとき, その導体間の 1 メートル当り 2×10^{-7} ニュートンの力を生じさせる電流を 1 アンペアとする.
ケルビン	水の三重点を表す熱力学温度の 1/273.16 を 1 ケルビンとする.
モ ル	0.012 kg の炭素-12 に含まれる炭素原子と同数の単位粒子を含む系の物質の量を 1 モルとする. ただし, モルという単位を用いるときには, 単位粒子（原子, 分子, イオン, 電子, その他の粒子またはこれらの特定の組合せ）が明確に規定されていなければならない. 例えば, 1 モルの $HgCl$ の質量は 0.23604 kg である. また 1 モルの Hg_2^{2+} の質量は 0.40118 kg である.
カンデラ	周波数 540×10^{12} ヘルツの光を放出し, 1 ステラジアン当り 1/680 ワットである光源を 1 カンデラとする.

付表3 標準電極電位（25℃）

電極反応（酸化還元反応）	電極電位 ($E°$ ボルト)	電極反応（酸化還元反応）	電極電位 ($E°$ ボルト)
$F_2 + 2\,e^- \rightleftharpoons 2\,F^-$	2.65	$Cu^+ + e^- \rightleftharpoons Cu$	0.52
$O_3 + 2\,e^- + 2\,H^+ \rightleftharpoons O_2 + H_2O$	2.07	$Fe(CN)_6^{3-} + e^- \rightleftharpoons Fe(CN)_6^{4-}$	0.36
$CO^{3+} + e^- \rightleftharpoons CO^{2+}$	1.84	$Cu^{2+} + 2\,e^- \rightleftharpoons Cu$	0.34
$H_2O_2 + 2\,e^- + 2\,H^+ \rightleftharpoons 2\,H_2O$	1.77	$Hg_2Cl_2 + 2\,e^- \rightleftharpoons 2\,Hg + 2\,Cl^-$	0.28
$IO_4^- + 2\,e^- + 2\,H^+ \rightleftharpoons IO_3^- + H_2O$	1.70	$IO_3^- + 6\,e^- + 3\,H_2O \rightleftharpoons I + 6\,OH^-$	0.26
$MnO_4^- + 3\,e^- + 4\,H^+ \rightleftharpoons MnO_2 + 2\,H_2O$	1.70	$AgCl + e^- \rightleftharpoons Ag + Cl^-$	0.22
$Ce^{4+} + e^- \rightleftharpoons Ce^{3+}$	1.61	$SO_4^{2-} + 2\,e^- + 4\,H^+ \rightleftharpoons H_2SO_3 + H_2O$	0.17
$BrO_3^- + 5\,e^- + 6\,H^+ \rightleftharpoons \frac{1}{2}Br_2 + 3\,H_2O$	1.52	$Sn^{4+} + 2\,e^- \rightleftharpoons Sn^{2+}$	0.15
$MnO_4^- + 5\,e^- + 8\,H^+ \rightleftharpoons Mn^{2+} + 4\,H_2O$	1.51	$TiO^{2+} + e^- + 2\,H^+ \rightleftharpoons Ti^{3+} + H_2O$	0.10
$PbO_2 + 2\,e^- + 4\,H^+ \rightleftharpoons Pb^{2+} + 2\,H_2O$	1.46	$S_4O_6^{2-} + 2\,e^- \rightleftharpoons 2\,S_2O_3^{2-}$	0.08
$ClO_3^- + 6\,e^- + 6\,H^+ \rightleftharpoons Cl^- + 3\,H_2O$	1.45	$2\,H^+ + 2\,e^- \rightleftharpoons H_2$	0.00
$BrO_3^- + 6\,e^- + 6\,H^+ \rightleftharpoons Br^- + 3\,H_2O$	1.42	$CrO_4^{2-} + 3\,e^- + 4\,H_2O \rightleftharpoons Cr(OH)_3 + 5\,OH^-$	−0.12
$Cl_2 + 2\,e^- \rightleftharpoons 2\,Cl^-$	1.36	$Pb^{2+} + 2\,e^- \rightleftharpoons Pb$	−0.13
$ClO_4^- + 8\,e^- + 8\,H^+ \rightleftharpoons Cl^- + 4\,H_2O$	1.35	$Sn^{2+} + 2\,e^- \rightleftharpoons Sn$	−0.14
$Cr_2O_7^{2-} + 6\,e^- + 14\,H^+ \rightleftharpoons 2\,Cr^{3+} + 7\,H_2O$	1.33	$Ni^{2+} + 2\,e^- \rightleftharpoons Ni$	−0.25
$MnO_2 + 2\,e^- + 4\,H^+ \rightleftharpoons Mn^{2+} + 2\,H_2O$	1.23	$CO^{2+} + 2\,e^- \rightleftharpoons CO$	−0.28
$O_2 + 4\,e^- + 4\,H^+ \rightleftharpoons 2\,H_2O$	1.23	$Cd^{2+} + 2\,e^- \rightleftharpoons Cd$	−0.40
$IO_3^- + 6\,e^- + 6\,H^+ \rightleftharpoons I^- + 3\,H_2O$	1.09	$Cr^{3+} + e^- \rightleftharpoons Cr^{2+}$	−0.41
$Br_2 + 2\,e^- \rightleftharpoons 2\,Br^-$	1.07	$Fe^{2+} + 2\,e^- \rightleftharpoons Fe$	−0.44
$HNO_2 + e^- + H^+ \rightleftharpoons NO + H_2O$	1.00	$2\,CO_2 + 2\,e^- + 2\,H^+ \rightleftharpoons H_2C_2O_4$	−0.49
$Pd^{2+} + 2\,e^- \rightleftharpoons Pd$	0.99	$AsO_4^{3-} + 2\,e^- + 2\,H_2O \rightleftharpoons AsO_2^- + 4\,OH^-$	−0.71
$NO_3^- + 3\,e^- + 4\,H^+ \rightleftharpoons NO + 2\,H_2O$	0.96	$Cr^{3+} + 3\,e^- \rightleftharpoons Cr$	−0.74
$2\,Hg^{2+} + 2\,e^- \rightleftharpoons Hg_2^{2+}$	0.92	$Zn^{2+} + 2\,e^- \rightleftharpoons Zn$	−0.76
$Ag^+ + e^- \rightleftharpoons Ag$	0.80	$2\,H_2O + 2\,e^- \rightleftharpoons H_2 + 2\,OH^-$	−0.83
$Hg_2^{2+} + 2\,e^- \rightleftharpoons 2\,Hg$	0.79	$Mn^{2+} + 2\,e^- \rightleftharpoons Mn$	−1.18
$Fe^{3+} + e^- \rightleftharpoons Fe^{2+}$	0.77	$Al^{3+} + 3\,e^- \rightleftharpoons Al$	−1.66
$O_2 + 2\,e^- + 2\,H^+ \rightleftharpoons H_2O_2$	0.68	$Mg^{2+} + 2\,e^- \rightleftharpoons Mg$	−2.37
$I_2(aq) + 2\,e^- \rightleftharpoons 2\,I^-$	0.62	$Na^+ + e^- \rightleftharpoons Na$	−2.71
$MnO_4^- + 3\,e^- + 2\,H_2O \rightleftharpoons MnO_2 + 4\,OH^-$	0.59	$Ca^{2+} + 2\,e^- \rightleftharpoons Ca$	−2.87
$AsO_4^{3-} + 2\,e^- + 2\,H^+ \rightleftharpoons AsO_3^{3-} + H_2O$	0.56	$K^+ + e^- \rightleftharpoons K$	−2.93
$I_2(s) + 2\,e^- \rightleftharpoons 2\,I^-$	0.54	$Li^+ + e^- \rightleftharpoons Li$	−3.05

索　引

A～Z

18-クラウン-6　47
１次標準法　104,143
２次標準法　106,143

COD　148
EDTA　47,51,124,125,126
Good 緩衝液　37
L-リシン塩酸塩の定量　123
NTA　124
pH 指示薬　23
pH 飛躍　108
pH 標準液　23
Q テスト　10
SI 基本単位　5

あ 行

亜鉛塩　79
アザクラウン　47
亜硝酸塩　79
亜硝酸ナトリウム液　142,150
アスコルビン酸　144
　　──の定量　143
アスピリンの定量　118
アセチル体の生成　85
アセトヘキサミドの定量　117
アミドトリゾ酸の定量　136
亜硫酸塩　80
亜硫酸水素塩　80
アルミニウム塩　80
アルミニウムグリシナート　47
アレニウスの定義　18
安息香酸　67,121
安息香酸塩　90
安定度定数　48
アンモニア緩衝液　37
アンモニウムイオンの解離平衡　32
アンモニウム塩　80
アンモニウム試験法　177

イオン化傾向　60
イオン形　25
　　──の酢酸イオン濃度　36
　　──の濃度　38,39
イオン交換基　70
イオン交換樹脂　70

イオン交換法　69
異常値　10
異性　8
一イオン形　40
一塩基弱酸　27,29,31
陰イオン交換　70

ウインクラー法　115,116

液体クロマトグラフィー　177,184
エステル交換反応　86
エチニルエストラジオールの定量　117
エチレンジアミン四酢酸　47
エチレンジアミン四酢酸二水素二ナトリウム　124
エチレンジアミン四酢酸二水素二ナトリウム液　131
塩化物　80
塩化物試験法　177,178
塩化マグネシウム液の標定　131
塩基解離定数　21
塩基性　22
塩効果　55
炎色反応試験法　177,179
円錐形体積計　101
円筒形体積計　101

か 行

解離　24
解離定数　119
解離度　21
解離平衡　29,32,37
過塩素酸　120
化学的酸素消費量　148
化学的試験法　177
化学的分析法　78
化学平衡　18
過酸化物　80
加水分解　109
ガスクロマトグラフィー　177,185
過マンガン酸塩　80
過マンガン酸塩滴定　148
過マンガン酸塩滴定法　142
過マンガン酸カリウム液　142,148
カリウム塩　81
カルシウム塩　81

カロメル（甘コウ）電極　63
還元　59,138
還元剤　140
頑健性　9
還元電位　62
換算係数　192
緩衝液　33,34,35,36
　　──の濃度　36
緩衝作用　33,35
環状配位子　47
間接滴定　99
間接法　106,143
完全解離　31
乾燥減量試験法　190
乾燥水酸化アルミニウムゲルの定量　131
カンレノ酸カリウム　187
カンレノン　187

機器誤差　8
棄却検定　10
希釈法　107
基準電極　60
起電力　61
揮発重量法　177,189
ギブスの自由エネルギー　63
逆滴定　99,118
共役塩基　19,35
共役酸　19
強塩基　20,29,31
強塩基水溶液　25
強酸　20
共通イオン効果　55
強熱減量試験法　190,191
強熱残分試験法　190,191
キレート　46
キレート化合物　47
キレート効果　50,51
キレート錯体　51
キレート試薬　46,47
キレート生成定数　53
キレート生成反応　49
キレート滴定　51,124,152,156
キレート平衡　18
銀塩　81
銀-塩化銀電極　60,63,153
銀鏡反応　89

金属亜鉛　60
金属錯体　47
金属指示薬　129

偶然誤差　8
クエン酸塩　90
繰り返し抽出　69
グリシン　37,40
グリシン-NaOH 緩衝液　36
グリシン-塩酸緩衝液　36
グリシン緩衝液　37
グリセロリン酸塩　90

原子吸光光度法　177,188
検出限界　8

国際単位系　3,5
孤立電子対　47
コールラウシュの法則　156
混合液　35

さ　行

錯イオン　46
錯塩　46
酢酸　34
　──の解離平衡　25
酢酸イオンの解離平衡　29,32
酢酸塩　90
酢酸緩衝液　36
酢酸ナトリウム　31
酢酸ナトリウム完全解離　29
酢酸ナトリウム水溶液　35
酢酸ナトリウム溶液　34
錯体　46
錯体・キレート平衡　46
錯体生成　50
錯体生成反応　49,50
錯体生成平衡　49
サリチル酸塩　91
三イオン形　40
酸・塩基滴定　23,108,152,156
酸・塩基平衡　18
酸塩基反応　49
酸化　59,138
酸解離定数　21,57
酸化還元滴定　65,138,140,142,152
酸化還元反応　59,60,65,138
酸化還元平衡　18,46,59
酸化剤　140
酸化数　60
酸化電位　63
三座配位子　47
参照電極　22,59,60,152
酸性　22

ジアゾカップリング反応　86,88
ジアゾ化滴定　150
ジアゾ化反応　150
ジアゾニウム塩　151
シアン化水素の定量　137
シアン化物　81
紫外可視吸光度測定法　177,187
自己解離　120
自己プロトリシス　120
指示電極　22
シスプラチン　47,48
室間再現精度　8
室内再現精度　8
質量作用の法則　20,31,34
自動ビュレット　3
自由エネルギー変化　46,63
臭化カリウム　151
臭化カリウム溶液　151
重金属試験法　177,179
シュウ酸塩　91
シュウ酸ナトリウム　148
臭素　107,145,146
臭素酸カリウム　106
臭素滴定　144
臭素滴定法　142
終点判定法　151
重量分析法　177,189
酒石酸塩　91
純度試験　177
条件安定度定数　52
条件生成定数　52,53
条件溶解度積　57
硝酸塩　81
硝酸銀液　133,134
真度　7
信頼限界 μ　11

水酸化ナトリウム水溶液　24,35
水素イオン濃度　22,24
水素イオン濃度指数　20
スルピリン　144
スルピリン水和物の定量　144
スルファニルアミド　150
スルファメチゾール　151
スルフイソキサゾールの定量　117

生成定数　46,48
精度　7
生物学的分析法　78
生理食塩液の定量　135
全安定度定数　49
旋光度測定法　177,188
全生成定数　49

操作誤差　8
相対標準偏差　9

た　行

第一塩基解離平衡　31
第一解離平衡　35
第一酸解離平衡　28
第一水銀塩　82
第一鉄塩　83
体積計　2
第二塩基解離平衡　31
第二解離平衡　35
第二酸解離平衡　28
第二水銀塩　82
第二鉄塩　83
第二銅塩　83
多塩基弱酸　27
多座配位子　47,51
ダニエル電池　62
単座配位子　47
炭酸塩　82
炭酸水素塩　82

チオシアン酸アンモニウム液の標定
　133
チオ硫酸塩　82
チオ硫酸ナトリウム　147
チオ硫酸ナトリウム液　142,145
　──のファクター　143
逐次安定度定数　49
逐次生成定数　49
抽出　66
抽出重量法　177,192
中和滴定　23,108
中和点　108,116
直示天秤　2
直接滴定　99
直接法　104,143
直線性　8
沈殿形　192
沈殿重量法　177,192
沈殿滴定　133,152,156
沈殿平衡　18,53

定量限界　8
滴定　99
滴定曲線　108,140
滴定終点検出法　63,134,150,152
鉄試験法　177,180
テトラメチルアンモニウムヒドロキ
　シド液　121
電位差滴定　129
電位差滴定法　150,151,152
　──の装置　153

索　引　　　203

電気化学的滴定　129
電気滴定法　152
電気伝導度滴定　156
電極電位　46,59
電子移動　59
電子天秤　2
電池図式　62
電池内可逆反応　63
電池反応　60
電離　24
電離指数　21
電離定数　46,57
電離度　21
電流滴定法　150,151,152
　　——の原理　155
　　——の装置　155
電量滴定法　155

トレーサビリティ　2

な　行

ナトリウム塩　83
ナトリウムメトキシド液　121
難溶性塩　54,55

二イオン形　40
二座配位子　47
ニトリロ三酢酸　124
乳酸塩　91
認証標準物質　12
ニンヒドリン反応　88

ネルンストの式　46,64,140

は　行

配位子　46
配位水　46
配位数　48
バイルシュタイン反応　78
薄層クロマトグラフィー　177,186
白金金属錯体　48
バリウム塩　83
ハロゲン化合物　78
範囲　8

非解離状態　25
比較電極　59,60,152
非共有電子対　47
ピクラートの生成　86
ヒ酸塩　84
非水滴定　119,152
ビスマス塩　84
ヒ素試験法　177,181
非プロトン溶媒　120

ピペット　100
ビュレット　3,100,104
標準酸化還元電位　46,59
標準試薬　103,150
標準自由エネルギー　63
標準状態　59
標準水素電極　60
標準電極電位　59,63
標準不確かさ　12
標準偏差　10
標定　103
標本　9
秤量形　192

ファクター　150
ファニルアミド　150
ファヤンス法　134,135
フェニレフリン　147
フェニレフリン塩酸塩の定量　147
フェノール　146
　　——の定量　146
フェノール環　146
フェーリング反応　89
副反応係数　52,53,57
不確かさ　12
物理的試験法　177,184
物理的分析法　78
不偏分散　10
フルオロウラシルの定量　122
ブレンステッド　51
ブレンステッド-ローリーの定義
　　18,19
プロトポルフィリン　47
プロトン活量　22
プロトン溶媒　120
ブロムヘキシン塩酸塩の定量　122
ブロモバレリル尿素の定量　136
分光学測定法　78
分子形　25,40
　　——の酢酸濃度　36
　　——の濃度　38,39
分析能パラメーター　7
分析法バリデーション　6
分配係数　46,66
分配比　67
分配平衡　46,66,68
分別沈殿　58

併行精度　7
平衡反応　19
偏差　9
ベンゾイル体の生成　85
ヘンダーソン-ハッセルバルヒの式
　　35,109,110

変動係数　9

芳香族第一アミン　150
ホウ酸塩　84
ホウ酸の定量　116
方法誤差　8
飽和溶液　53
母集団　9
ホルハルト法　135
ホールピペット　3
ポルフィリン　47

ま　行

マイクロピペット　3
マグネシウム塩　84

右側正極方式　61
水のイオン積　19
水の解離　19
水の解離平衡　25,29,31
水の水平化効果　20,119
水の電離　19

無機ハロゲン化合物　135

メスピペット　3
メスフラスコ　3,100
メタノール試験法　177,183
メチルケトンの検出反応　90
メートルグラス　3
メニスカス　101,104

モール法　134

や　行

有機ハロゲン化合物　135
有効数字　6
有効溶解度積　57
輸血用クエン酸ナトリウム注射液の
　　定量　121

陽イオン交換　70
溶液　53
溶解　53
溶解度　53,58
溶解度積　46,54,55,57,58
溶解平衡　46,53,58
ヨウ化カリウム　147
　　——の定量　149
ヨウ素　144,145
ヨウ素液　142
ヨウ素酸塩滴定法　149
ヨウ素酸カリウム液　142
ヨウ素滴定　142

溶媒陰イオン　120
溶媒和プロトン　120
容量分析法　98
ヨージ（オ）メトリー　142,144
ヨードホルム反応　90
ヨードメトリー　142,143
四座配位子　47

ら 行

リチウム塩　84
リービッヒ・ドニージェ法　137

硫酸塩　85
硫酸塩試験法　177,183
硫酸呈色物試験法　177,184
硫酸銅　60
両性物質　40
リンゲル液中の塩化カルシウム水和
　　物の定量　132
リン酸一水素二ナトリウム　37
リン酸塩　85
リン酸緩衝液　36,37
リン酸二水素一カリウム　37

ルイス塩基　47,51
ルイス酸　47
ルイス酸塩基反応　47
ルイスの定義　18

六座配位子　47

わ行

ワルダー法　115

編著者略歴

中 込 和 哉 （なかごみ・かずや）
1952 年　山梨県に生まれる
1977 年　東京大学大学院薬学系研究科修士課程修了
現　在　元帝京大学薬学部教授
　　　　薬学博士

秋 澤 俊 史 （あきざわ・としふみ）
1953 年　高知県に生まれる
1980 年　広島大学医学部薬学科卒業
1986 年　東京医科歯科大学医学研究科博士課程修了
現　在　元摂南大学薬学部教授
　　　　医学博士，薬学修士

薬学テキストシリーズ
分析化学I　第2版―定量分析編―　　　　定価はカバーに表示

2008 年 9 月 20 日　初　版第 1 刷
2018 年 4 月 25 日　第 2 版第 1 刷
2023 年 6 月 25 日　　　　　第 4 刷

編著者　中　込　和　哉
　　　　秋　澤　俊　史
発行者　朝　倉　誠　造
発行所　株式会社　朝　倉　書　店
　　　　東京都新宿区新小川町 6-29
　　　　郵便番号　１６２−８７０７
　　　　電　話 03（3260）0141
　　　　FAX 03（3260）0180
　　　　https://www.asakura.co.jp

〈検印省略〉

© 2018 〈無断複写・転載を禁ず〉　印刷・製本　デジタルパブリッシングサービス

ISBN 978-4-254-36276-3　C 3347　　　　Printed in Japan

JCOPY ＜出版者著作権管理機構 委託出版物＞

本書の無断複写は著作権法上での例外を除き禁じられています．複写される場合は，
そのつど事前に，出版者著作権管理機構（電話 03-5244-5088，FAX 03-5244-5089，
e-mail: info@jcopy.or.jp）の許諾を得てください．

好評の事典・辞典・ハンドブック

感染症の事典	国立感染症研究所学友会 編 B5判 336頁
呼吸の事典	有田秀穂 編 A5判 744頁
咀嚼の事典	井出吉信 編 B5判 368頁
口と歯の事典	高戸　毅ほか 編 B5判 436頁
皮膚の事典	溝口昌子ほか 編 B5判 388頁
からだと水の事典	佐々木成ほか 編 B5判 372頁
からだと酸素の事典	酸素ダイナミクス研究会 編 B5判 596頁
炎症・再生医学事典	松島綱治ほか 編 B5判 584頁
からだと温度の事典	彼末一之 監修 B5判 640頁
からだと光の事典	太陽紫外線防御研究委員会 編 B5判 432頁
からだの年齢事典	鈴木隆雄ほか 編 B5判 528頁
看護・介護・福祉の百科事典	糸川嘉則 編 A5判 676頁
リハビリテーション医療事典	三上真弘ほか 編 B5判 336頁
食品工学ハンドブック	日本食品工学会 編 B5判 768頁
機能性食品の事典	荒井綜一ほか 編 B5判 480頁
食品安全の事典	日本食品衛生学会 編 B5判 660頁
食品技術総合事典	食品総合研究所 編 B5判 616頁
日本の伝統食品事典	日本伝統食品研究会 編 A5判 648頁
ミルクの事典	上野川修一ほか 編 B5判 580頁
新版 家政学事典	日本家政学会 編 B5判 984頁
育児の事典	平山宗宏ほか 編 A5判 528頁

価格・概要等は小社ホームページをご覧ください.

元素 の 周 期 表

凡例:

原子番号 元素記号[注1]
原子量[注2]
元素名

1	2	3	4	5	6	7	8	9	10	11	12	13	14	15	16	17	18
1 H 1.00784~1.00811 水素																	2 He 4.002602 ヘリウム
3 Li 6.938~6.997 リチウム	4 Be 9.0121831 ベリリウム											5 B 10.806~10.821 ホウ素	6 C 12.0096~12.0116 炭素	7 N 14.00643~14.00728 窒素	8 O 15.99903~15.99977 酸素	9 F 18.998403163 フッ素	10 Ne 20.1797 ネオン
11 Na 22.98976928 ナトリウム	12 Mg 24.304~24.307 マグネシウム											13 Al 26.9815385 アルミニウム	14 Si 28.084~28.086 ケイ素	15 P 30.973761998 リン	16 S 32.059~32.076 硫黄	17 Cl 35.446~35.457 塩素	18 Ar 39.948 アルゴン
19 K 39.0983 カリウム	20 Ca 40.078 カルシウム	21 Sc 44.955908 スカンジウム	22 Ti 47.867 チタン	23 V 50.9415 バナジウム	24 Cr 51.9961 クロム	25 Mn 54.938044 マンガン	26 Fe 55.845 鉄	27 Co 58.933194 コバルト	28 Ni 58.6934 ニッケル	29 Cu 63.546 銅	30 Zn 65.38 亜鉛	31 Ga 69.723 ガリウム	32 Ge 72.630 ゲルマニウム	33 As 74.921595 ヒ素	34 Se 78.971 セレン	35 Br 79.901~79.907 臭素	36 Kr 83.798 クリプトン
37 Rb 85.4678 ルビジウム	38 Sr 87.62 ストロンチウム	39 Y 88.90584 イットリウム	40 Zr 91.224 ジルコニウム	41 Nb 92.90637 ニオブ	42 Mo 95.95 モリブデン	43 Tc* (99) テクネチウム	44 Ru 101.07 ルテニウム	45 Rh 102.90550 ロジウム	46 Pd 106.42 パラジウム	47 Ag 107.8682 銀	48 Cd 112.414 カドミウム	49 In 114.818 インジウム	50 Sn 118.710 スズ	51 Sb 121.760 アンチモン	52 Te 127.60 テルル	53 I 126.90447 ヨウ素	54 Xe 131.293 キセノン
55 Cs 132.90545196 セシウム	56 Ba 137.327 バリウム	57~71 ランタノイド	72 Hf 178.49 ハフニウム	73 Ta 180.94788 タンタル	74 W 183.84 タングステン	75 Re 186.207 レニウム	76 Os 190.23 オスミウム	77 Ir 192.217 イリジウム	78 Pt 195.084 白金	79 Au 196.966569 金	80 Hg 200.592 水銀	81 Tl 204.382~204.385 タリウム	82 Pb 207.2 鉛	83 Bi* 208.98040 ビスマス	84 Po* (210) ポロニウム	85 At* (210) アスタチン	86 Rn* (222) ラドン
87 Fr* (223) フランシウム	88 Ra* (226) ラジウム	89~103 アクチノイド	104 Rf* (267) ラザホージウム	105 Db* (268) ドブニウム	106 Sg* (271) シーボーギウム	107 Bh* (272) ボーリウム	108 Hs* (277) ハッシウム	109 Mt* (276) マイトネリウム	110 Ds* (281) ダームスタチウム	111 Rg* (280) レントゲニウム	112 Cn* (285) コペルニシウム	113 Nh* (286) ニホニウム	114 Fl* (289) フレロビウム	115 Mc* (288) モスコビウム	116 Lv* (293) リバモリウム	117 Ts* (293) テネシン	118 Og* (294) オガネソン

57~71 ランタノイド	57 La 138.90547 ランタン	58 Ce 140.116 セリウム	59 Pr 140.90766 プラセオジム	60 Nd 144.242 ネオジム	61 Pm* (145) プロメチウム	62 Sm 150.36 サマリウム	63 Eu 151.964 ユウロピウム	64 Gd 157.25 ガドリニウム	65 Tb 158.92535 テルビウム	66 Dy 162.500 ジスプロシウム	67 Ho 164.93033 ホルミウム	68 Er 167.259 エルビウム	69 Tm 168.93422 ツリウム	70 Yb 173.045 イッテルビウム	71 Lu 174.9668 ルテチウム
89~103 アクチノイド	89 Ac* (227) アクチニウム	90 Th* 232.0377 トリウム	91 Pa* 231.03588 プロトアクチニウム	92 U* 238.02891 ウラン	93 Np* (237) ネプツニウム	94 Pu* (239) プルトニウム	95 Am* (243) アメリシウム	96 Cm* (247) キュリウム	97 Bk* (247) バークリウム	98 Cf* (252) カリホルニウム	99 Es* (252) アインスタイニウム	100 Fm* (257) フェルミウム	101 Md* (258) メンデレビウム	102 No* (259) ノーベリウム	103 Lr* (262) ローレンシウム

注1 安定同位体が存在しない元素には元素記号の右肩に*を付す。そのような元素については放射性同位体の質量数の一例を（ ）に示す。ただし、Bi, Th, Pa, Uについては天然で特定の同位体組成を示すので原子量が与えられる。この周期表には最新の原子量が示されている。

注2 原子量には最新の原子量が示されている。原子量は単一の数値あるいは変動範囲で示されている。原子量が変動範囲で示されている12元素には複数の安定同位体が存在し、その組成が天然において大きく変動するため単一の数値で表しえない。その他の72元素については、原子量の不確かさをはほぼ示された数値の最後の桁にある。